马学概要

杨雨辉 芒来 ◎主编

U0380900

中国农业出版社
北 京

图书在版编目（CIP）数据

马学概要 / 杨雨辉，芒来主编 . —北京：中国农
业出版社，2022.12
ISBN 978 - 7 - 109 - 29861 - 3

Ⅰ. ①马… Ⅱ. ①杨… ②芒… Ⅲ. ①马—高等学校
—教材 Ⅳ. ①S821

中国版本图书馆 CIP 数据核字（2022）第 151004 号

中国农业出版社出版
地址：北京市朝阳区麦子店街 18 号楼
邮编：100125
责任编辑：张艳晶 文字编辑：林珠英
版式设计：杨 婧 责任校对：张雯婷
印刷：中农印务有限公司
版次：2022 年 12 月第 1 版
印次：2022 年 12 月北京第 1 次印刷
发行：新华书店北京发行所
开本：787mm×1092mm 1/16
印张：12
字数：300 千字
定价：72.00 元

编写人员

主　编　杨雨辉　芒　来

副主编　杨　英　王凤阳　白东义　赵启南

参　编（按姓氏笔画排序）

王学梅　王雪飞　石惠宇　那　威

杜　丽　李天森　李连彬　肖　倩

张　红　张心壮　张海文　陈　云

陈　思　陈巧玲　郇树乾　赵一萍

高珍珍　郭定乾　覃　尧　满初日嘎

裴世敏　谭　振

在人类历史中，人类对马的驯化是最伟大的征服之一。马的驯化使人类有了速度的概念，而且对人类的政治、军事、经济、文化产生了巨大的影响。自从20世纪初期马逐渐退出肉畜和役用的行列后，大部分国家的马匹数量都有了不同程度的下降。近50年来，世界马匹数量逐渐稳定在6 000万匹左右，各个马业发达国家都积极拓宽利用马的渠道，将马逐渐引入赛马、马术竞技、表演和娱乐等领域，顺利实现了马社会角色的转型。

马科学研究涉及马的遗传、繁育、营养、疾病及艺术等多个方面。针对当前马的科学发展状况，本书对马的进化、品种、运动生理、遗传育种与繁殖、营养代谢、饲养管理及疾病防治等进行了论述。本书是海南大学名师工作室项目"hdms202015"的成果。

因编写人员的水平有限，书中难免存在不当之处，敬请广大读者批评指正。

编　者

2021年10月

目录
CONTENTS

前言

第一章　绪论 ⋯⋯⋯⋯⋯⋯⋯⋯⋯⋯⋯⋯⋯⋯⋯⋯⋯⋯⋯⋯ 1

　　一、马的进化 ⋯⋯⋯⋯⋯⋯⋯⋯⋯⋯⋯⋯⋯⋯⋯⋯⋯⋯ 1

　　二、马的驯化 ⋯⋯⋯⋯⋯⋯⋯⋯⋯⋯⋯⋯⋯⋯⋯⋯⋯⋯ 2

　　三、世界马业发展现状 ⋯⋯⋯⋯⋯⋯⋯⋯⋯⋯⋯⋯⋯⋯ 3

　　四、中国马业发展现状 ⋯⋯⋯⋯⋯⋯⋯⋯⋯⋯⋯⋯⋯⋯ 4

　　五、中国传统的马文化 ⋯⋯⋯⋯⋯⋯⋯⋯⋯⋯⋯⋯⋯⋯ 5

第二章　马的品种（品系） ⋯⋯⋯⋯⋯⋯⋯⋯⋯⋯⋯⋯⋯⋯ 7

　第一节　马品种的形成和分类 ⋯⋯⋯⋯⋯⋯⋯⋯⋯⋯⋯⋯ 7

　　一、品种的形成 ⋯⋯⋯⋯⋯⋯⋯⋯⋯⋯⋯⋯⋯⋯⋯⋯⋯ 7

　　二、品种的类型 ⋯⋯⋯⋯⋯⋯⋯⋯⋯⋯⋯⋯⋯⋯⋯⋯⋯ 7

　第二节　中国主要地方品种 ⋯⋯⋯⋯⋯⋯⋯⋯⋯⋯⋯⋯⋯ 9

　　一、蒙古马 ⋯⋯⋯⋯⋯⋯⋯⋯⋯⋯⋯⋯⋯⋯⋯⋯⋯⋯⋯ 10

　　二、阿巴嘎黑马 ⋯⋯⋯⋯⋯⋯⋯⋯⋯⋯⋯⋯⋯⋯⋯⋯⋯ 11

　　三、焉耆马 ⋯⋯⋯⋯⋯⋯⋯⋯⋯⋯⋯⋯⋯⋯⋯⋯⋯⋯⋯ 12

　　四、百色马 ⋯⋯⋯⋯⋯⋯⋯⋯⋯⋯⋯⋯⋯⋯⋯⋯⋯⋯⋯ 12

　　五、德保矮马 ⋯⋯⋯⋯⋯⋯⋯⋯⋯⋯⋯⋯⋯⋯⋯⋯⋯⋯ 12

　　六、西藏马 ⋯⋯⋯⋯⋯⋯⋯⋯⋯⋯⋯⋯⋯⋯⋯⋯⋯⋯⋯ 13

　　七、河曲马 ⋯⋯⋯⋯⋯⋯⋯⋯⋯⋯⋯⋯⋯⋯⋯⋯⋯⋯⋯ 13

　　八、哈萨克马 ⋯⋯⋯⋯⋯⋯⋯⋯⋯⋯⋯⋯⋯⋯⋯⋯⋯⋯ 14

　第三节　中国主要培育品种 ⋯⋯⋯⋯⋯⋯⋯⋯⋯⋯⋯⋯⋯ 15

　　一、三河马 ⋯⋯⋯⋯⋯⋯⋯⋯⋯⋯⋯⋯⋯⋯⋯⋯⋯⋯⋯ 15

　　二、锡林郭勒马 ⋯⋯⋯⋯⋯⋯⋯⋯⋯⋯⋯⋯⋯⋯⋯⋯⋯ 15

　　三、科尔沁马 ⋯⋯⋯⋯⋯⋯⋯⋯⋯⋯⋯⋯⋯⋯⋯⋯⋯⋯ 16

　　四、伊犁马 ⋯⋯⋯⋯⋯⋯⋯⋯⋯⋯⋯⋯⋯⋯⋯⋯⋯⋯⋯ 16

　　五、山丹马 ⋯⋯⋯⋯⋯⋯⋯⋯⋯⋯⋯⋯⋯⋯⋯⋯⋯⋯⋯ 17

　第四节　中国主要引入品种 ⋯⋯⋯⋯⋯⋯⋯⋯⋯⋯⋯⋯⋯ 18

　　一、纯血马 ⋯⋯⋯⋯⋯⋯⋯⋯⋯⋯⋯⋯⋯⋯⋯⋯⋯⋯⋯ 18

　　二、阿哈-捷金马 ⋯⋯⋯⋯⋯⋯⋯⋯⋯⋯⋯⋯⋯⋯⋯⋯⋯ 19

　　三、卡巴金马 ⋯⋯⋯⋯⋯⋯⋯⋯⋯⋯⋯⋯⋯⋯⋯⋯⋯⋯ 19

　　四、奥尔洛夫快步马 ⋯⋯⋯⋯⋯⋯⋯⋯⋯⋯⋯⋯⋯⋯⋯ 20

　　五、阿尔登马 ⋯⋯⋯⋯⋯⋯⋯⋯⋯⋯⋯⋯⋯⋯⋯⋯⋯⋯ 20

　　六、阿拉伯马 ⋯⋯⋯⋯⋯⋯⋯⋯⋯⋯⋯⋯⋯⋯⋯⋯⋯⋯ 20

　　七、新吉尔吉斯马 ……………………………………………………………………… 21

　　八、温血马 ……………………………………………………………………………… 21

第三章　相马学 ………………………………………………………………………………… 23

　　一、头部 ………………………………………………………………………………… 23

　　二、颈部 ………………………………………………………………………………… 24

　　三、躯干部 ……………………………………………………………………………… 25

　　四、前肢部 ……………………………………………………………………………… 28

　　五、后肢部 ……………………………………………………………………………… 30

第四章　马的运动生理学 ……………………………………………………………………… 31

　第一节　四肢与蹄部解剖结构 ……………………………………………………………… 31

　　一、四肢骨骼及骨连接 ………………………………………………………………… 31

　　二、四肢肌肉 …………………………………………………………………………… 35

　　三、四肢神经 …………………………………………………………………………… 39

　　四、马蹄部解剖 ………………………………………………………………………… 42

　第二节　马的肢势、蹄形与步样 …………………………………………………………… 43

　　一、马的肢势 …………………………………………………………………………… 43

　　二、马的蹄形 …………………………………………………………………………… 45

　　三、马的步样 …………………………………………………………………………… 47

　　四、指（趾）轴与蹄负重 ……………………………………………………………… 47

第五章　马的遗传育种与繁殖 ………………………………………………………………… 48

　第一节　马的育种学 ………………………………………………………………………… 48

　　一、马主要性状的遗传力 ……………………………………………………………… 48

　　二、马的选种与选配 …………………………………………………………………… 48

　　三、马的常见育种方法 ………………………………………………………………… 50

　　四、现代生物技术在马育种中的应用 ………………………………………………… 50

　第二节　马的繁殖技术 ……………………………………………………………………… 51

　　一、发情鉴定方法 ……………………………………………………………………… 52

　　二、妊娠诊断技术 ……………………………………………………………………… 53

　　三、人工授精 …………………………………………………………………………… 55

　　四、胚胎移植 …………………………………………………………………………… 59

第六章　马的营养学 …………………………………………………………………………… 62

　第一节　马的消化系统 ……………………………………………………………………… 62

　　一、口腔 ………………………………………………………………………………… 62

　　二、胃与小肠 …………………………………………………………………………… 63

　　三、大肠 ………………………………………………………………………………… 65

　第二节　营养物质的消化吸收与利用 ……………………………………………………… 66

　　一、消化方式 …………………………………………………………………………… 66

二、营养吸收 …………………………………………………………………… 68

第三节　马的营养需求 ……………………………………………………………… 69

一、水的营养需要 …………………………………………………………………… 69

二、蛋白质及氨基酸的营养需要 ………………………………………………… 70

三、脂类的营养需要 ………………………………………………………………… 70

四、糖类的营养需要 ………………………………………………………………… 71

五、能量体系 ………………………………………………………………………… 72

六、矿物质的营养需要 …………………………………………………………… 73

七、维生素的营养需要 …………………………………………………………… 74

第七章　马的饲养管理 ……………………………………………………………… 75

第一节　马的饲料及配制 …………………………………………………………… 75

一、饲料的种类 ……………………………………………………………………… 75

二、饲料添加剂及禁用物 ………………………………………………………… 77

三、各种营养成分对马的作用 …………………………………………………… 77

四、简单的饲粮配方（以种公马为例） ………………………………………… 80

第二节　不同阶段马匹的饲养管理 ……………………………………………… 82

一、幼驹的饲养管理及断奶程序 ………………………………………………… 82

二、生长期马的饲养管理 ………………………………………………………… 87

三、妊娠和泌乳母马的饲养管理 ………………………………………………… 88

四、种公马的饲养管理 …………………………………………………………… 91

五、运动用马的饲养管理 ………………………………………………………… 94

第八章　马的疾病防治 ……………………………………………………………… 97

第一节　马的常见疾病 ……………………………………………………………… 97

一、马的常见传染病 ………………………………………………………………… 97

二、马的常见寄生虫病 …………………………………………………………… 102

三、马的常见内科病 ……………………………………………………………… 108

四、马的常见外科病 ……………………………………………………………… 153

五、马的常见产科病 ……………………………………………………………… 158

第二节　治疗技术 ………………………………………………………………… 172

一、镇静与麻醉 …………………………………………………………………… 172

二、常用的给药方式 ……………………………………………………………… 173

三、液体和电解质疗法 …………………………………………………………… 174

四、包扎与铸型 …………………………………………………………………… 176

五、中兽医疗法 …………………………………………………………………… 177

参考文献 …………………………………………………………………………… 180

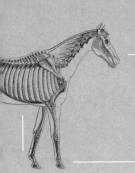
第一章　绪　论

一、马的进化

在动物分类学中，马、驴和斑马都属于脊索动物门的脊椎动物亚门（Vertebrata）、哺乳纲（Mammalia）、奇蹄目（Perissodactyla）、马科（Equidae）、马属（*Equus*）。马、驴和斑马共同构成现存马属动物的3个种，每个物种中有不同的亚种，但有的亚种已经消失。骡属于马和驴的杂交后代，包括2种类型，即马骡和驴骡，驴骡俗称驴骡。

马起源于新生代第三纪初期，其进化过程大约可分为6个阶段：

第一阶段：最早的祖先为原蹄兽。体格矮小，体长约1.5 m，四肢短而笨重，且均有5趾，中趾相对发达。行走缓慢，常在森林或热带平原地区活动，以植物为食。

第二阶段：始新马（或称始祖马）。它们生活在第三纪始新世初期，身体只有狐狸那么大，体高约40 cm。头骨小，牙齿构造简单，齿冠低。前肢低，前足4指着地；后肢高，后足3趾着地。背部弯曲，脊柱活动灵活。生活在北美的森林里，以嫩叶为食。

第三阶段：渐新马。渐新马到始新世晚期、渐新世初期才出现。它们体大如羊，体高大约60 cm。前后足均有3指（趾），中指（趾）明显增大。颊齿仍低冠，臼齿齿尖已连成脊状。生活在森林里，以嫩叶为食。

第四阶段：中新马（草原古马）。中新马出现在中新世时期。它们体高约1.0 m，前后足均有3指（趾），但只有中指（趾）着地行走，侧指（趾）退化。身体已有现代的小马那样大。四肢更长，齿冠更高。背脊由弧形变为硬直，由善于跳跃变为善于奔跑。臼齿有复杂的连脊和白垩质填充，表明食料已从嫩叶转为干草。草原古马已从林中生活转为草原生活，高齿冠白齿适于碾磨干草，善跑的四肢能逃避猛兽袭击。

进入中新世以后，干旱的草原代替了湿润的灌木林，马属动物的机能和结构随之发生明显的变化。主要有体格增大、四肢变长、成为单指（趾），牙齿变硬且趋复杂。

第五阶段：上新马。上新马出现在中新世晚期、上新世初期。它们身体变得更大，体高约为1.25 m。齿冠更高，前、后足中指（趾）更为发达，二、四指（趾）完全退化。

第六阶段：真马。真马出现在更新世时期。它们身体达到现代马的大小，体高大约有1.6 m。中指（趾）充分发达，指（趾）端成为硬蹄。牙齿除齿冠更高外，咀嚼面的褶皱更为复杂，反映出对奔驰于草原和嚼食干草的高度适应。

当真马出现后，为了适应不同环境的变化，出现了很多类群，但大部分都已经消亡，只有少数留了下来。这些群体在距今大约2.5万年前，马的祖先才具备了现代马的特征。

马的祖先在中、上新世时，曾分别出现过几个旁支，如分布在中新世北美和欧亚大陆的安琪马、分布在上新世北美和欧亚大陆的三趾马、分布在更新世南美洲的南美马等，表明马的进化不是直线发展的。历史上有些古生物学家根据马的进化趋势〔身体由小到大、指（趾）数由多到少、齿冠由矮到高〕认为，生物总是沿着既定的方向进化。

在中新世以前，马的祖先主要分布于北美森林，到中新世时才迁移到欧亚大陆。上新世和更新世时，北美的马属动物还扩展到南美，但南美的种类不久即归于灭绝。到全新世时，北美的马属动物也趋于灭绝。只有欧亚大陆的后裔得到繁荣和发展。

在马的进化过程中，我国的山东、湖南始新世地层发掘出了中华原古马、衡阳原古马；在内蒙古通古尔地区中新世地层发掘了隔壁安琪马；南京郊区发掘出了奥尔良安琪马；在华北各地上新世地层发掘了贺凤三趾马；在第四纪更新世地层发掘了云南马和北方的三门马。因此，我国也是马起源较早的国家之一。

二、马的驯化

在人类历史中，人类对马的驯化是最伟大的征服之一。马的驯化使人类有了速度的概念，而且对人类的政治、军事、经济、文化产生了巨大的影响。可见在马的进化过程中，马的驯化是一个关键的节点。但至今为止，对家马的祖先、马被驯化的时间、地点和方式还没有一个定论。家马是由野马驯化来的，但家马的祖先究竟是现存的普氏野马还是其他类群还存在争议。近代野马存在 2 个亚种，分别为西方亚种和东方亚种。

1. 西方亚种 被称为鞑靼野马或太盘马。曾分布在于南俄罗斯草原、高加索山区及伊朗。主要特征为体型较小、头粗短、耳朵尖细、鬃毛短而直立、被毛浓厚、呈深浅不同的灰色和白色、腹底有黑线、尾部毛或多或少、奔跑速度极快。有记载称，最后一匹鞑靼野马的绝迹发生在 1879 年乌克兰赫尔松地区的阿斯卡尼亚-诺瓦国家禁猎地。

2. 东方亚种 被称为普氏野马或蒙古野马。1879 年，俄国探险家普热瓦尔斯基在中国的西北发现这一野马群体，首次介绍给西方，因此被称为普氏野马。普氏野马和鞑靼野马一样都是跨欧亚大陆分布，相互间有交错和重叠。普氏野马和蒙古马的外形和特点十分相似，并且通过两种马的杂交也可以繁育出具有繁殖能力的后代，有部分人赞同普氏野马是家马的祖先。但由于家马的染色体有 64 条，而普氏野马的染色体有 66 条，所以有部分人认为普氏野马不是家马的祖先。早期研究已经证实，这种染色体数目的差异，是由于在进化过程中发生罗伯逊易位导致。如今已经用全基因组测序的方法证实，普氏野马不是家马的祖先，它们只是在人类早期驯化马群时逃离出来的个体的后代。还有部分人认为，现在的家马是由鞑靼野马驯化而来的。但由于该马品种已经灭绝，又没有相关的文字记载，很难考证。

对于马的驯化地点和时间有很多争议，概括起来共有三种说法：①家马是在欧亚大陆的交界处最先被驯化的，最早的证据是乌克兰德雷夫卡发掘的文化遗址，发现了 6 副鹿角式衔铁，放射性同位素碳的研究显示，该衔铁应存在于公元前 4 200—3 800 年间，这里的斯基泰人养马数量多，具有高度发达的驯马技巧，这都为马的驯化时间提供了有力的证据。②家马的驯化发生在中亚。在距今 5 500 年前的博泰陶罐里发现了马奶的残留物，研究发现，当时的马牙齿有被衔铁磨损过的痕迹。③马的驯化发生在欧亚草原的西部，如利比里亚半岛。但现在最被大家认可的说法是第二种，认为马的驯化发生在 5 500 年前的哈萨克斯坦。

马被驯化后，不论是技术还是马种都迅速地向周围蔓延。对于马的驯化，一直存在着一元论和多元论的争议：一元论认为，驯化后的马在乌克兰南部逐渐增多，由两条路线向外扩散，一是通过高加索山脉，二是从里海经大草原和半干旱地区向东方扩散；多元论认为，在渐新马之前，欧亚大陆与美洲大陆相连，那时，马的祖先能够在欧亚大陆和美洲大陆之间自由迁徙。但随着最后一个大陆冰川期的到来，生活在不同地区的原始马被隔离，迁徙的路线被切断，欧亚大陆的马也被分成若干部分。经过漫长的岁月，它们分别在各地进化成现代马，其驯化历史悠久，汇集了世界多民族的劳动和智慧，只因为各地区人类文明程度的不同，而导致马被驯化的时间早晚不同。

经众多考古学家的证实，国外的家马驯化是由居住在东南欧、中亚北部及南西伯利亚草原民族完成。这里的南西伯利亚，也包括蒙古高原。2002年，Jansen等通过线粒体DNA的比较研究，探讨了家马的起源，显示家马是由多个祖先平行进化而来，而并非由单一祖先群体进化而来。近些年众多学者的分子遗传学研究，更多地支持了家马的起源是多元的，认为家马起源于几个不同地区驯化了的品种。现代家马是由多个母系祖先经过多次驯化而来。

人类驯化了马之后，使马的外貌、性能都发生了很大变化。最直观的变化是，马的祖先毛色由单一变成了如今多样的毛色，马的体高也出现了高矮之分。除此之外，还有马对环境的适应性、马的步法、马的运动性能等都发生了巨大的变化。从而逐渐形成了如今多样的品种，这些品种分布于世界的每一个角落，为人类的文明做着不同的贡献，并将一直延续。

三、世界马业发展现状

自从20世纪初期马逐渐退出肉畜和役用的行列后，大部分国家的马匹数量都有不同程度的下降。近50年来，世界马匹数量逐渐稳定在6 000万匹左右。各个马业发达国家都积极拓宽利用马的渠道，将马逐渐引入赛马、马术竞技、表演和娱乐等领域，顺利实现了马社会角色的转型。

当前，实行纯血马登记的国家和地区共有67个，合法投注的赛马场约有2 000个。世界马业基本进入了平稳发展时期，马匹数量基本持平。最近5年，由于受资源紧缺和劳动力成本上涨的影响，马业发达国家的赛马业都出现了小幅下滑的趋势。根据世界粮食及农业组织统计数据，2007年世界马匹数量为5 800多万匹，且在近半个世纪中，基本稳定在此数目。我国马业在20世纪70年代达到顶峰，此后逐年下滑。

马的科学研究涉及遗传、繁育、营养、疾病及艺术等多个方面。早在20世纪30年代，各国科学家纷纷利用古化石证据，将马的化石链追溯至始新世的始祖马，成为哺乳动物演化研究的典范。

目前，世界马业发达国家都设立有专门的马研究机构，从事与马各个方面相关的研究工作。1995年，国际马基因图谱研讨会在美国肯塔基州的列克星顿召开，开始制订马基因组研究计划，准备利用十几年完成其基因图谱的绘制工作。2007年，马的全基因组图谱绘制工作全部完成，并在2018年得到了再一次的更新，为马业科学基础研究奠定了十分重要的基础。

此外，近年来马的身影也频频出现在文化、旅游、影视、医疗等领域，整体推动了世界经济文化的发展。

作为马业的核心，赛马业是各个国家一项非常重要的经济来源，从直接的上缴税收到捐助慈善事业，从解决大量人员就业问题到带动相关产业的发展，都可以说明赛马的经济重要性和社会重要性。随着时代的发展，相信现代赛马在我国的兴起是可能的，而且以赛马为龙头产业的兴起，必将带动传统马业和育马业的全面发展。

马的社会角色转型之后，逐渐从农田作业和交通运输中脱离开来，步入了骑乘、娱乐、马术、赛马、表演等行业。当前，许多国家都积极拓宽马的社会应用领域，将其引入骑乘、娱乐、影视、展览及广告宣传领域，同时，也让更多人得以接近马。

从1912年现代奥林匹克运动会设立马术项目至今，瑞典、德国、法国、美国等欧美国家始终是马术竞技场上的佼佼者，在该项目上占据着绝对优势。奥运会马术项目有盛装舞步、障碍赛和三日赛，分个人和团体单项，共设6块奖牌。

纵观世界马业，马业发达国家近年由于生产资料和劳动力成本的大幅上涨，育马数量逐年下降，投注额也有所减少。我国马业发展仍然并将长期处于较为落后的水平，我们应当抓住当前契机，争取成为后起之秀，努力实现我国马业的跨越式发展。

四、中国马业发展现状

中国是最古老的养马国，也是最早把野马驯养为现代马种的国家之一。马匹在几千年的历史长河中，无论是游牧时代、农耕时代，还是现代交通运输和军事中，都做出了卓越的贡献。新中国成立以后，为了恢复农业生产和保卫边防等需要，大批引进种马（主要从苏联）、改良民马、培育军马，使马匹数量从1949年的487.5万匹增长到1977年的1 144.7万匹，位列世界第一。进入20世纪80年代以后，随着农业机械化、交通现代化（高速公路发展）、军事现代化发展的影响，中国马业不论数量、质量、体制均明显衰退，中国马业正进入类似欧美发达国家工业、农业、交通业现代化带来的马业现代化的转型期。

据农业部统计，到2006年年底，我国马匹数量比1977年减少了37.4%，只有716.46万匹，低于美国的950万匹，位于世界第二位。主要产马大省（区）内蒙古、新疆、黑龙江、吉林、辽宁、河北和山东等的马匹数量下降显著，如内蒙古1975年有239万匹，到2003年仅有79.22万匹。

1978年，全国农业农垦系统有71个种马场（不包括军队系统），到2003年只剩下18个。其中，除北京2个新建纯血马场（原昭苏军马场合并）仍有一定规模外，其他16个马场除了山丹马场以外，铁岭马、黑龙江马、吉林马、金川马、黑河马、关中马、渤海马等马场，大部分马匹流失民间，有的只剩下10～20匹马，已成为濒危马种。其中，黑龙江马、吉林马、铁岭马大多作为肉马出口日本，且已很难找到纯种马。

三河马是我国最著名的培育品种，1986年9月7—10日，由内蒙古自治区政府将其命名为"三河马"新品种，当时有1.7万匹。锡林郭勒马于1987年6月18日由内蒙古自治区正式命名，1990年获内蒙古自治区科技进步奖一等奖。

随着改革开放的深入和我国经济的高速发展，一部分富裕起来的人对马业娱乐健身、休闲等有了新的需求。具体表现如下：

（1）中国马业协会，于2002年10月在北京成立，使马业有了行业的组织，并已是国际纯血马登记委员会（ISBC）及其亚洲区的成员之一。1986年，中国马术协会加入国际马术协会（FEI），在全运会、亚运会和2008年奥运会中参加和承担了各项国际奥委会赛事。2008年8月，奥林匹克运动会在中国北京举行，其中，马术赛在中国香港耗资8亿港元的现代化场馆举办。

（2）中国各少数民族运动会、城市运动会、全国农民运动会和全国运动会设有马术和速度赛或表演赛，但是很多马匹需花巨资从国外进口，需要聘请国外教练，从事这方面的专业人才奇缺。

（3）全国已有各类马术俱乐部2 000多家，能开展速度赛、障碍赛、室内马术和马球休闲骑乘等多项活动。

（4）全国各地民族赛马节等活动年年火爆。内蒙古的呼和浩特市、锡林郭勒盟、乌珠穆沁旗等开展了多项走马、颠马、30公里耐力赛等，并获吉尼斯世界纪录；云南香格里拉赛马节参加人数高达几十万人；坝上草原深度草原游（深入牧区）具备一定规模；红山军马场投入旅游用马达千余匹。马匹旅游业已成为拉动牧区经济、建设新型牧区的主要项目之一。

（5）马文化产业复苏。2002年11月，北京延庆已建成国内及亚洲最大的马文化博物馆，内蒙古锡林浩特市建成中国马都及蒙古马文化博物馆和科尔沁马训练中心；中国农业大学成立了马研究中心，与国内外开展全面交流；内蒙古农业大学成立了马属动物研究中心，在马的克隆、基因序列分析、产品开发方面已取得了一批科研成果，已恢复招收博士研究生和硕士研究生，开展养马、马文化等有关课程的教学。

（6）产品马业起步。由于日本人、欧洲人对马肉（深色食品）的嗜好，黑龙江金马集团和辽宁光大娱乐公司引进种马，培育肉、乳兼用型马种。内蒙古农业大学关于马奶酒对结核病、高血压等治疗效果进行了研究，孕马血清制剂的生产，对推动我国牛、羊胚胎移植工作提供了保证。

进入21世纪后，中国经济仍然保持着高速增长。加入WTO以后，在贸易上已逐渐与国际接轨，但要真正融入国际社会仍有漫长的路程。马产业作为畜牧业的重要组成部分，对促进未来畜牧业经济全面发展仍然有很大的空间。

五、中国传统的马文化

马文化指以马为主题或与马相关的意识形态、文学艺术、传统习俗等。世界范围内，服饰鞍具、歌舞影视、历史文学、建筑雕塑、绘画摄影等方面都有马文化元素的体现。我国的蒙元马文化、西南茶马文化，是世界马文化的重要组成部分。

我国马文化节庆活动，主要有内蒙古那达慕大会、新疆伊犁天马节、云南大理三月街赛马会、青海玉树赛马节、新疆柯尔克孜马背鹰猎、广西德保红枫矮马节、广西融水斗马节、贵州三都水族赛马会、新疆喀纳斯冰雪赛马节、内蒙古锡林郭勒中国马都大赛马、西藏江孜达马节、湖北武汉国际赛马节等。

我国的马文化博物馆，主要有中国马文化博物馆、江阴海澜之家马文化博物馆、蒙古马文化博物馆、昭苏天马文化博物馆、三河马文化博物馆等。

我国的马国家非物质文化遗产，主要有内蒙古那达慕、蒙古族马头琴音乐、蒙古族马具制作技艺、赛马会（藏族赛马）、马球（塔吉克族马球）、叼羊（维吾尔族叼羊）、马戏、跑竹马、跳马夫等。

近些年，马主题的艺术文创、观光旅游、休闲娱乐逐步兴起，马文化旅游产品内容不断丰富。马主题特色小镇建设启动，促进了马文化挖掘，丰富了旅游产品种类。马术运动和休闲骑乘与马文化结合更加紧密，与旅游开发协同发展，内蒙古、新疆等地区马文化旅游品牌的影响力不断扩大。内蒙古那达慕大会、新疆伊犁天马节、广西德保红枫矮马节等大型活动，集体育竞技和文体表演于一体，搭建起具有浓郁民族风情的马文化旅游平台。马文化博物馆、大型演艺活动等新业态、新形式不断涌现。

PART 02

第二章 马的品种（品系）

第一节 马品种的形成和分类

一、品种的形成

马品种的形成是人工选育的结果，它是受自然生态环境条件的影响，并与人类社会发展需要相适应的产物。随着人类的爱好和社会需要，马的品种越来越多，最终达到了当今世界所存在的状况，有了众多不同选育方向与类型的品种。我国列入《中国畜禽遗传资源志·马驴驼志》（2011）的地方品种马有 29 个，培育品种有 13 个。

二、品种的类型

马品种分类，对于马匹利用和改良都有指导意义。在现代马属动物科学中，对马品种的分类有以下几种方法。

（一）按生物学特性分类

按马原产地的自然条件和品种的生物学特征，把原始地方品种马及其类群分为草原种、沙漠种、山地种和森林种。

1. 草原种 生存于我国北方高原地带广大草原上的马匹品种。草原种马体质粗壮结实，体躯长而深广，四肢中等高，适应性极强，如蒙古马、哈萨克马、巴里坤马、岔口驿马等。

2. 沙漠种 此类马品种受沙漠地带气候干燥、植被稀疏、昼夜温差大等自然环境影响，则体格较小，体质细致紧凑，如乌审马、柴达木马、和田马等。

3. 山地种 分布于我国西南山区和西藏的地方马品种。受高海拔、垂直气候带等因素的影响，其体质结实，体格不大，肢蹄强健，善走山路，如建昌马、乌蒙马、西藏马、玉树马和安宁果下马（袖珍马）等。

4. 森林种 分布于海拔 3 000 m 以上、气候寒冷潮湿、出现森林草原地带的马种。一般体躯粗重，被毛厚密，体质粗糙结实，如河曲马、阿尔泰马、鄂伦春马都属此类品种。

（二）按选育程度分类

根据马品种的形成历史及人工选育改良程度，分为地方品种、培育品种和育成品种三大类。

1. 地方品种 亦称自然品种或土种，指某地区有悠久养马历史、在自然繁殖下具有大量群体、未经人工正规选育、处于粗放饲养管理、原始状态的马品种。这种马体格小、适应性强，可做多种用途，但每一种工作能力均不高。

2. 培育品种　又称过渡品种，指按照科学育种方案，贯彻一系列有效的选种选配措施，经过了必要的培育过程而育成的马匹新品种。该类马品种在体尺、外貌、生产性能、品种结构和数量等方面，已达到了新品种的标准和要求。但仍有不足之处，如性状还不够一致，遗传性不够稳定，还需加强培育，巩固提高品种性能。中华人民共和国成立以来，我国新培育出 15 个马品种。

3. 育成品种　该类品种经历了长久的人工选育过程，在优良的培育条件下，通过了严格选择与淘汰，达到了既定的选育目标，具有性状整齐、遗传性稳定、生产能力及种用价值高等一系列特点。对该类品种要求有好的饲养管理条件，不断加强选育，以提高和保持其品种性能，如世界著名的纯血马、阿拉伯马、奥尔洛夫马等都属于此类品种。

（三）按畜牧学分类

根据马的大小、经济上的使用性质和体型以及有益经济性状，将马品种分为乘用型、挽用型和兼用型三类。

1. 乘用型　又分为竞赛型（以速力为主）和重乘型（以乘用耐苦持久为主）两类。

2. 挽用型　又分为重挽型（体格硕大，动作笨重）和农挽型（体型较小，动作轻快）。

3. 兼用型　又分为乘挽兼用型和挽乘兼用型。

4. 其他类型　当马的用途发生变化之后，人们又育出了竞技用马、乳肉用马和游乐伴侣用马等多个马匹品种。因此，马的畜牧学分类又需加上竞技型（运动用马）、乳肉兼用型和游乐伴侣用型等。

（四）按起源分类

5 000～6 000 年以前，北欧亚大陆存在着真马的 4 个亚种：森林马、高原马、草原马和沙漠马。据推测，今天所有品种的马都是它们的后代。

1. 一型小马（森林马）　来自欧洲西北部，体高为 120～122 cm，轮廓挺直，有宽阔的前额和 1 双小耳朵。耐潮湿，能在恶劣的环境下生存成长。

2. 二型小马（高原马）　来自北欧亚大陆，体高为 140～142 cm。体格结实，外貌粗壮，耐寒且精力充沛。

3. 三型马（草原马）　来自中亚细亚，体高约为 143 cm。身体纤瘦，体型修长，皮毛细致，颈细长，有出色的耳朵与鹅型的臀部。很耐热，可在沙漠中生活。

4. 四型马（沙漠马）　来自西亚地区，被认为是阿拉伯马的原型，体高为 100～110 cm。体型精细而纤瘦，头小有凹型轮廓，尾础特别高。很耐热，能很好地在沙漠或干旱大草原生存。

（五）按体重、体型分类

按照品种的体重、体型、表皮、步态及体高等因素来分类，可分为小型马、轻型马及重型马三大类。

1. 小型马　体高在 150 cm 以下的品种，多为 100～150 cm。它们的身长比例要比体高比例大一些，头的长度通常与肩隆到前肩的尺寸相等，而且也等于从肩隆到臀部的距离。头端正、眼距宽，吻部带有锥形，头较短，有非常灵活、敏锐、小而尖的耳朵，脖子看起来也比较短，有厚实的尾巴和鬃毛，可防御寒冷和潮湿，有短而强壮的背部。脚小而硬，经常是蓝色的蹄。小型马一般步伐稳健，且具有较强的自我保护意识。

2. 轻型马　身体结构特征表现出较适合于骑乘的特点。体高为 150～172 cm。后肢的比例较长有利于加速，背部不是很宽，有明显的肩隆，关节大而匀称。离地面较低，脚型很好，结构和大小都符合比例。背部的形状使鞍具容易固定。肩与水平线成 60°角倾斜（由颈部和鬐甲的结合处到前肩），对于产生舒适而有效的骑乘动作很关键。

3. 重型马　体高为 160～180 cm。蹄子上方长满边毛的腿是其特征之一。肩隆圆而倾向于平坦，胸部非常宽，经常有圆形的鬐甲，前腿分得比较开。背部宽并且相当短，后肢短而阔，肌肉特别结实，四肢粗而短，适合挽车等粗重的工作。

（六）按个性和气质分类

按照马品种的个性与气质，也可分为热血马、冷血马与温血马三大类。

1. 热血马　最有精神的马，一般而言，也是跑得最快的马，通常是直接衍生赛马（纯血马）的品种［注：纯血马在英国赛马骑师俱乐部（成立于 1750 年）的名马血统记录簿上登记注册］。

2. 冷血马　具有庞大的身躯与骨架，安静、沉稳，通常用来作为工作马（欧洲重型马）。

3. 温血马　从字义上看得出来，不管在体型、个性与脾气上，温血马都处于热血马与冷血马之间，事实上也是由热血马与冷血马杂交，甚至是彼此杂交育种而得到的品种。通常用作骑乘马，马术运动所用的马也大多是温血马。

每一个品种的马，都有其血统上的特征。这些特征也都具有遗传性，这也是认定一个品种的必要条件，同时，也会被登记在该品种的正式记录中。有些马，不属于任何一个品种，我们就以它外形上的特征来区分类型。这些外形上的特征也刚好符合它的功能，而这些特征不一定具有遗传性。

（七）按体质分类

根据马的体质不同，可以分为湿润型马、干燥型马、细致型马、粗糙型马、结实型马等。

1. 湿润型马　这种马皮下组织发达，肌腱、关节明显，肌肉比较松弛。这类马的性情多迟钝，不够灵活。挽马中较为多见。

2. 干燥型马　这种马皮下组织不发达，关节、肌腱的轮廓明显，皮肤较薄，被毛短细，性情活泼，动作敏捷，多见于轻型骑乘马。

3. 细致型马　头小而清秀，骨量较轻，皮薄毛细，性情灵敏。

4. 粗糙型马　头重、骨粗、皮厚，毛粗长，多见于草原上的马。

5. 结实型马　头颈与躯干的结合匀称协调，躯干粗实，四肢骨量充分，全身结构紧凑。

第二节　中国主要地方品种

我国有着悠久的养马历史，因此形成了很多特点鲜明的地方品种。按照系统分类法，从形成的过程考证我国的地方品种，主要可分为蒙古马系统、西南马系统、河曲马系统、藏马系统和哈萨克马系统五大系统。将上述 5 个分类系统的代表性 8 个品种进行简要的介绍如下。

一、蒙古马

蒙古马（Mongolian horse）是我国乃至世界最著名的地方品种之一，属乘挽兼用型品种。主产于内蒙古自治区，中心产区在锡林郭勒盟，主要分布于呼伦贝尔、乌兰察布市、鄂尔多斯市、通辽市、兴安盟、赤峰市。东北三省也是蒙古马的产区。我国华北和西北地区的部分农村、牧区也有分布。

（一）品种来源

蒙古马是一个古老的品种，早在 4 000～5 000 年前，已被我国北方民族驯化。据考古发现的马的骨骼和牙齿化石，说明内蒙古地区很早以前就有马的祖先三趾马及蒙古野马的存在。据史料记载，从汉代起，历朝各代曾将大量蒙古马的祖先引入中原。到北宋时，蒙古马已分布东北三省。到元明时期，蒙古马的饲养量更是空前的高涨，元朝的蒙古帝国被称为"马之帝国"。明代养马的全盛时期，马匹量达 10 余万匹。数百年来，蒙古马多经张家口输入内地，早已遍布我国广大北方农村。1949 年后，通过人为地选优去劣，蒙古马马群质量和生产性能得到了进一步的优化和提高。但同时，由于对蒙古马进行了大量杂交改良，以及近 30 年来机械化的发展削弱了马的需求量，蒙古马数量逐年大幅减少。

（二）品种特征

蒙古马适应性较强，抗严寒、耐粗饲，能适应恶劣的气候及粗放的饲养条件。恋膘性强，抓膘迅速、掉膘缓慢，营养状况随季节而变化，呈现"春乏、夏复、秋肥、冬瘦"的现象。能够识别毒草而不中毒，抗病力强，除寄生虫病和外伤，很少发生内科病。大群放牧的蒙古马具有很好的合群性，一般不易失散，母马母性强，公马护群性强。长年放牧的蒙古马性情悍烈、好斗、不易驯服，听觉和嗅觉都很灵敏。

（三）典型类群

蒙古马数量多、分布广，因各地自然生态条件不同，逐渐形成了一些适应草原、山地、沙漠等条件的优良类群，比较著名的有乌珠穆沁马、百岔马、乌审马、巴尔虎马等。

（1）乌珠穆沁马 原产于内蒙古锡林郭勒盟东乌珠穆沁旗和西乌珠穆沁旗，目前主要分布于东乌珠穆沁旗、西乌珠穆沁旗和锡林浩特市。乌珠穆沁草原是我国最富饶的天然牧场之一，土壤肥沃，河流纵横，牧草种类繁多，主要牧草有碱草、冷蒿、大针茅、克氏针茅和葱草等。该地历来盛产良马，乌珠穆沁马早以其骑乘速度快、持久力强和体质结实而驰名全国。乌珠穆沁马是经牧民群众长期选育形成的一个类群，是蒙古马的典型代表。2005 年年末，共存栏 24 587 匹，比 1982 年减少近 8 万匹。

乌珠穆沁马体质粗糙结实，体型中等，有部分马体型偏于骑乘型，为直头或微半兔头，鼻孔大，眼大明亮，耳小直立，鬐甲低，胸部发达，四肢短，鬃、鬣、尾毛发达。毛色多样，青毛最多。据称清代时，每年要在其产区选千匹青马进贡。当地盛产走马，其外形特点是微弓腰，尻较宽而斜，前膊较长，管骨相对较短，后肢微呈刀状和外弧肢势。

（2）百岔马 主产于内蒙古赤峰市克什克腾旗百岔沟一带。该旗位于大兴安岭南麓支脉狼阴山区，海拔 1 600～1 800 m。中心产区百岔沟由无数深浅不等、纵横交错的山沟组成，是西拉木伦河的上游、水草丰美的好牧场。当地岩石坚硬、道路崎岖，百岔马经过多年锻炼，蹄质坚硬，不用装蹄可走山地石头路，故有"铁蹄马"之称。早在 200 多年前，就有蒙古族在此从事畜牧业，饲养马、牛、羊。100多年前，蒙古族牧民思木吉亚从乌宝力问（锡林郭勒盟东乌珠穆沁旗）带来1匹蒙古公马、5匹母马，对百岔马的形成有一定影响。曾由于农业和交通的需要，促进了马匹的发展，在当地条件下形成了适应山地条件的蒙古马优良类群，1982年共存栏4000多匹。近30年来，由于产区农业和交通条件迅速改善，对马的需求量减少。至2005年年末，百岔马存栏不足百匹，已濒临灭绝。

百岔马外形特点是结构紧凑、匀称，尻短而斜，系短而立，蹄小、呈圆墩形，蹄质坚硬，距毛不发达。由于数量少，2006年调查时未进行体尺测定。

（3）乌审马 主产于内蒙古自治区鄂尔多斯市南部毛乌素沙漠的乌审旗及其邻近地区。该地为典型大陆性气候，年降水量250～400 mm，蒸发量大，是降水量的5.5倍。草原属典型干旱草原类型，主要牧草有沙蒿、柠条、芨芨草等。牧民有打草贮草的习惯，加上备有农作物秸秆，冬春季给予补饲，对乌审马的形成起到了一定的作用。

鄂尔多斯市鄂尔多斯草原曾是水草丰美、畜牧业发达的地方。当地蒙古族牧民素有养马习惯，每年都要赛公马、赛走马，凡是在战争中立功和赛马中得奖的公马都被选为种用，这对于乌审马的形成起到了很大的作用。但由于连年干旱、草场退化、沙丘遍布，对马匹品质造成一定影响，使其成为适应沙漠条件的类群。2005年年末，共存栏5000多匹，处于维持状态。

乌审马体质干燥，体格较小。头稍重，多呈直头或半兔头。额宽适中，眼中等大。肩稍长，尻较宽。四肢较短，后肢多呈刀状或略呈外弧肢势。蹄广而薄，蹄质较为疏松。被毛较密，鬃、鬣、尾毛较多，距毛不发达。毛色以栗毛、骝毛为主。

（4）巴尔虎马 主产于内蒙古自治区呼伦贝尔市的陈巴尔虎旗、新巴尔虎左旗和新巴尔虎右旗。位于呼伦贝尔大草原腹地，是我国主要传统养马区之一。

巴尔虎马体质粗糙结实，由于牧场较好，体躯相对较大。头较粗重，为直头或微半兔头。额宽大，嘴筒粗，鼻翼开张良好。胸廓深宽，鬐甲明显，斜尻、肌肉丰满，蹄质坚实有力。

二、阿巴嘎黑马

阿巴嘎黑马（Abaga Dark horse）原名僧僧黑马，属乘挽兼用型地方品种。主产于内蒙古自治区锡林郭勒盟阿巴嘎旗北部，中心产区在阿巴嘎旗的那仁宝力格苏木及其周边苏木。

（一）品种来源

阿巴嘎旗境内发现的60多幅与马有关的岩画，将这里的养马历史追溯到了旧石器时代。为建立蒙古汗国立下卓越功勋的别力古台将军，曾驻守阿巴嘎部落。因他非常喜爱纯黑色的马，故历史上阿巴嘎部落饲养的马群中黑色马居多。而且当地牧民在选留种马时，将毛色乌黑发亮、体躯发育良好、奔跑速度快的马匹留作种用，在长期自然选择和人工选择的影响下，逐步形成了现在的地方良种。

2006年，内蒙古自治区家畜改良工作站组织有关单位对阿巴嘎黑马（当时称僧僧黑马）进行调查，初步认定其是一个地方良种，并开始对其进行选育与保护。

（二）品种特征

阿巴嘎黑马具有耐粗饲、易牧、抗严寒、抓膘快、抗病力强、恋膘性和合群性好等特点。素以体大、毛色乌黑、有悍威、产奶量高、抗逆性强而著称。

三、焉耆马

焉耆马（Yanqi horse）属乘挽兼用型地方品种。主产于新疆维吾尔自治区巴音郭楞蒙古自治州北部的和静县、和硕县、焉耆回族自治县和博湖县，其中，以和静、和硕两县为中心产区，分布于产区附近地区。

（一）品种来源

焉耆马是以当地蒙古马为基础，掺入少量中亚地区古代马种的血液；近 100 年来，苏联种马对焉耆马具有一定的影响。在山地自然条件下，在民族马文化促进下，经群众长期选育形成的地方良种。

（二）品种特征

焉耆马以群牧为主，盆地型马在海拔 1 000 m 高的干旱盐碱地或沼泽地放牧，山地型马在 3 000 m 的高山草场放牧。经长期选育，形成耐粗饲、持久力强、善于登山涉水、耐热抗寒、体质结实、恋膘性强等特点，对各种环境条件有良好的适应性，在南方和西藏地区也能较好地适应。

四、百色马

百色马（Baise horse）因主产于广西百色地区而得名，属驮挽乘兼用型地方品种。主产区在广西壮族自治区百色市的田林县、隆林县、西林县、靖四县、德保县、凌云县、乐业县和右江区等，主产区马匹数量占马匹总数量的 2/3 左右。分布于百色市所属的全部 12 个县（区）及河池市的东兰县、巴马县、凤山县、天峨县、南丹县，崇左市的大新县、天等县，南宁市、柳州市等。

（一）品种来源

百色马的饲养历史已近 2 000 年，从文献及出土文物中可知汉代时期蜀边已开始交易百色马，南宋时马源紧张，曾向西南征集马匹。如今，百色马仍有往桂林、梧州及广东方向销售的传统。百色马是在产区自然条件、社会经济因素的影响下，经劳动人民精心培育形成的。

（二）品种特征

百色马适应山区的粗放饲养管理。在补饲精料很少的情况下，繁殖和驮用性能正常，无论是酷暑还是严寒，常年行走于崎岖山路。离开产地，也能表现出耗料少、拉货重、灵活、温驯、刻苦耐劳、适应性强等特点。

五、德保矮马

德保矮马（Debao pony）原名百色石山矮马，属驮挽乘和观赏兼用型地方品种。主产于广西壮族自治区德保的马隘镇、那甲乡、巴头乡、敬德镇、东凌乡。德保县其他乡镇及毗邻的靖西、田阳、那坡等县也有分布。

（一）品种来源

据《德保县志》记载说明，明代嘉靖元年（1522 年）之前，德保人民已饲养马匹。1989 年 11 月，由中国农业科学院畜牧研究所王铁权研究员组织的西南马考察组，在广西靖西与德保交界处第一次发现一匹 7 岁、体高 92.5 cm 的成年马。此后，又有多所高校及研究院对德保地区矮马资源尽心研究，从养马学、生态学、血型学、考古学、历史学等多学科及大量数据，证实了德保矮马的矮小性是能稳定遗传的，德保矮马是一个东方矮马品种。

（二）品种特征

德保矮马是在石山地区特殊地理环境下形成的遗传性能稳定的一个地方品种。体型结构紧凑结实，行动方便灵活，性情温驯而易于调教，对当地石山条件适应性良好。在粗放的饲养条件下，能正常用于驮物、乘骑、拉车等农活，生长、繁殖不受影响，抗逆性强。

六、西藏马

西藏马（Tibetan horse）原属于藏马的一个最主要类群，是我国青藏高原高海拔地理环境中特有的马种，属乘驮挽兼用型地方品种。主产于西藏自治区的东部，以昌都市、那曲市和拉萨市最多，西部和南部较少，分布于自治区全境。可分为山地、高原、河谷、林地 4 个明显的生态区。

（一）品种来源

从史料可知，西藏人民繁育良马已有 2 000 余年的历史。随着畜牧业生产的发展，西藏良马源源不绝地输入四川、陕西一带，为开发内地农业生产做出贡献。西藏高原地域广阔、交通不便，西藏马在藏族人民长期按一定目标选育、牧养下，形成具有一定特点的地方品种。西藏马曾被认为是西南马的一部分。1949 年以前，西藏马多集中在寺院，就地进行闭锁选育。1980 年经普查后，被确定为一个独立的品种。

从 20 世纪 60 年代初开始，西藏自治区曾先后引入顿河马、阿尔登马等，在一些国有农牧场和配种站饲养繁殖，并与西藏马杂交产生了一定数量的后代。近 20 年来，基本未引入外血。

（二）品种特征

西藏马对高原的适应能力很强，适应范围广，在西藏各种生态环境下都有分布，善奔跑，吃苦耐劳，在海拔 4 700 m 的草场放牧，可扒开深雪觅草。抗病力强，很少患病。

七、河曲马

河曲马（Hequ horse）旧称南番马，1954 年由原西北军政委员会畜牧部正式定名，属于挽乘兼用型马种。产于甘肃、四川、青海三省交界处的黄河第一弯曲部，中心产区为甘肃省甘南藏族自治州玛曲县，四川省阿坝藏族羌族自治州若尔盖县、阿坝县和青海省河南蒙古族自治县。甘肃省的夏河、碌曲，四川省的红原、松潘、壤塘，青海省的久治、泽库、同仁、同德等县均有分布。

（一）品种来源

据文献记载，1 世纪时，产区已开始养马。唐代及以前，河曲马主要养于陇右一带牧监，安史之乱之后，被劫流入河曲马产区。到了元代，蒙古大军南下，将大量蒙古马带入产区，这对河曲马的形成影响很大。元代以后，再无外来马进入，自群繁殖。由于该产区高寒、湿润、雨量充沛、地势开阔、牧草丰茂，加之当地各族人民对马匹十分需要，一贯重视选择培育和精心管理，从而形成了适应性强、体格较大的品种。

（二）品种特征

河曲马在群牧条件下培育，合群性好、恋膘性强、耐粗饲、性情温驯、易调教，对海拔较高、气压较低、气候多变的高山草原少氧环境有极强的适应性。河曲马肺活量大，胸宽、深，胸围早期生长发育快；血液中红细胞和血红蛋白含量均高；能跨越 4 000 m 以上的高山，能在平原沼泽地骑乘，剧烈运动后 20～40 min 呼吸、脉搏就能恢复正常。曾被推广到河南、河北、山东、山西、福建、广东、云南等 20 多个省（自治区、直辖市），均能良好适应。

河曲马抗病能力较强，很少发生胃肠疾病和呼吸系统疾病，但某些地区寄生虫病较多。此外，青海一些地区的河曲马常发生前肢跛行、管部韧带炎症和蹄病，这和当地潮湿、水草滩多以及为防止夜间马匹丢失而使用马绊的饲养管理方式有密切关系。

（三）典型类群

河曲马由于分布面广，各地自然和经济条件不同，在甘肃、四川、青海三省形成了不同的类群。

（1）乔科马　产于甘肃南部玛曲县，主要放牧于乔科草原。当地多沼泽地，且水草丰美，气温适中。经当地藏族牧民多年选育，形成独立的类群。乔科马体格较大，头大、多兔头，管围较粗，蹄质欠佳。经当地河曲马场多年选育，已选育出相当优良的河曲马群。毛色原多青毛，现以骝毛、栗毛为多。曾输往西北和华北地区，很受欢迎。

（2）索克藏马　产于四川省阿坝藏族羌族自治州若尔盖县的唐克乡，所以也有"唐克马"的称呼，原养在索克藏寺院。该地海拔高，为泥炭沼泽地，水草丰美，雨量充足。索克藏马头大，耳大，身腰较短，有卷马尾的习惯，仍可见"唐马"形象。

（3）柯生马　产于青海省河南蒙古族自治县的柯生乡，因此而得名。柯生马属于蒙古族所养的河曲马，体型结构良好，体质干燥结实，蹄质坚硬。由于蒙古族迁来时带来蒙古马，且近代以来，河南和久治等县曾陆续由甘南等地引进河曲公马，对提高当地河曲马质量起到了重要的推动作用。尤其是河南蒙古族自治县的柯生、塞尔龙等乡几乎从未间断引入甘南地区河曲马，故该类群是混有蒙古马血液的河曲马。

八、哈萨克马

哈萨克马（Kazakh horse）属乘挽兼用型地方品种。产于新疆维吾尔自治区天山北坡、准噶尔盆地以西和阿尔泰山脉西段一带，中心产区在伊犁哈萨克自治州各直属县市，塔城地区五县两市、塔额盆地、昌吉回族自治州、阿勒泰地区等地也有分布。该马产区是我国重要的产马区之一。

（一）品种来源

据考证，哈萨克马的前身是乌孙马，产于新疆，与伊犁马分布于同一地区。当地习惯上称近代改良过的马为伊犁改良马（现已定名为伊犁马），而称未经改良、体尺较小的土种马为哈萨克马。哈萨克马生活在天山山脉北麓丰茂的草原上，历史上曾渗入外血，经哈萨克族人民长期培育形成。

（二）品种特征

哈萨克马具有适应大陆性干旱、寒冷气候的特性。春、秋季在水草丰盛的草原上放牧时能快速增重，而在冬、春季牧草枯黄季节体重降低缓慢。

第三节　中国主要培育品种

在漫长的养马历史过程中，由于社会的发展，马的用途也发生了很大变化，因此，我国根据当时的社会需求，培育出了很多优秀的培育品种，主要有三河马、锡林郭勒马、科尔沁马、伊犁马、伊吾马（新巴里坤马）、铁岭挽马、吉林马、渤海马、金州马、山丹马、关中马（关中挽马）、张北马和新丽江马，共13个品种。

一、三河马

三河马（Sanhe horse）因原产于内蒙古自治区呼伦贝尔市的三河（根河、得尔布尔河、哈乌尔河）而得名，是我国历经百余年培育的乘挽兼用型品种。

（一）品种来源

三河马的形成已有百余年的历史，主产区为呼伦贝尔市。由当地蒙古马和后贝加尔马混牧杂交形成。受含有奥尔洛夫快步马和比丘克马血液的后贝加尔改良马、盎格鲁诺尔曼马、盎格鲁阿拉伯马、阿拉伯马、奇特兰马、纯血马、美国快步马等的影响。同时，三河马的形成受到当地主要社会因素和文化因素的影响。1955年农业部组织了调查队对三河马进行全面调查，发现三河马存在轻、中、重3种体型，各型特征明显，确定三河马是我国的一个优良品种，并提出本品种选育的育种方针。1955年后进行了有计划的选育。1986年经农业部验收合格，宣布新品种育成。之后，随着机械化的发展、社会需求的转变，所有制变化，三河马纯繁场转产、核心群解体，种马全部散落流失。

（二）品种特征

三河马适应性、抗逆性强。突出表现为耐寒、耐粗饲、恋膘性好、抗病力强、代谢机能旺盛、血液氧化能力较强，能够经受严寒、酷暑、风雪、蚊虻叮咬等恶劣的自然条件。早春期间，气候寒冷多变，幼驹生后即可随母马放牧。三河马冬、春季掉膘缓慢，在青草期内能迅速增膘。抗病力强，在群牧管理条件下，除患有寄生虫病和外伤外，很少发生呼吸和消化器官等内科疾病。

二、锡林郭勒马

锡林郭勒马（Xilingol horse）因产于锡林郭勒草原而得名。1987年由内蒙古自治区验收命名，属乘挽兼用型培育品种。中心产区为锡林浩特市白音锡勒牧场和正蓝旗黑城子种畜场（原五一种畜场），其他旗县数量很少。

（一）品种来源

锡林郭勒马是以当地蒙古马为母本，以苏高血马、卡巴金马和顿河马为父本，采用育成杂交经30多年培育形成。1952—1987年，锡林郭勒马的育种工作历经杂交改良、横交固定和自群繁育三个阶段。

1. 杂交改良阶段（1952—1964年）　从1952年开始，以当地蒙古马为母本，引用苏高血马、顿河马和卡巴金马为主的公马进行杂交改良。五一种畜场以苏高血马、顿河马、卡巴金马为主；白音锡勒牧场以卡巴金马为主。在杂交一代母马的基础上，继续用良种公马改良，以获得理想型个体。五一种畜场以苏高血马和顿河马为主；白音锡勒牧场以卡巴金马为主。从杂交改良效果看，体尺进一步提高，体型与外貌进一步得到改进，并出现了较多理想型公、母马。

2. 横交固定阶段（1964—1972年）　1964年白音锡勒牧场开始横交，五一种畜场从1968年开始进行横交。以杂交二代中理想体型公、母马互为主要形式。由于母本一致、父本类型相同，其后代较为整齐，这是横交固定的良好基础，通过横交试验效果明显。

3. 自群繁育阶段（1972—1985年）　一般都是以群牧群配为主。该阶段的技术工作着重进行鉴定、整群和群配公马的选择。饲养管理以终年放牧为主。在这样的自然条件下，形成了锡林郭勒马耐寒、耐粗饲、抗病力强等特性。1973年1月，锡林郭勒盟家畜改良工作会议进一步明确了锡林郭勒马目标培育，南部以五一种畜场为中心，北部以白音锡勒牧场为中心。

经过广大科技人员和农牧民群众30多年有计划育种，锡林郭勒马对于当地的生存条件已具有较强的适应性和较一致的外貌特征，逐步形成了现在的品种。1987年6月18日，经专家组验收通过后，内蒙古自治区人民政府正式将其命名为锡林郭勒马。

（二）品种特征

锡林郭勒马终年放牧，冬、春季刨雪寻草食，暴风雪天气无避风设施，母马野外自然分娩，不需特殊照料，增膘快、储集脂肪能力强。在一年四季牧场营养极不平衡的条件下，形成了锡林郭勒马耐粗饲、耐严寒、抗病力强的适应性，培养了锡林郭勒马合群、护群、圈群、配种能力强的性能。

三、科尔沁马

科尔沁马（Kerqin horse）因产于科尔沁草原而得名，属乘挽兼用型培育品种。产于内蒙古自治区科尔沁草原，中心产区在通辽市科尔沁右翼后旗和科尔沁左翼中旗，科尔沁区、奈曼旗等其他旗县也有少量分布，原高林屯种畜场是核心培育场。

（一）品种来源

通辽市养马历史悠久，马一直是当地人民赖以生存的生产、生活资料。原有的蒙古马适应不了当地农牧业用马的需求，因而自1950年开始，以本地马为基础，用三河马、顿河马、苏高血马、奥尔洛夫马、卡巴金马、阿尔登马、苏重挽马等品种公马，采取级进杂交复杂杂交方式进行改良。为了保持本地马适应性强、耐粗饲料的优良特性，除三河马可级进到三代外，其他品种杂交未超过二代。杂交两次仍达不到育种指标的，选用理想型遗传性能稳定的公马选配横交提高。杂交一代母马体尺符合育种指标，也可横交繁育，最终逐步培育出乘挽兼用型科尔沁马新品种。

（二）品种特征

科尔沁马适应性、抗病抗逆能力强，恋膘性好，母性强，体质结实、干燥，外观清秀，结构紧凑，有持久力，耐粗饲，生长发育快，能够经受严寒、酷暑、风雪、蚊虻叮咬等恶劣的自然条件。冬、春季草场被积雪覆盖，马群白天放牧，扒雪觅食枯草或作物秸秆，也能忍受极端低温。早春期间，气候寒冷多变，幼驹出生后即可随母马放牧。

四、伊犁马

伊犁马（Yili horse）1958年正式命名，属乘挽兼用型培育品种。产于新疆维吾尔自治区伊犁哈萨克自治州，中心产区在昭苏县、尼勒克县、特克斯县、新源县及巩留县等。分布于伊犁哈萨克自治州的其他各县及其邻近地区。伊犁昭苏种马场、昭苏马场为伊犁马的核心育种场。

（一）品种来源

伊犁是"天马"的故乡，自古以来就以盛产良马而著称。伊犁马的母本为哈萨克马，育成及发展经历了近百年历史。当地群众曾称含有外血的马为伊犁改良马，以与哈萨克马相区别。

从 1910 年开始，通过英顿马（后改名为布琼尼马）、顿河马和奥尔洛夫快步马改良当地的哈萨克马，不断进行杂交改良。1958 年确认为一个新品种，定名为伊犁马。从 1958 年开始先后制订了伊犁马五年（1958—1962 年）、八年（1963—1970 年）的育种计划，育种工作以培育挽乘兼用型马为主，适当培育乘挽兼用型马。从 1970 年开始，伊犁马进入本品种选育阶段，使伊犁马的质量和数量有了较快的发展。伊犁马经杂交改良、横交固定、本品种选育 3 个育种阶段之后，形成了力速兼备的优良乘挽兼用型培育品种。20 世纪 80 年代以后，随着社会环境的变化，马匹滞销，一度放松了育种技术工作，致使伊犁马的品质有所下降。1989 年又制订了伊犁骑乘马培育计划，先后引入纯血马、俄罗斯快步马、奥尔洛夫快步马、库斯塔奈依马等品种公马与伊犁马母马或杂种母马杂交培育骑乘马，也取得一定效果。2000 年，昭苏种马场和昭苏县引入阿尔登马公马与伊犁马母马杂交，开展伊犁肉用型马的培育工作。2006 年，昭苏种马场又引入乳用型新吉尔吉斯马公马与伊犁马母马杂交，开展伊犁乳用型马的培育工作。

（二）品种特征

伊犁马是在放牧管理条件下育成的乘挽兼用型培育品种。它既保持了哈萨克马耐寒、耐粗饲、抗病力强、善走山路、适应群牧条件的优点，又吸收了培育过程中引入的国外良种马的体型结构和性能，适应性强，遗传性能稳定，种用价值高。1984 年，伊犁马作为国礼赠送给摩洛哥哈桑二世国王，在当地适应性良好。

五、山丹马

山丹马（Shandan horse）为原兰州军区军马场（现名甘肃山丹马场）培育的军马品种。1984 年通过品种鉴定委员会审定，鉴定为"适合我国军需民用的一个军马新品种"。1985 年，中国人民解放军总后勤部经农牧渔业部将其正式命名为"山丹马"。属乘挽驮兼用型培育品种，分为驮挽和驮乘两个类型。

山丹马的中心产区在甘肃省张掖市山丹马场，集中分布于周边农牧区，全国其他省（自治区、直辖市）（除台湾省外）也有零星分布。20 世纪 80 年代以前主要输送到部队及地方农牧区，此后部队用马减少，转向牧区、山区农村及旅游娱乐景点和生物制品基地。

（一）品种来源

1934 年以祁连山北麓草原上的马场故址设立山丹军牧场，场内原有的马匹都属祁连山区草原的地方马种，养马 8 000 余匹，这些马曾导入伊犁马、岔口驿马、大通马、河曲马的血液，但体型不能满足当时的生产要求。1939—1947 年，山丹军牧场曾引进伊犁种公、母马和摩尔根马公马 1 匹，对本场母马加以改良，但效果不显著。1953 年开始，采用人工授精方式，引入顿河马公马进行杂交，产生一代杂种。但一代杂种马对自然环境的适应性有所降低，二、三代杂种马适应性下降尤为显著。1961 年 10 月成立山丹马育种委员会。1962 年，全军军马选种会议提出军马选种的"五项标准"。从 1963 年起，用本地优秀种公马回交一代杂种母马，或用一代杂种优秀公马配本地母马，后代能符合军需民用的要求。1971 年 11 月，西北军马局召开军马工作会议，制订了山丹马育种计划。按照该计划，从 1972 年开始对已达到育种目标的一部分优秀杂种马采用非亲缘同质选配法进行横交。1980 年开始品系繁育，通过选种、选配，建立核心群，进一步巩固和提高马匹质量，稳定其遗传性能，解决回交、横交阶段遗留的尻、腰及后肢发育不足等问题。1984 年 7 月经鉴定验收，确定为适合我国军需民用的、以驮为主的军马新品种，并定名为山丹马。

（二）品种特征

山丹马具有适应性强、亲和力高、易调教、耐粗饲、耐高寒、耐缺氧、耐高热高湿、抗病能力强、合群性较强、对异地饲养适应快、持久力和耐力强、恋膘性强等优点，作为军马较其他马种有明显优势。这与培育环境及饲养管理条件有密不可分的关系。

第四节　中国主要引入品种

我国为了满足社会对马不同用途的需求，从国外引入了大量的优秀品种，对我国的马种进行了杂交改良。这些马种在我国马品种的培育过程当中都起到了举足轻重的作用，代表性的 8 个引入品种简要分述如下。

一、纯血马

纯血马（Thoroughbred）为典型的乘用型马，原产于英国，是世界上短距离速度最快的马种，其分布遍布世界各地。主要用于商业赛马和杂交改良本地马种及培育温血马等。我国曾将纯血马按产地分别称为英纯血马、苏纯血马等。

（一）培育简史

为发展骑乘赛马，始终以速度作为纯血马选育的最主要目标。纯血马的三大祖先，即贝阿里·土耳其（Byerley Turk，1689）、达雷·阿拉伯（Darley Arabian，1704）、哥德芬·阿拉伯（Godolphin Arabian，1728）。这 3 匹公马的后裔基本囊括赛场上的冠军，其他公马的后裔逐渐被淘汰，其后代形成了三大主要品系和若干支系。1770 年以后不再引入外血，一直保持本品种选育，因此，纯血马为高度亲缘繁育的种群。纯血马是世界上 800 m 以上短距离速度最快、分布最广、登记管理最为严格的马种。

19 世纪中叶，随着英国殖民主义扩张，赛马文化也向世界各地迅速普及，纯血马随之引入世界各地，并按照统一规则进行繁衍。纯血马扩繁与赛马业的兴起有直接的关系，并按照称为"巴黎共利法"（Pari‐mutuel）的赛马奖金分配方法发展至今。至 2009 年，世界上共有约 60 万匹纯血马。我国自 19 世纪末开始引入纯血马。

（二）品种特征

纯血马整体体态轻盈，干燥细致，悍威强，皮薄毛短，皮下结缔组织不发达，血管、筋腱明显，体躯呈正方形或高方形，体高一般大于体长。头中等大小、为正头型，面目清秀、整洁，眼大有神，耳尖、转动灵敏，鼻孔大、鼻翼薄、开张良好。颈多为正颈。鬐甲高长，肩长而斜，运动步幅大且能耗低；胸深而长，背腰中等宽广，中躯稍长，腹形良好、收腹。后躯强壮，尻为正尻。前肢干燥细长，前膊肌肉强腱，腕关节大而平缓，管部一般少于 20 cm，系部较长；后肢修长，股胫部肌肉发达有力，飞节明显强健。肌腱强壮显露。蹄中等偏小，蹄形正，无距毛。

毛色主要有骝毛、黑毛、栗毛、黑骝（或褐骝）毛和青毛 5 种。骝毛和栗毛最多，黑毛和青毛次之。头和四肢下部多有白章。

纯血马体重 408～465 kg，体高 163～173 cm，平均体高 163 cm。

二、阿哈-捷金马

阿哈-捷金马（Akhal-Teke）简称阿哈马，我国民间又称其为"汗血马"。原产于土库曼斯坦，是一个历史悠久、具有独特品质的古老品种。

（一）培育简史

据我国马种历史考证，张骞通西域时，曾在西域发现大宛马及苜蓿。如《史记·大宛传》所记载，阿哈马就是在公元前 101 年汉武帝时代输入我国的大宛马，直到唐代仍有大宛马进贡。1929 年，苏联政府组织了马匹资源调查队，才对本品种予以极大的重视。1941 年，苏联出版了第一卷阿哈马登记册，全部采用封闭式血统登记，至今俄罗斯仍在进行本品种登记业务。阿哈马与我国马文化节有悠久的历史和文化渊源。

（二）品种特征

阿哈马具有适应沙漠干热气候条件的良好形态。其体质细致、干燥，体型轻而体幅窄，姿态优美。头轻、稍长，头高颈细，眼大，耳长薄。颈长，颈础高。鬐甲高。胸窄而浅，肋扁平，假肋短，背长而软，尻长、多为正尻。肩长，四肢长而干燥，筋腱明显，前肢呈正肢势，后肢多直飞节。无距毛，系长。

三、卡巴金马

卡巴金马（Kabarda）原产于苏联北高加索地区，是一种步伐稳健、机敏、耐力好的山地马，属乘挽用型品种。

（一）培育简史

最初，卡巴金马是从地方品种马中经过选育体高而逐步发展形成的。在 1918—1922 年的苏联国内战争时期，因高加索处于战争状态，卡巴金马损失严重。因此，在第二次世界大战后的第一个五年计划中，即着手恢复并增强卡巴金马的繁育场，经过系统选育其品种质量明显提高。1935 年，苏联出版了第一卷卡巴金马的登记册。本品种马除纯种繁育外，曾用纯血马进行杂交，以增进其速力，并保存其固有的特性，形成了盎格鲁卡巴金新品种群。其中，含有纯血马的血液 5/8～3/4，1966 年该品种群被正式认可。如今产区的纯种卡巴金马数量已不多，输入我国主要用于改良本地马种和培育新品种。

（二）品种特征

卡巴金马体质结实，结构协调。头长而干燥，多为半兔头。耳长、耳尖向内扭转，眼大有神。颈长中等，肌肉发达，下缘稍垂，颈础低。鬐甲高长中等。胸廓深，背长直，腰结实，尻斜、有的呈尖尻，四肢发育良好，多曲飞、外向，距毛较少，蹄质坚实。

四、奥尔洛夫快步马

奥尔洛夫快步马（Orlov trotter）简称奥尔洛夫马，原产于苏联，是世界著名的快步马品种，属于轻挽兼用型马种。

（一）培育简史

奥尔洛夫快步马由 A. T. 奥尔洛夫于 1777 年开始培育，并因此而得名。他去世后，由其助手薛西金和巴诺夫继续进行育种工作，经历半个多世纪才培育而成。其先后与阿拉伯马、丹麦马、荷兰马进行交配，于 1789 年获得一匹体高达 162.5 cm 的青毛快步公马 Bars I，用其作种公马达 17 年之久，留下很多后代，奠定了本品种培育的初步基础。其后与多地的品种采用复杂杂交方式，进行严格的选种、选配以固定其理想型；同时加强饲养管理与快步调教，定期进行速力和持久的测验，进行综合选种。19 世纪末开始向西欧输出，经由 1898 年和 1900 年的国际展览会而闻名于世。1927 年苏联出版了第一卷《奥尔洛夫马登记册》，至今俄罗斯仍在进行本品种的登记业务，现已形成 12 个品系、16 个品族，但总体体型并不一致。

奥尔洛夫马分布于俄罗斯及其他苏联加盟共和国，曾多次输入我国。

（二）品种特征

奥尔洛夫马体质结实，头中等大小，干燥。颈较长，公马稍成鹤颈，颈础高。鬐甲明显。前胸较宽，胸廓较深，背较长，腰短，尻较长，呈圆尻。四肢结实，肌肉发育良好，前膊和胫较长，系较短，距毛较少，蹄质坚实。毛色以青毛为主，黑毛和栗毛次之，骝毛较少。

五、阿尔登马

阿尔登马（Ardennes）原产于比利时东海与法国毗邻的阿尔登山区，为挽用型品种。

（一）培育简史

比利时的重挽马过去分大小 2 个品种：大型为布拉邦逊马，分布在平原区，体格较大；小型为阿尔登马。后因国际市场要求，阿尔登马被布拉邦逊马吸收杂交后，统称为比利时重挽马。

在 19 世纪中期，阿尔登马曾输入俄国，主要繁育在波罗的海沿岸、乌克兰和乌拉尔等地。在纯种繁育的同时，通过杂交育种培育俄罗斯阿尔登马，1952 年正式命名为俄罗斯重挽马。1950 年开始，我国从苏联引入该马种。

（二）品种特征

阿尔登马属于重挽马类型。体质结实，比较干燥。头大小适中，小型马额宽、眼大；大型马呈直头或微凸。颈长中等，肌肉发达，公马颈峰隆起，鬐甲低而宽、前胸宽，肋拱圆，胸廓深宽，背长宽、有时呈软背，腰宽，尻宽而斜、呈复尻。四肢粗壮，较干燥，关节发育良好，距毛比其他重挽马品种少，系短立，蹄质不够坚实。毛色多为栗毛和骝毛，其他毛色较少。

六、阿拉伯马

阿拉伯马（Arabian horse）为热血马，是一个历史悠久的世界著名品种，以阿拉伯地区育成而得名，属于乘用型品种。

（一）培育简史

阿拉伯马的育成，经历了 1300 多年，共包括 5 个阶段：创始→育种→从皇室到民间保种→由产地流入世界→由地方马种到现代马种。阿拉伯马改良其他马种的效果显著，也是流入世界各地的主要原因之一。英国纯血马形成中，三大奠基种公马中有两匹就是阿拉伯马。

阿拉伯马最早有 5 个品系：凯海兰（Kachlan）、撒格拉威（Seglawi）、阿拜央（Abeyan）、哈姆丹尼（Hamdani）和哈德拜（Hadban）。自古至今的长期混合，已使这些品系的特点很不明显。阿拉伯马的血统传袭大多依从母系，这与其他品种不同。

（二）品种特征

阿拉伯马属典型乘用品种。体型清秀，体质干燥结实。头轻而干燥，前额宽广，向鼻端逐渐变狭，多呈凹头。眼大有神，耳短直立，两耳距离宽，鼻孔大，颌凹宽。颈长，呈优美的鹤颈，鬐甲高而厚实，肩较长而斜。胸廓深长，肋拱圆，背腰短有力，多数马腰椎较其他品种少 1 枚（只有 5 枚），尾椎少 1～2 枚（16～17 枚）。尻长而近于水平，尾础高，后躯肌肉发达。四肢细长，肌腱发育良好，关节强大，肢势端正，管短平、干燥，系长斜、富弹性。蹄中等大，蹄质坚实。

毛色主要为骝毛、青毛、栗毛，黑毛较少，偶有沙毛、白毛。在头和四肢下部常有白章。

七、新吉尔吉斯马

新吉尔吉斯马（New Kirgiz horse）主产于吉尔吉斯共和国奥什地区，属乘驮挽兼用型品种。

（一）培育简史

原吉尔吉斯马体格小，无法适应 19 世纪后期当地社会经济发展的需要。在原有品种的基础上，先后经历了以军用为目的、引入纯血马公马与吉尔吉斯马母马杂交为主、引入顿河马公马进行杂交，杂交效果良好，后代符合育种目标，因此选择其中的优秀公、母马进行横交固定，即进入第三阶段自群繁育。1954 年宣告品种育成。1989 年开始引入我国。

（二）品种特征

新吉尔吉斯马按体型可分为基本型、重型和骑乘型。基本型马品种数量最多，体质结实干燥，肌肉发育良好；重型马体格强大，骨骼发育良好，体质结实，适于役用与肉、乳生产；骑乘型马不是很高，较为粗重，带有原吉尔吉斯马的外形特征。

新吉尔吉斯马体质干燥结实，悍威强，头小而清秀，颈长较直，肩长而斜，颈肩结合良好。鬐甲较高，胸较宽深，肋骨开张良好，背腰平直，尻较长、稍斜；四肢干燥，肌腱明显，四肢端正，关节发育良好，管部干燥，蹄质结实，运步轻快而确实。毛色以骝毛、栗毛、青毛为主。

八、温血马

温血马（Warmblood horse）是世界现代马术运动用马主要品种的统称，广泛分布于世界多个国家。

（一）培育简史

温血马起源、育成于欧洲，一般由 3 个或 3 个以上的品种杂交育成，其中一定含有热血马（纯血马或/和阿拉伯马）的血统，气质类型多属上悍，性情温和，气质稳定，以参加马术运动为主要目标经长期专门化培育形成。

温血马中各品种的培育历史长短不一，形成过程有所差异，但其共同特点是不同时期为适应不同用途而分阶段培育，育种目标与标准处于一个动态的发展演变过程。经历了从体型较重、挽力较大、满足战争和农业用马，到培育体型相对较轻、步伐轻快、骑乘舒适、弹跳力好的运动用马。温血马现分布于世界多个国家，主要用于马术运动中的跳跃障碍、盛装舞步、三项赛、马车赛等项目，以及改良其他马种，也有少量仍用于农业、交通运输及军警骑乘。

20 世纪后育成的温血马品种在进行连续登记，定期出版登记册。我国自 1993 年开始，引入温血马有关品种。

（二）品种特征

温血马体格较大，结构匀称，体质干燥结实，悍威强，气质温和，步伐轻快。动作灵敏。头中等大，多直头，也有少量微兔头：额宽，眼大有神，耳长中等，鼻孔大。颈较长、多呈鹤颈，鬐甲高长，肩长而斜，头颈、颈肩结合良好。胸深而宽，背腰平直，长度中等，腹部充实，腰尻结合良好，多正尻，后躯肌肉发达。四肢长而干燥，关节、肌腱明显，多正肢势。系部较长，蹄中等偏大，蹄质坚实。鬃、鬣、尾毛中等长，距毛少。毛色主要有骝毛、栗毛、黑毛、青毛等，头和四肢下部多有白章。温血马平均体高 163～173 cm，体重 450～600 kg，各品种间体型外貌大体相当，某些品种稍有差异，有偏重或偏轻之别。

PART 03

第三章　相马学

相马学，又称马匹外貌鉴定，是通过马匹的外貌，鉴定其用途及性能优劣，以便有所取舍。我国很早的时候就有了关于相马的经书，但是通常指代不清，在现今畜牧行业已不适用。现在的相马学是以解剖学、生理学为理论基础，决定个体性能优劣。马的外貌特征，是马体内部器官机能状况和生产性能在外部的具体表现，也是鉴定品种、类型、生产用途、使用价值、种用价值的重要根据。同时，马的外貌与年龄、性别、毛色、健康状况都有密切的联系，不可一概而论。只有经过对种畜进行科学、合理、不间断地鉴定评价、世代选育，才能使我国马种性能不断提高。马匹良相见图 3-1。

图 3-1　马匹良相

本章所述，是将马体各部位拆分讲述，分别讨论美格与失格，在从业人员心中建立马匹的外貌标准。通过在实践中不断地对比验证，提高良种马的初步选种技术。另外还需注意的是，在进行马匹鉴定时，必须认识到马体外貌各部位都是整体的一部分，各部位之间及各部位与整体之间，都有互相联系和互相制约的作用。一定要注意形态和机能的关系、局部和整体的关系；同时，要注意不同类型、品种、性别、毛色等马匹的特点，全面客观地加以分析。

马的身体大体上可分为头、颈、躯干、前肢、后肢五大部分。以下将按照此五大部分分类讨论。

一、头部

头位于躯干的前部，是神经系统的总机，是五官所在的地方，头的大小结构与马的工作能力有很大关系。因为根据头部的长度、容积、与颈部角度、形状、附着等因素的特点，可以直观地判断马匹的用途。

马头的长度有长、中、短之分。骑乘用马，头长应为体高的 2/5，头厚应为头长的 1/2。头长则重心偏向前，速力缓慢而且容易前倾，适合发挥挽力，多为重挽马；头短，辅以长颈，则马匹前肢负重小，运步轻快，多为轻型马选用。头部短小，且颈短的马在奔跑时容易产生头摆而步态不稳，不适用于骑乘。

头的方向取决于颈的方向，有斜、仰、俯之差别。头部中轴线应与地面倾斜约成 45°角为最好，视野开阔，便于感知周遭环境，且屈伸有度。头轴与地面的夹角过大或过小，对视线及视线感官均不利。仰头之马古称"观星马",快速奔跑时影响近前视野,存在"马失前蹄"的风险,难以驾驭。俯头之马,头部压迫咽喉,影响呼吸,而且俯头马视野较短,不能察觉远方的障碍,常出现紧急躲避的情况,导致马匹步幅较短,极大程度上限制速力发挥。然而,俯头马虽不利骑乘,但多伴有弯颈和鹤颈,外形特别雅致。

头的形状有很多种,如直头、兔头、半兔头、凹头、楔头等(图3-2)。

| 直头 | 兔头 | 半兔头 | 凹头 | 楔头 |

图3-2 马头的形状

直头:即方头。额前上方呈一直线,额广平而鼻直,是良种马特征头形。多见于乘用马,一般情况下具备方头的马匹其他的体躯部分也发育良好。

兔头:额和鼻梁凸起,是重挽马的特征。

半兔头:额平而鼻梁凸起。兔头和半兔头,头较大。但一般眼睛较小,多见于重挽马及兼用型马。

凹头:额平而鼻梁凹。外观秀丽,多见于阿拉伯马,其他马种则为失格。

楔头:呈三角形。鼻梁正常,但鼻梁和口唇部细小,形如木楔,属严重失格特征,使用价值较低。

二、颈部

马的颈部以7个颈椎及颈韧带为基础,上部与马头相连,下后部与鬐甲、肩及胸部相连。颈部有左右两侧、上下两缘之分。左右两面为颈侧,颈上缘为鬃床、下缘为气管咽喉部。颈侧下方有纵向浅沟,名曰颈沟,是静脉、动脉大血管通路。

颈部对调节马体全身平衡、对重心的移动有着非常重要的作用。颈长且肌肉发达者速度快,颈短但肌肉发达者挽力大。理想的颈长应为体高的2/5,方向应与水平面形成45°角。

颈的形状有直颈、鹤颈、鹿颈与脂颈之分(图3-3)。

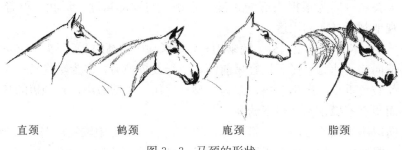

| 直颈 | 鹤颈 | 鹿颈 | 脂颈 |

图3-3 马颈的形状

直颈：上下两缘笔直，两侧平坦且稍稍隆起。这种类型的颈屈伸自如，是骑乘使役都非常适合的颈型。

鹤颈：颈上缘前部弯曲，形似鹤的颈部。这种类型颈较长，但多伴随俯头，外观美丽步伐却较短。

鹿颈：颈上缘凹曲、下缘凸出。此类颈型必然导致仰头，且在鬐甲前方容易形成压痕。此类马不易向前跌倒，但也不易驾乘。

脂颈：鬣床部因积蓄脂肪而外观极厚，多见于膘情过好的骑乘马和重挽马。

三、躯干部

马的躯干部包括鬐甲、背、腰、胸、腹等部位。因占体重的大部分，其结构好坏对工作能力关系影响极大。

（一）鬐甲

位于背前方与两肩之间，是颈肩和背腰部的连接点，各部位肌肉的附着部位置在以第10至第12脊椎的棘状突起为基础，连接两侧肩软骨上缘，是背部的最高点。鉴定鬐甲部位时，有高、低、长、短和充实程度之分。良好的鬐甲应长宽而厚，肌肉结实紧凑。一般骑乘型马应鬐甲高、长适中，便于负重和装鞍。挽用马应鬐甲宽、厚结实，肌肉发达有膀力。鬐甲过高、过低、薄短都不是良相，对运步有一定的影响，干活无力，易发生鞍伤。

（1）高鬐甲（图3-4） 长、充实者，肩胛骨有足够的倾斜角度，前肢灵活；且鬐甲长常伴随背腰相对较短，背部负重能力较强，故而适宜骑乘。但是鬐甲高而贫瘦的马，容易发生鞍伤。

（2）低鬐甲（图3-4） 马体重心前移，头颈向上抬举困难，且前肢运动受限，因此不适用于骑乘。低鬐甲但是颈部肌肉发达的马，可用于重挽使役。

（3）锐鬐甲（图3-4） 多见于老马或过于贫瘦的马匹。鬐甲高，且两侧凹陷，极易罹患鞍伤，是失格的表现。

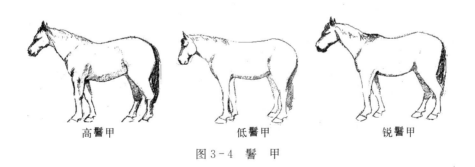

高鬐甲　　　　　　　低鬐甲　　　　　　　锐鬐甲

图3-4 鬐 甲

（二）胸

胸是以脊椎两侧18对肋骨、下胸骨为基础。胸廓由脊椎、胸骨及肋骨组成，其中包括心脏及肺脏。前胸的宽度与胸腔发育程度成正比，以适度宽广为宜。标准胸宽应为体高的1/4～1.5/4。胸部低于标准胸宽为窄胸，胸部宽于标准胸宽为宽胸（图3-5），但胸宽过宽，则限制马匹速力发挥。高原马种因海拔高空气稀薄，心肺必须加大工作量，以适应高原环境，因此胸部大多广阔而发达。

（三）背、腰

马背是以第 11～18 脊椎为基础，腰是以 5 个或 6 个腰椎为基础的体表部分。背、腰是躯干的主要组成部分，其主要功能是连接身体前后躯，承重，传导后躯推动力至前躯。所以背、腰的好坏，对马的工作能力影响很大。背、腰良相应是平、直、宽、广，肌肉强大结实，背部稍长，腰部宽短，窄充实。驼背、弯腰会严重降低其生产能力。

背部形态可大致分为平背、凹背、凸背（鲤背）3 种类型。

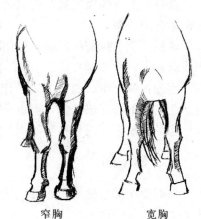

窄胸　　　　　宽胸

图 3-5 胸　部

（1）平背（图 3-6）　背部平直或微微凹陷，长度适宜、肌肉发达，背中线于身体正中。平背马匹负重能力强，后躯传动力更容易传至前肢。

（2）凹背（图 3-7）　背部凹陷，鬐甲高，骑乘时平缓，起伏较小，骑乘体验良好。但此类马负重能力差，而且持久力差。凹背有先天与后天形成两种，且后天性居多，如老龄骑乘马、妊娠母马及过早骑乘的小马驹等均容易造成凹背。体长兼凹背，则为严重的失格马。

图 3-6 平　背

（3）凸背（图 3-8）　背部向上隆起者，此种类型多见短鬐甲，背部负重能力极强，但不易骑乘，可以作使役用马。

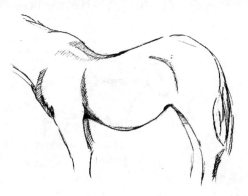

图 3-7 凹　背

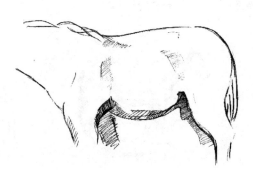

图 3-8 凸　背

（四）腹

腹腔的下壁，由胸下向后扩张。腹部需适度圆润、饱满、充实，与肋幅大小相同为适。腹过大或过小都会降低马的工作能力，并影响其体质发育和健康程度。腹部因其形状而有各种名称。正常的腹部见图 3-9。

（1）草腹（图 3-10）　是指马匹腹壁向两侧极度膨胀，或因凹背造成脏器下坠的结果，或因过量摄入干草、青草等容积较大的食物导致。我国马种多为放牧饲养，草腹较多，若换成营养价值较高的牧草，同时辅以适宜的运动，则能渐渐减退。

图3-9 良 腹　　　　　　　　　图3-10 草 腹

（2）垂腹（图3-11） 腹部膨大向下垂。多由于腹筋松弛、饲喂不当、年龄已高、凹背及使役多年导致的结果。此腹型食量颇大，步伐缓慢，呼吸困难，且不易固定鞍鞯，外形难看，属于严重失格。

（3）卷腹（图3-12） 腹部向上缩小。此类腹型多因疾病或消化不良所导致，外观丑陋，且骑乘时肚带容易向后方移动。

图3-11 垂 腹　　　　　　　　　图3-12 卷 腹

（五）尻

尻部以荐骨、髋骨及强大的肌肉为基础，是后躯的主要部分。与后肢相连接，在马的运动中起重要作用。尻长应有体高的1/3，尻宽约和尻长相等。良尻应长、宽且肌肉发达。尻的大小、长短、宽窄、方向、形状各不同，侧方观察有正尻、斜尻、水平尻，后方观察有尖尻、复尻、圆尻之分（图3-13）。

（1）正尻 尻上缘近于水平，与水平线的夹角为20°～30°。推进力与负重力均佳，有较强的持久力，外形美观，是理想的尻形。

（2）斜尻 尻上缘向后下方倾向，与水平线的夹角大于30°。地方马种多见，这种尻形持久力强，有利于挽力的发挥，对挽用马或驮马为宜。

（3）水平尻 尻上缘几乎水平（或小于20°）。外形美观，但缺乏负重力，有速度但不持久，在紧张的工作中，尻部肌肉容易受损伤而发生跛行。

（4）尖尻 尻部过斜，尻上缘与水平线夹角大于35°。为失格、性能低劣、发育不良马匹的特征。

（5）复尻 尻两侧肌肉隆起，中线凹陷，呈双屁股。多见于重型马和膘情较好的马匹。挽力较强，多用于短途运输。

（6）圆尻 两腰角不突出，肌肉发达，为骑乘用马的理想尻形。

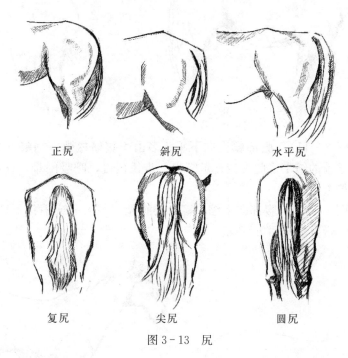

正尻　　　　　　　斜尻　　　　　　　水平尻

复尻　　　　　　　尖尻　　　　　　　圆尻

图3-13 尻

四、前肢部

前肢部包括肩部、上臂、肘、前臂、膝（前膝）、管和腱、球节和系部等结构。马匹的不正肢和蹄，走路无力，举步不伸畅，工作能力低，不持久，容易引起肢、蹄损伤而跛行，有的丧失使役价值。

（一）肩部

马的肩部以肩胛骨为基础，为前肢的起点。肩必须有适度的长度和倾斜度。通常肩长与胸深相关，胸深，肩必然长；肩长，所附肌肉也强大，肌肉发达，步幅大而有速力。肩长则上臂必短；反之，肩短则上臂较长。肩长，其方向较为倾斜；肩短，则方向较为直立。肩斜对于运动伸畅，易得速度。挽用马肩短宽斜、肌肉坚实者，挽力强。一般，马肩与水平线所成的角度为40°～60°，挽用马肩的斜度有达70°左右者。肩关节的角度为110°～130°，平均约115°。

（二）上臂

上臂以肱骨为基础。上臂长、广而斜者，所附肌肉也强。但肩长则上臂短，肩斜则上臂必近于水平。按比例论，上臂之长约等于肩长的1/2。

（三）肘

肘以尺骨头为基础。应长宽粗壮，如此所附肌肉也强大，与体轴相平行，肘头突向后上方，稍与躯体离开，不可内转或外转，这样前臂所附着于肘突的屈肌便强大有力。肘与腋要离开些，则利于久走。肘突贴近胸廓，则压迫胸部，有碍前肢运动。蹄应外向；反之，肘突远离胸廓，则蹄必内向，运动也不灵活。肘关节与水平线的夹角为 140°～150°。

(四) 前臂

前臂以尺骨及桡骨为基础。宜长而直，且有适当发育的肌肉。前臂长则运动步幅大，直则肢势端正，肌肉发达、强大、明显，则步伐有力，前臂之长约为体高的 2/5。由前方肩端中央向下引一垂直线至蹄尖的中央，前肢各部均被垂直线左右等分，两蹄间约一蹄的宽度。如两前肢斜向垂线内侧称为狭踏，反之称为广踏；前肢直立于地面者为正踏，前肢侧望斜向前方称为前踏，斜向后方称为后踏（图 3 - 14）。

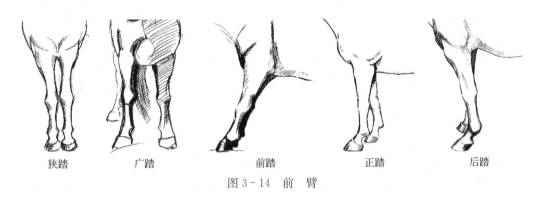

| 狭踏 | 广踏 | 前踏 | 正踏 | 后踏 |

图 3 - 14　前　臂

(五) 膝 (前膝)

四足动物腕部可称为膝。膝以腕骨为基础，是一重要关节。膝须长直、广而厚，轮廓明显，表示体质优良。其方向正直，无弯膝、凹膝、内弧及外弧等不正肢势。膝部的广度由前方观察，内外侧的上方有前臂骨内、外结节，下方有内、外小掌骨的骨头，均须明显突出；其厚度由侧面观察，前缘垂直，其长度指上下的距离，长比广稍小，膝厚比广稍大者为优良。

(六) 管和腱

管和腱以管骨（掌）与屈肌的腱为基础。管须直而广，屈肌腱尤须明显，以示体质优良。通常，管直则前肢的肢势端正；管广指由前视须有适度的宽，以示大掌骨与小掌骨适度的发育，善于支持体重。轻型马的骨量较轻，管围较细，全身骨骼也轻细；反之，重挽马的骨量较重，管围较粗，全身骨骼也粗重。管和腱之间有明显的沟者，表现腱的健全而有力。管的长度约为前长的 2/3。

(七) 球节

球节以广厚、干燥、方向端正而强韧者为佳。其角度的大小，随系部与地面所成的角度为转移。其角度大者系部韧带及屈肌腱的负担量大，韧带及腱易损伤；反之，角度小者趾骨负担较重，关节易损伤，弹性也缺乏。

(八) 系部

系部（图 3 - 15）以第 1 指（趾）骨为基础。须有适当的长度和斜度，但过长、过斜形成卧系，易使屈肌腱过劳；反之，过短、过直形成立系，易使指骨受损。系部与蹄和地平面的角度，前蹄以 45°～50°（后蹄以 50°～55°）为宜。系部应粗壮结实，其长短会影响运动步幅的大小，轻型马要求系部较长；驮挽用马宜短而坚强，利于负重。但系部过长、过短，缺乏持久性，影响使役。

（九）蹄部

蹄是支撑马体重的基础，对马匹工作能力的发挥有重要作用，古有"无蹄即无马"之谚。蹄的大小应与体躯相称，蹄质应坚实致密，表面平滑光泽，蹄壁呈黑褐色，蹄底凹，蹄叉发达，富有弹性。前蹄

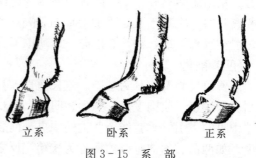

立系　　　卧系　　　正系

图 3-15　系　部

应比后蹄稍大，略呈圆形，蹄尖壁与蹄踵壁的长度之比约为 3:1，蹄和系的倾斜度一致，与水平线的夹角为 45°～50°，主要起支撑作用（后蹄较小，呈卵圆形，蹄尖壁与蹄踵壁的长度之比为 2:1，倾斜度与水平线夹角为 50°～60°）。蹄形与肢势有关，不正肢势能造成不正的蹄形。不正的蹄形有立蹄、低蹄、内狭蹄、外狭蹄、内向蹄、外向蹄、裂蹄等，均为不良蹄形。

五、后肢部

后肢部上接尻部，由于尻的长、广方向，与后肢的运动力大有关系。后肢在运动中的主要作用为向前推进或跃进，其运动能力大于前肢。

（1）股　又称大腿。以股骨为基础，股长应为体高的 22%～26%。前进时，股倾斜度大，速度快，但不持久，其倾斜度以 80°～84°为宜。股应长宽而厚，肌肉丰满，股长与地面的角度小，步幅大，有利于发挥速力。

（2）后膝　以膝盖骨和股骨所构成的关节为基础。角度应为 150°，但速力大的马角度较小。后膝应大而圆，稍偏向前方，与前肢肘部同高。

（3）胫　以胫骨和腓骨为基础。长度应有体高的 26%～28%为宜。方向是由前上向下方倾斜，与地面水平线成 65°～70°。胫应长而宽厚，筋肉发达。一般乘用马胫较长结实，挽用马胫较短，粗壮坚强，肌肉丰满，有腱子肉。

（4）飞节（俗称拉蹄拐子）　以跗骨为基础。内外之厚应有体高的 8%；前后之宽应有体高的 6%。角度以 140°～150°为宜。飞节应和体轴平行，长宽强大，轮廓清楚。飞节端应向后突出。挽用马须稍直，乘用马须稍曲。飞节有软肿、内肿、外肿，均可发生跛行，影响使用价值。

（5）后管、球节、系部、蹄　见前肢部分。

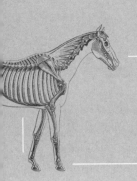

PART 04

第四章　马的运动生理学

第一节　四肢与蹄部解剖结构

运动系统由骨、关节和肌肉组成。它们形成并维持了马的体型，并且使身体的部分甚至全部能够运动。骨骼是运动系统的被动部分，肌肉是主动部分。马体以骨为支架，借助关节、结缔组织和软骨等连接起来，在神经系统的支配和调节下，通过肌肉的收缩和舒张、牵引骨及关节的活动，维持马正常站立和各种运动机能，对机体起着运动、支持和保护作用。

一、四肢骨骼及骨连接

马体约有 205 块骨头，主要分为中轴骨和四肢骨。马的骨骼总数不等，有些马（如阿拉伯马）比其他马少 1 个胸椎、1 对肋骨和 1 个腰椎；有些马因个体发育不同，尾骨数量相差多块。马的四肢骨包括前肢骨和后肢骨，是用来支撑畜体的支架，也是保证畜体完成动作的基础。

（一）前肢骨

马的前肢骨由肩胛骨、肱骨、桡骨、尺骨、腕骨、掌骨、指骨和籽骨组成。

1. 肩胛骨　呈长三角形，肩胛冈发达，粗而矮，游离缘粗厚，中央稍上方粗大，称冈结节。肩胛骨背缘附有肩胛软骨，呈半圆形。肩胛骨远端较粗大，连接肱骨，构成肩关节。无肩峰。喙突明显，盂上结节明显。肩胛骨内侧面具有前、后 2 个明显的锯肌面。

2. 肱骨　马的肱骨为管状长骨，肱骨近端后部球状关节面为肱骨头，内侧有内、外侧结节。其中，外结节较内结节稍大。结节间的肱二头肌沟宽而浅，具有沟间嵴。三角肌粗隆，非常发达，上端具有和肩胛骨关节相连的关节小头，下端有和前臂骨相连的关节滑车，构成尺骨关节。

3. 桡骨　马的桡骨发达，骨干中部稍向前弯曲。位于前内侧，主要起支持作用，近端与肱骨成关节，近端的背内侧有粗糙的桡骨粗隆，较突出。远端与近列腕骨成关节，是连接肱骨和腕骨的中心环节。

4. 尺骨　马的尺骨仅近端发达，骨干上部与桡骨愈合，下部与桡骨合并，远端退化消失。尺骨位于后外侧，近端特别发达，向后上方突出形成鹰嘴，骨干和远端的发育程度因家畜种类而异。桡骨和尺骨之间的间隙称前臂骨间隙。尺骨上端具有尺骨突，是固着肌肉的杠杆。

5. 腕骨　位于前臂骨和掌骨之间，由 2 列短骨组成，一共 7 块。近列腕骨 4 块，由内向外依次为桡腕骨、中间腕骨、尺腕骨及副腕骨；远列 3 块，由内向外依次是第 2 腕骨、第 3 腕骨、第 4 腕骨。第一腕骨小，不常有。

6. 掌骨　马有 3 枚掌骨，中间是第 3 掌骨，又称大掌骨，为长骨。其方向与地面垂直，呈半圆柱状；近端稍粗大，有与远列腕骨成关节的关节面。远端稍宽，形成滑车关节面，与系骨近端和两个近籽骨成关节。第 3 掌骨是马匹骨骼发育、骨量大小的主要测量部位。第 3 掌骨两侧有 2 块不发育的小骨头，称第 2 掌骨和第 4 掌骨，又称小掌骨，由韧带连接于第 3 掌骨的内、外侧。小掌骨向下逐渐变细，退化为尖端向下的锥状，其长度仅达大掌骨的 1/2～2/3。

7. 指骨　马仅有第 3 指，其他各指退化。第 3 指由 3 个指节骨构成，分别为近指节骨（系骨）、中指节骨（冠骨）和远指节骨（蹄骨）。中指节骨与近指节骨相连构成冠骨关节。远指节骨（蹄骨）发达，呈月牙状，可分为壁面、底面、关节面。远指节骨与中指节骨相连构成蹄关节。在壁面背缘正中有一向上的突起，为伸肌突。伸肌突后方有朝向上方的关节面。底面与地面相对，前部平坦微凹，呈新月状，称为皮平面；后部粗糙凹陷，中央有粗糙的屈肌面，屈肌面两侧各有一骨质孔，称为底孔。远指节骨内、外两端为朝向后的掌内侧突和掌外侧突，活体情况下附有弹性的内侧蹄软骨和外侧蹄软骨。

8. 籽骨　每一指有 3 枚籽骨，2 枚近籽骨位于近指节骨远端掌侧，1 枚远籽骨呈舟状，位于中指节骨与远指节骨相对关节面的后方。

（二）后肢骨

马的后肢骨由髋骨、股骨、髌骨、胫骨、腓骨、跗骨、跖骨、趾骨、籽骨组成。

1. 髋骨　为不规则骨。由背侧的髂骨、腹侧的坐骨和耻骨愈合而成。髂骨位于外上方，为三角形的扁骨。前部宽大，为髂骨翼；后部窄小，为髂骨体。髂骨翼的外侧角粗厚，称为髋结节。髂骨翼的内侧角为荐结节。坐骨位于后下方，为不规则四边形。坐骨前缘与耻骨形成闭孔；后外角较小，称坐骨结节。坐骨两侧的后缘连成较浅的坐骨弓。耻骨较小，位于前下方，构成骨盆底的前部。骨盆由两侧的髋骨、荐骨和前 2～3 个尾椎及荐结节阔韧带围成，以保护盆腔内的生殖器官。马骨盆前口近于圆形，母马的骨盆前口较向前下方倾斜，并且较宽。髂骨、坐骨和耻骨愈合处形成深的杯状关节窝，称髋臼。髋臼上方为坐骨棘，略矮。

2. 股骨　为管状长骨，由后上方斜向前下方。近端内侧为球状的股骨头，与髋臼成关节。近端外侧有粗大的大转子，由一切迹分为前、后两部，后部较高。骨干的背面圆而光滑，后面较平坦，骨体外侧有发达的第 3 转子，与其相对的骨体内侧缘上部有粗糙的小转子。骨干远侧的髁上窝较深。远端前方的滑车关节面的内嵴高而向前上方突出。股骨是姿势和运动的功能中心，表面有强大的肌肉、肌腱附着的起点和明显的骨质隆突、沟。

3. 髌骨　呈顶端向下的楔形，位于股骨远端的前方，供肌腱、韧带附着。

4. 胫骨　呈三面棱柱状。近端粗大，有内、外侧髁，与股骨髁成关节。骨干为三面体，背侧缘隆起，称胫骨嵴。远端有螺旋状滑车，与距骨成关节。近端外侧有一小关节面与腓骨头连接。

5. 腓骨　为一退化的小骨，位于胫骨外侧。近端扁圆，称腓骨头。远端细长而尖，逐渐消失。

6. 跗骨　有 6 块，分上、中、下 3 列。上列是距骨与跟骨，跟骨粗大而略扁，跟结节发达。距骨的近侧面为滑车关节面，远侧面则为平坦的关节面。中列是 1 枚扁平的中央跗骨。下列是第 2 跗骨、第 3 跗骨和第 4 跗骨，其中第 3 跗骨较大，形状与中央跗骨相似，第 2、4 跗骨则较小，内后方为第 1 和第 2 跗骨愈合成的不规则小骨。

7. 跖骨　较前肢掌骨细而长。

8. 趾骨　与前肢指骨相同，分为系骨、冠骨和蹄骨。远趾节骨（蹄骨）较前肢的窄，与水平线所成角度大。

9. 籽骨　与前肢籽骨相同。每一指有 3 枚籽骨，2 枚近籽骨位于近指节骨远端掌侧，1 枚远籽骨呈舟状。

（三）骨连接

骨与骨之间的连接装置称为骨连接。按照骨连接的构造和机能，可分为直接骨连接和间接骨连接。

1. 直接骨连接　骨与骨之间由结缔组织（如颅骨之间）或软骨（如椎骨体之间）直接相连。其间无间隙，不能活动或仅能微动，以保护和支持功能为主。这种类型的骨连接运动范围较小或不能运动。可分为三类：

（1）纤维连接　骨和骨之间由纤维组织连接，没有关节腔，不能活动。

（2）软骨连接　骨和骨之间借软骨连接，也无关节腔，不能活动。

（3）骨性结合　两骨相对面以骨组织连接，完全不能运动。

2. 间接骨连接　骨与骨之间不直接连接，中间有滑膜包围的关节腔，能进行灵活的运动，又称滑膜连接或关节。

马的各个关节虽然构造形式多种多样，但是均具备下列基本结构：关节面、关节软骨、关节囊、关节腔和血管、神经。

关节面是 2 块或 2 块以上的骨互相接触的光滑面，是形成关节的骨与骨相对的光滑面，其作用是适应关节的运动。关节软骨是关节面上覆盖着的一层透明软骨，能减少运动时的摩擦和缓冲振动的作用。关节囊是包裹在关节面周围的结缔组织膜，可分为内、外两层。外层为纤维层，由致密结缔组织构成。内层为滑膜层，表面被覆单层扁平细胞，与关节软骨围成密闭的关节腔。滑膜层向关节腔内形成皱褶和绒毛，分泌淡黄色的滑液。滑液能够润滑关节面和关节囊，减少运动时的摩擦，此外，还有营养关节面软骨和排出代谢产物的作用。关节腔是由关节软骨和滑膜围成的密闭腔隙，腔内有少许滑液。

除上述基本结构外，有些关节还有另外一些辅助结构，以适应关节功能。主要包括韧带、关节盘和关节唇。

（1）韧带　由致密结缔组织构成，加固关节，其配置与关节运动的特点有关。根据位置有囊外韧带、侧副韧带、囊内韧带、圆韧带等叫法。例如，四肢关节在关节囊的外面左右两侧都附着有韧带，可加强关节的稳固性。

（2）关节盘　位于关节面之间的纤维性软骨板，使关节面相吻合。其作用是使两个关节面的形状相适应，以增大关节的运动范围和减少运动时的冲击。

（3）关节唇　附着在关节窝周缘的纤维软骨环，可加深关节窝，扩大关节面，防止边缘破裂。

3. 前肢关节　前肢的肩带与躯干之间不形成关节，而是借肩带肌将肩胛骨与躯干连接。前肢各骨之间均形成关节，自上而下依次为肩关节、肘关节、腕关节和指关节。

（1）肩关节　由肩胛骨与肱骨组成。在两骨相接处，形成相互对立的关节面。关节角顶向前。关节囊宽松，无特殊的韧带，按照肩关节面和韧带的特点，属于多轴单关节类型，但由于周围肌肉的限制，此关节主要做伸屈运动。

（2）肘关节　由肱骨远端的肱骨滑车与桡骨头凹及尺骨近端滑车切迹构成的单轴关节。关节角顶向后，关节囊的掌侧呈袋状，较薄，伸入鹰嘴窝内；背侧面强厚。两侧与侧副韧带紧密结合。外侧副韧带较短而厚；内侧副韧带薄而较长。关节囊的后部较宽松而薄，站立状态时可在鹰嘴窝内形成一突出的盲囊。此处有特有的肩关节肌（囊肌）牵引此囊，以免被骨质挤压。关节囊的前部较厚。该关节具有强韧的侧副韧带。

（3）腕关节　由桡骨远端关节面、两列腕骨和掌骨近端关节面构成的单轴复关节。关节角呈一平角，包括桡腕关节、腕间关节和腕掌关节。关节囊的纤维层为各关节所共有，背侧面较薄且宽松，掌侧面特别厚而紧。其滑膜层形成 3 个互不相通的囊。桡腕关节囊宽松，关节腔最大，活动性也大；腕间关节次之；腕掌关节的关节腔最小，活动性较差。内、外侧副韧带分别位于腕关节的内、外侧，起于前臂骨远端的内、外侧，下部均分浅、深两层，浅层长、深层短，止于掌骨近端的内、外侧。在腕关节的背侧面有 2 条斜向的背侧韧带。腕骨间有一些较小而短的骨间韧带。由于关节面的形状，骨间韧带和关节囊掌侧的结构及侧副韧带的限制，腕关节仅能向掌侧屈曲。

（4）指关节　包括掌指关节、近指间关节和远指间关节，这 3 个关节均系单轴关节。马属于单指，不具有指间韧带。掌指关节发达，外观呈球状隆突，临床上常称为球节，该关节具有发达的籽骨韧带。籽骨上韧带即骨间中肌，在马已完全腱化为 1 条韧带，十分强大，称为悬韧带。起自掌骨近端掌侧，向下在掌骨的下 1/3 处分为内、外两支，每支又分两部，一部止于相应的近籽骨上面，一部沿掌指关节的内侧或外侧斜向前下方至近指节骨的背侧面汇入指总伸肌腱；籽骨间韧带十分厚实并软骨化，又称掌侧韧带；在籽骨下方，有发达的籽骨直韧带、籽骨斜韧带和籽骨交叉韧带。这些韧带对加强掌指关节、增强负重能力有重要作用。

4. 后肢关节　后肢骨的连接有荐髂关节、髋关节、膝关节、跗关节和趾关节。荐髂关节属盆带连接，骨盆联合也属盆带连接。膝关节包括股髌关节、股胫关节和胫腓关节。趾关节和前肢的指关节构造相似。后肢各关节与前肢各关节相对应，除趾关节外，各关节角方向相反，这种结构特点有利于马站立时姿势保持稳定。除髋关节外，各关节均有侧副韧带，故为单轴关节，主要进行屈、伸运动。

（1）荐髂关节　由荐骨翼与髂骨的耳状关节面构成。关节面不平整，周围有关节囊，并有短而强的荐髂腹侧韧带和荐髂骨间韧带加固，因此关节几乎不动。

骨盆韧带为荐骨和髂骨之间的一些强大的韧带，包括荐髂背侧和荐结节阔韧带。荐髂背侧韧带可分两条：一条呈索状，起自髂骨荐结节至荐骨棘顶端；另一条厚，呈三角形，起自髂骨荐结节及坐骨大切迹前部内侧缘，止于荐骨外侧缘并与荐结节阔韧带合并。

荐结节阔韧带或荐坐韧带，呈四边形宽板状，形成骨盆的侧壁。起自荐骨侧缘及第 1～2 尾椎横突，止于坐骨棘及坐骨结节。韧带腹缘与坐骨小切迹形成坐骨小孔。前缘凹，与坐骨大切迹形成坐骨大孔，有血管和神经通过。

（2）髋关节　由髋臼和股骨头构成的多轴单关节。髋臼的边缘以纤维软骨环形成关节盂缘，在髋臼切迹处有髋臼横韧带。关节囊松大，外侧厚，内侧薄。经髋臼切迹至股骨头凹间有短而粗大的股骨头韧带，又称为圆韧带，可限制后肢外展。髋关节能进行多方面运动，但主要是屈伸运动，并可伴有轻微的内收、外展和旋内、旋外运动。

（3）膝关节　与肘关节相对，但关节角顶向前，包括股胫关节和股髌关节，为单轴复关节。其中，股胫关节由股骨远端的内、外侧髁和胫骨近端的内、外侧髁构成。在股骨与胫骨之间垫有两个半月板。而股髌关节由股骨远端滑车状关节面与髌骨的关节面构成。髌骨的内侧缘有纤维软骨构成的软骨板，与滑车内侧嵴相适应。关节囊薄而宽松。在关节囊的上部有伸入股四头肌下面的滑膜盲囊。其表面有厚的脂肪垫与韧带隔开。

（4）跗关节　又称飞节。由小腿骨远端、跗骨和距骨近端形成的单轴复关节，包括小腿跗关节，跗间近、远关节和跗跖关节。关节角顶向后。其中，小腿跗关节活动范围大，其余关节均连接紧密，仅可微动以起缓冲作用。关节囊背侧较薄，两侧壁较厚，常以侧副韧带相结合，跖侧最厚，并形成趾深屈腱通过的腱沟。跗关节是马匹最重要的关节，是马匹动力输出、运动平衡的关键，也是马匹易受损伤的部位。

（5）趾关节　与前肢指关节相同，包括跗趾关节、近趾节间关节和远趾节间关节。

二、四肢肌肉

肌肉主要由骨骼肌组织构成。骨骼肌与起支持作用的结缔组织连接成一个整体，血管、淋巴管和神经沿结缔组织延伸而共同构成肌器官。在肌肉的收缩和舒张活动中，有筋膜、黏液囊、腱鞘等辅助肌肉的活动，这些结构称为肌肉的辅助器官。马的全身骨骼肌，可分为头部肌、躯干肌和四肢肌。

（一）前肢肌

前肢与躯干连接肌，包括肩带肌、肩部肌、臂部肌、前臂部肌和前脚部肌。肩部肌、臂部肌、前臂部肌及前脚部肌的作用是控制关节的伸屈，同时依据其影响的关节结构也可控制外展、内收和转动。臂二头肌有屈肘关节、伸肩关节和固定肩关节的作用，对马尤其重要。

1. 肩带肌　连接前肢与躯干的肌肉。多数起于躯干，止于肩部和臂部。强大的肩带肌将前肢与躯干连接起来（肌肉连接），构成一动态的悬吊结构，在马站立时将躯体悬挂于两前肢间，在运动时控制肢体的摆动。马的此部肌中缺肩胛横突肌，锁骨下肌发达。

（1）斜方肌　呈扁平的倒三角形，位于第4～5胸椎之间的范围内。可分为颈、胸两部。颈斜方肌起于项韧带索状部，肌纤维斜向后下方，止于肩胛冈；胸斜方肌起于第2～12胸椎棘突，肌纤维斜向前下方，止于肩胛冈。其作用是提举、摆动和固定肩胛骨。

（2）菱形肌　位于斜方肌深面，分颈、胸两部。颈菱形肌狭长，起于项韧带索状部，止于肩胛骨前上角内侧；胸菱形肌呈四边形，起于前数个胸椎棘突，止于肩胛骨后上角内侧。具有提举肩胛骨的作用。

（3）臂头肌　位于颈侧部浅层，呈长带状，前宽后窄，形成颈静脉沟的上界。以腱膜起自枕骨、颞骨、寰椎翼和2～4颈椎横突，可分为两部，但界限不清，止于肱骨的三角肌粗隆和肱骨嵴。

（4）背阔肌　呈三角形，位于胸侧壁，肌纤维由后上方斜向前下方。以腱膜起自背腰筋膜，与大圆肌共同止于大圆肌粗隆。其作用为向后上方牵引肱骨，屈肩关节，还可协助吸气。

（5）腹侧锯肌　宽大的扇形肌，下缘呈锯齿状，分为颈、胸两部。颈腹侧锯肌厚，全为肌质，起自后4枚颈椎横突；胸腹侧锯肌薄而富含腱质，起自前9根肋骨外侧面。两部分别止于肩胛骨内侧面的前后两个锯肌面。

（6）胸浅肌　分布于胸骨腹侧的皮下，分为前后两部，前部称胸降肌，后部称胸横肌。

（7）胸深肌　在胸浅肌深层，分为前后两部分，前部称锁骨下肌，较发达，起自胸骨前半部及前4根肋软骨，呈三棱柱形，越过肩关节前方而止于肩胛骨前缘。后部称胸升肌。

2. 肩部肌　起自肩胛骨，止于肱骨，跨越肩关节，可分为外侧组和内侧组。

（1）外侧组

1）冈上肌　位于冈上窝内，富含腱质。起于冈上窝，远端分为两支，分别止于肱骨内侧结节和肱骨、外侧结节的前部。作用为伸肩关节和固定肩关节。

2）冈下肌　位于冈下窝，起于冈下窝及肩胛软骨，远端止于肱骨外侧结节前后两部。大部分被三角肌腱膜覆盖。作用为外展肱骨和固定肩关节。

3）三角肌　位于冈下肌的浅层，呈三角形。不含肩峰部，仅有肩胛部。起于肩胛冈，止于三角肌粗隆。作用为屈肩关节。

4）小圆肌　小而扁，呈楔状，位于三角肌和冈下肌深层。

（2）内侧组

1）肩胛下肌　位于肩胛骨内侧面，起于肩胛下窝，止于肱骨的内侧结节。此肌富含腱质。作用为内收肱骨和固定肩关节。

2）大圆肌　呈长梭状。位于肩胛下肌后方，起自肩胛骨后缘及后角，止于肱骨的大圆肌粗隆。作用为屈肩关节和内收肱骨。

3）喙臂肌　呈扁而小的梭形，位于肩关节和肱骨内侧上部。起于肩胛骨的喙突，止于肱骨内侧面。作用为内收肱骨和屈肩关节。

3. 臂部肌　分布于肱骨周围，主要作用于肘关节，可分伸、屈两组。

（1）伸肌组

1）臂三头肌　位于肩胛骨和肱骨后方的夹角内，呈三角形，分三个头。长头最大，起于肩胛骨后缘；外侧头较厚，起自肱骨外侧面；内侧头最小，起于肱骨内侧面。三个头共同止于鹰嘴。主要作用为伸肘关节。

2）前臂筋膜张肌　位于臂三头肌的后缘及内侧面。起于肩胛骨的后角，止于尺骨鹰嘴内侧面。作用为伸肘关节。

（2）屈肌组

1）臂二头肌　位于肱骨前面，呈圆柱状。起于肩胛骨盂上结节，越过肩关节和肘关节，以腱质止于桡骨粗隆。肌腹位于肱骨前面，大而富含腱质。腹中分出一强韧的腱支向下加入腕桡侧伸肌，马站立时可于体表触摸到。

2）臂肌　位于肱骨的臂肌沟内。起于肱骨后面上部，止于桡骨近端内侧缘。作用为屈肘关节。

4. 前臂部肌及前脚部肌　多呈纺锤形。均起于肱骨远端和前臂骨近端，分布于前臂骨的背侧、外侧和掌侧面。在腕关节上部向下变为腱质。作用于腕关节肌肉的腱短，作用于指关节肌肉的腱较长。除腕尺侧屈肌外，其他各肌的肌腱在经过腕关节时，均包有腱鞘。马此部位肌肉共有 9 块，其中，4 块位于前臂背侧及背外方，其余 5 块位于前臂掌侧，不含指内侧伸肌。

（1）腕桡侧伸肌　位于桡骨的背侧面，起于肱骨远端外侧，肌腹于前臂下部延续为腱，止于掌骨近端。作用为伸腕关节。

（2）指总伸肌　位于腕桡侧伸肌后外侧。起于肱骨远端外侧上髁和尺骨近端，下行至掌骨远端 1/3 处分为一主腱和一副腱。副腱细而短，下行至掌骨近端处并入指外侧伸肌腱；主腱越过掌骨背侧，至近指节骨背侧有悬韧带的侧支并入，最终止于远指节骨伸肌突。作用为伸指和腕关节，也可屈肘。

（3）指外侧伸肌　位于前臂外侧面，并行排列于指总伸肌后方。肌腹细窄，起于肘关节外侧副韧带及桡骨、尺骨近端外侧面，肌腹在前臂远侧部转为肌腱，沿指总伸肌腱下行止于近指节骨。作用为伸指和腕关节。

（4）拇长外展肌　呈扁三角形，又称腕斜伸肌。起于桡骨外侧下半部，斜伸延向腕关节内侧，止于第 3 掌骨近端。作用为伸和旋外腕关节。

（5）腕桡侧屈肌　位于腕尺侧屈肌前方，桡骨后方，与桡骨内侧缘形成前臂正中沟，沟内有正中动脉、正中静脉和正中神经。起于肱骨内侧上髁，止于第 3 掌骨近端。作用为屈腕、伸肘。

（6）腕尺侧屈肌　呈扁梭形，位于前臂部内侧后部，起于肱骨远端内侧和鹰嘴内侧面，止于副腕骨。大小与腕桡侧屈肌相似。

（7）腕尺侧伸肌　又称腕外侧屈肌，位于前臂外侧后部，指外侧伸肌后方。起于肱骨远端外侧上髁，止于副腕骨，作用为屈腕关节和伸肘。

（8）指浅屈肌　位于腕尺侧屈肌深层。有两个头，一个为肱骨头，起于肱骨内侧上髁；另一个为桡骨头，不含肌质，仅为一腱质起点，起自桡骨下半部分的掌侧面。在腕关节上方两头合并为一总腱，与指深屈肌一同穿过腕管，沿掌部掌侧下行至系部，在此变宽而止于掌指关节和近指节骨（系骨）掌侧，同时，形成供指深屈肌通过的腱环。

（9）指深屈肌　被屈腕关节的肌肉和指浅屈肌所包围。有 3 个头，即肱骨头、尺骨头和桡骨头，分别起于肱骨远端内侧、鹰嘴和桡骨近端后面。尺骨头和桡骨头先后加入肱骨头的腱，穿越腕管之后，在悬韧带和指浅屈肌腱之间下行，于掌中部连接腕掌侧韧带而形成一总腱，穿越掌指关节后方的指浅屈肌形成的腱环，止于远指节骨（蹄骨）屈肌面。作用为屈指和腕关节。

（二）后肢肌

较前肢肌发达，是推动身体前进的主要动力，可分为臀部肌、股部肌、小腿和后脚部肌。

1. 臀部肌　分布于臀部，跨越髋关节，止于股骨。作用为伸、屈髋关节及外旋大腿。

（1）臀浅肌　呈三角形扁肌，位于臀部浅层，分前、后两头。前头起于髋结节，后头起于臀筋膜，共同止于股骨第 3 转子。作用为外展后肢和屈髋关节。

（2）臀中肌　位于臀浅肌深面，肌腹大而厚，是构成臀部外形的主要肌肉。起于髂骨翼和荐结节阔韧带，止于股骨大转子后部。作用为伸髋关节、外展后肢及蹴踢和推动躯干前进。

（3）臀深肌　位于最深层，被臀中肌覆盖。较小而呈四边形，起于坐骨棘，止于大转子前部。作用为外展髋关节和内旋后肢。

（4）髂腰肌　位于髂骨骨盆面，由三角形的髂肌与前方来的腰大肌合并而成。起于髂骨内面，止于股骨小转子。作用为屈髋关节和旋外后肢。

2. 股部肌　分布于股骨周围，可分为股前、股后和股内侧肌群。

（1）股前肌群

1）股阔筋膜张肌　位于股前外侧皮下，呈扇形。起自髋结节，向下延伸至股中部，连接阔筋膜，并借阔筋膜止于髌骨和胫骨近端。作用为紧张阔筋膜，屈髋关节和伸膝关节。

2）股四头肌　大而厚，位于股骨前面两侧，被阔筋膜张肌覆盖。有四个头，包括股直肌、股内侧肌、股外侧肌和股中间肌。股直肌起于髂骨体，其余三肌分别起于股骨的内侧、外侧和前面，共同止于膝盖骨。作用为伸膝关节。

（2）股后肌群

1）臀股二头肌　位于股后外侧，有两个头，椎骨头起于荐骨和荐结节阔韧带，坐骨头起于坐骨结节。两头合并后下行逐渐变宽，行至其远端分为前、中、后3部分。前部长而大，以腱膜止于髌骨和膝外侧副韧带；中部止于胫骨嵴；后部止于小腿筋膜和跟结节。作用为伸髋关节、膝关节和跗关节。当马提举后肢时，可屈膝关节。

2）半腱肌　长而大，位于臀股二头肌后方，半膜肌前方，构成股部的后缘。有两个头，为椎骨头和坐骨头。椎骨头起于第1～2尾椎和荐坐骨韧带；坐骨头起于坐骨结节。向下逐渐转到小腿内侧，止于胫骨嵴、小腿筋膜和跟结节。作用同臀股二头肌。

3）半膜肌　长而宽，呈三棱形，位于半腱肌后内侧。有两个头，为椎骨头和坐骨头。椎骨头起自第1尾椎和荐坐骨韧带，坐骨头起于坐骨结节。向下转至股内侧，止于股骨远端内侧和胫骨近端内侧。作用为伸髋关节和内收后肢。

（3）股内侧肌群

1）缝匠肌　呈狭长带状，位于股内侧前部，起于髂筋膜和腰小肌腱，止于胫骨近端内面。作用为内收后肢。

2）股薄肌　呈四边形，薄而阔，位于股内侧皮下。起自骨盆联合及耻前腱，止于膝内直韧带和胫骨近端内侧面。作用为内收后肢。

3）耻骨肌　呈锥形，被缝匠肌覆盖，位于耻骨腹侧面。起于耻骨前缘和耻前腱，止于股骨中部的内侧缘。作用为内收后肢和屈髋关节。

4）内收肌　呈三棱形，大而厚，位于股薄肌的深面，在耻骨肌和半膜肌之间。起于耻骨和坐骨的腹侧面，肌于股骨。作用为内收后肢和伸髋关节。

3. 小腿和后脚部肌　多为纺锤形肌，肌腹位于小腿部，在关节均变为腱，作用于跗关节和趾关节，可分为背外侧肌群和跖侧肌群。

（1）背外侧肌群

1）趾长伸肌　呈长棱形，位于小腿背外侧皮下。起于股骨远端外髁上的伸肌窝，下行至小腿远侧转为肌腱，越过跗关节时被3条环状韧带所固定，沿跖骨背侧下行，并在此处接受趾外侧伸肌腱，止于远趾节骨（蹄骨）的伸肌突。作用为伸趾关节和屈跗关节。

2）第3腓骨肌　呈索状，位于小腿背侧的浅层，肌腹完全腱化为静力肌。起于股骨远端外侧的伸肌窝，在趾长伸肌覆盖下，下行止于跗骨和大跖骨。作用为屈跗关节。

3）胫骨前肌 位于第3腓骨肌深层。起于胫骨前外侧，肌腱穿过第3腓骨肌的腱管之后，止于第1～2跖骨和大跖骨近端。作用为屈跗关节。

4）趾外侧伸肌 又称第4固有伸肌，位于趾长伸肌后方，较趾长伸肌细小。起于股胫关节的外侧副韧带和腓骨头，在小腿下部转为肌腱，经跗关节外侧行至跖部并入趾长伸肌腱，止于第4趾冠骨。作用为伸第4趾。

（2）跖侧肌群

1）腓肠肌 位于小腿后部，分内、外两头，分别起于股骨髁上窝的两侧，下行到小腿中部变为腱，与趾浅屈肌腱扭结一起，止于跟结节。作用为伸跗关节。腓肠肌腱及附着于跟结节的趾浅屈肌腱、臀股二头肌腱和半腱肌腱合成一粗而坚硬的腱索，称为跟总腱。

2）趾浅屈肌 呈纺锤形，位于小腿后方，已完全腱化为静力肌。起于股骨髁上窝，下行中夹于腓肠肌内、外侧头之间。在小腿下部，趾浅屈肌腱由内侧转到跟腱浅侧，似帽状固定于跟结节上，主腱再向下，经跗部和跖部后面向下伸延至趾部，分为两支，分别止于第3趾的冠骨。主要作用为屈趾关节。

3）趾深屈肌 肌腹位于骨后面，有三个头，即外侧浅头、外侧深头和内侧头，均起于胫骨近端后外侧缘和后面。三部肌腱在骨近端后面形成一总腱，沿趾浅屈肌深面下行，分为两支，分别止于第3趾的远趾节骨（蹄骨）的屈肌面。作用为屈趾关节、伸跗关节。

4）腘肌 位于膝关节后方。以圆形腱起于股骨远端的腘肌窝，肌腹扩大为厚的三角形，止于胫骨近端后面。作用为屈股胫关节。

三、四肢神经

神经系统是动物体内起主导作用的调节机构，其主要功能有两个：一是调节机体与外界环境之间的统一；二是调节机体各个器官的活动，保持各器官之间的平衡。有机体体内各器官的活动，有的是相互协调的，有的是相互拮抗的。因此，需要神经系统不断地对各个器官进行调节，使矛盾得到暂时的相对统一。一旦神经系统发生异常，会危机动物生命。

神经系统可分为中枢神经系统和外周神经系统两部分。中枢神经系统包括脑和脊髓，分别位于颅腔和椎管内，脑与脊髓在椎骨大孔平位处相连。外周神经系统包括脑神经和脊神经组成的躯体神经、植物性神经和内脏感觉神经组成的内脏神经。其中，植物性神经又可分为交感神经和副交感神经。

（一）中枢神经系统

主要由脑和脊髓组成。脑位于颅腔内，是神经系统中的高级中枢，在枕骨大孔与脊髓相连。脑包括大脑、小脑和脑干。大脑的功能有很多，如情绪控制、记忆等。小脑的功能是参与平衡以及骨骼肌群共济活动调节，与身体的姿势和运动有关。脑干的主要功能包括参与调节呼吸、循环系统和内分泌系统。

（二）外周神经系统

包括脑神经、脊神经和内脏神经。

1. 脑神经 脑神经是指与脑相联系的外周神经，共有12对。其名称及其支配器官见表4-1。

表 4 - 1　脑神经名称及其支配器官

名称	与脑联系部位	纤维成分	支配的器官
嗅神经	嗅球	感觉神经	鼻黏膜
视神经	间脑外侧膝状体	感觉神经	视网膜
动眼神经	中脑和大脑脚	运动神经	眼球肌
滑车神经	中脑四叠体的后丘	运动神经	眼球肌
三叉神经	脑桥	混合神经	面部皮肤，口、鼻黏膜，咀嚼肌
外展神经	延髓	运动神经	眼球肌
面神经	延髓	混合神经	面、耳、睑肌和部分味蕾
前庭耳蜗神经	延髓	感觉神经	前庭、耳蜗和半规管
舌咽神经	延髓	混合神经	舌、咽和味蕾
迷走神经	延髓	混合神经	咽、喉、食管、气管和胸、腹腔内脏
副神经	延髓和颈部脊髓	运动神经	咽、喉、食管，以及胸头肌和斜方肌
舌下神经	延髓	运动神经	舌肌和舌骨肌

2. 脊神经　为混合神经，由椎间孔或椎外侧孔伸出后，分为背侧支和腹侧支。背侧支分布于脊柱背侧的肌肉和皮肤，腹侧支分布于脊柱腹侧和四肢的肌肉和皮肤。背侧支和腹侧支汇合形成一膨大，称为脊神经结。

按照从脊髓发出的部位，分为颈神经、胸神经、腰神经、荐神经和尾神经。马的脊神经数目分别是颈神经 8 对、胸神经 18 对、腰神经 6 对、荐神经 5 对、尾神经 5～6 对。

分布于前肢的神经：

分布于前肢的神经由臂神经丛发出。臂神经丛由第 6～8 颈神经和第 1～2 胸神经的腹侧支形成，由此丛发出的神经有：肩胛上神经、肩胛下神经、腋神经、肌皮神经、胸肌神经、桡神经、尺神经和正中神经。

（1）肩胛上神经　由臂神经丛的前部发出，分布于冈上肌、冈下肌及肩关节。因其位置关系，肩胛上神经易受压迫损伤，发生肩胛上神经麻痹。

（2）肩胛下神经　在肩胛上神经的后方自臂神经丛发出，有 2～4 支，分布于肩胛下肌及肩关节。

（3）腋神经　由臂神经丛中部发出，在肩关节后缘穿过肩胛下肌与大圆肌之间的缝隙，分支主要分布于肩胛下肌、大圆肌、三角肌、小圆肌和臂头肌等。并分出前臂前皮神经，分布于前臂背外侧的皮肤。

（4）肌皮神经　由臂神经丛的前部发出，分布于前臂部、腕部、掌部内侧面的皮肤。

（5）胸肌神经　分为胸肌前神经和胸肌后神经。胸肌前神经有数支，分布于胸浅肌和胸深肌；胸肌后神经包括胸长神经、胸背神经和胸外侧神经，分布于胸腹侧锯肌、背阔肌、躯干皮肌和皮肤。

（6）桡神经　自臂神经丛的后部分出，在臂三头肌外侧头的深面分为深、浅两支。深支分布于腕和指的伸肌；浅支向下伸延分布于第 3 和第 4 指的背侧面。桡神经易受压迫，在临床上常见桡神经麻痹。

（7）尺神经 由臂神经丛的后部分出，自肱骨中部向后下方伸延，经肱骨内侧髁与肘突之间，进入前臂，分布于前臂后面皮肤、腕关节和指关节的屈肌、第4指的背外侧和掌外侧面。

（8）正中神经 为臂神经丛最长的分支，与臂动脉、正中动脉伴行。分布于腕桡侧屈肌、指屈肌、前臂骨、第3指的掌内侧和悬蹄及第4指的掌侧。

分布于后肢的神经：

后肢神经来自腰荐神经丛。腰荐神经丛由第4～6腰神经和第1～2荐神经的腹侧支构成，由此丛发出的神经主要有：股神经、闭孔神经、臀前神经、臀后神经和坐骨神经。

（1）股神经 由腰荐神经丛前部发出，分布于股四头肌。并分出隐神经，伴随股动脉通过股管后，分布于膝关节、小腿和跖部内侧面的皮肤。

（2）闭孔神经 沿髂骨内侧面向后下方伸延，穿出闭孔，分支分布于闭孔外肌、耻骨肌、内收肌和股薄肌。

（3）臀前神经 与臀前动脉一起出坐骨大孔，分数支分布于臀肌和股阔筋膜张肌。

（4）臀后神经 沿荐结节阔韧带外侧面向后伸延，分支分布于臀股二头肌和臀中肌。

（5）坐骨神经 为全身最粗大的神经，自坐骨大孔出盆腔，沿荐结节阔韧带的外侧向后下方伸延，经大转子与坐骨结节之间绕过髋关节后下行于股后部，向下伸延在臀股二头肌、半膜肌和半腱肌之间，并沿途分支分布于半膜肌、臀股二头肌和半腱肌。约在股中部分为股神经和腓总神经，向下伸延。胫神经又分为足底内、外侧神经。腓总神经分为腓浅神经和深神经，均下行至趾部。

3. 内脏神经 分布在内脏器官、血管和皮肤的平滑肌，以及心肌、腺体等的神经。其中的传出神经称为植物性神经。植物性神经支配平滑肌、心肌和腺体，在一定程度上不受意识直接控制，具有相对的自主性。植物性神经根据形态和机能的不同，分交感神经和副交感神经。

（三）神经系统的作用方式

神经系统的基本活动方式是反射—机体接受内外环境的刺激后，在神经系统的参与下，对刺激做出应答性反应。完成一个反射活动要通过反射弧，其中任何一个部分遭受破坏，反射活动就不能进行。

马体的反射活动有的复杂，有的简单，最简单的反射活动必须具备感受器、感觉神经元、神经中枢、运动神经元和效应器官五个部分。

感受器是指分布于体表或组织内部的专门感受机体内外环境变化的组织或器官，通常将其分为外感受器、内感受器和本体感受器三大类。

1. 外感受器 位于身体表面，能接受外界环境的各种刺激，如皮肤的感觉、舌的味觉等。

2. 内感受器 分布于内脏及心、血管等处，能感受体内各种物理、化学的变化，如渗透压等。

3. 本体感受器 分布于肌肉、肌腱、关节和内耳，能感受运动器官所处状况和身体位置的刺激。

四、马蹄部解剖

马为单蹄动物，只有发达的第3指着地，由蹄表皮（蹄匣）、蹄真皮（肉蹄）和蹄皮下组织3层构成。

（一）蹄表皮

蹄表皮按部位划分为蹄缘表皮、蹄冠表皮、蹄壁表皮、蹄底表皮、蹄叉表皮和蹄枕表皮六部分。

（1）蹄缘表皮　呈半环状，柔软且富有弹性。前部窄（3~5 mm），向后逐渐变宽，内表面有许多角质小管的开口，蹄缘真皮乳头伸入其中。

（2）蹄冠表皮　内侧面有蹄冠沟，沟底有无数角质小管的开口，丝状的肉冠真皮乳头伸入角质小管内。

（3）蹄壁表皮　构成蹄表皮的前壁和两侧壁。整个蹄壁表皮可分为3部分，前为蹄尖壁，两侧为蹄侧壁，后为蹄踵壁。蹄壁表皮的后端呈锐角向蹄底折转形成蹄支（由蹄踵角开始沿蹄叉两侧向前、向内延伸的部分，到蹄底中部消失），其折转部分形成的角称蹄踵角。蹄壁表皮的厚度各部有差异，蹄侧壁最厚，蹄内外侧壁次之，蹄踵壁最薄。

（4）蹄底表皮　位于蹄的底面，蹄叉的前部，其前缘和内、外侧缘凸，近似半圆形，通过蹄白线与蹄壁表皮的底缘相连，蹄白线是确定蹄壁表皮厚度的标准，也是给马装蹄铁时下钉的定位标志；如果蹄白线分解可导致蹄壁剥离和蹄底下沉，引起蹄病。

（5）蹄叉表皮　呈楔形，位于蹄底的后方，角质层较厚，富有弹性。蹄叉前部尖，称蹄叉尖；后部宽，为蹄叉底。蹄叉底正中有蹄叉中央沟；蹄叉两侧与蹄支之间有叉旁内、外侧沟。

（6）蹄枕表皮　位于蹄叉表皮后方。

（二）蹄真皮

同样富含血管和神经，呈鲜红色，感觉敏锐。形态与蹄匣相似，包括蹄缘真皮、蹄冠真皮、蹄壁真皮、蹄底真皮、蹄叉真皮和蹄枕真皮六部分。

（三）蹄皮下组织

蹄壁和蹄底均无皮下组织，蹄缘和蹄冠的皮下组织较薄。但马的蹄叉皮下组织特别发达，由非常丰富的弹性纤维和胶原纤维构成，是该部位的3层结构中最厚的一层，富有弹性，构成指（趾）端的弹性装置，当四肢着地时有减轻冲击和震荡的作用。

蹄软骨为蹄皮下组织的变形，呈前后轴长的椭圆形软骨板，位于蹄冠与蹄叉真皮两侧的后上方，内外侧各一块，以韧带与系骨、冠骨、蹄骨及近籽骨相连接。蹄软骨富有弹性，与蹄叉皮下组织共同构成指（趾）端的弹性结构，具有缓冲作用，可防止或减轻骨和韧带的损伤。

（四）修蹄

马蹄角质部每月可生长8~10 mm，幼驹更快，不加修蹄易引起蹄形不正，造成肢势不正，甚至无法使役，因此马蹄必须定期修削。在农区役马每1~1.5个月削蹄1次，幼驹应根据蹄角质的生长程度和蹄形情况而定，一般每月削蹄1次。削蹄除去蹄底和蹄叉部的枯角质、蹄壁及负面的延长部分，并修整蹄形。削蹄前，先让马站立在平坦坚硬的地面，观察马的肢势、蹄形，确定要削的部位。正肢势的蹄壁，应保持与水平面的合适角度，即前蹄 45°～50°，后蹄 50°～55°。为此削蹄前可先用蹄剪剪去蹄的延长部分，再用蹄刀削去枯角质到蹄负面露出白线为度，蹄底和蹄叉露出新角质便可；把蹄叉中沟、侧沟削成明显的沟，蹄支需要保留完整，最后铲平蹄底，修剪完毕。

因蹄形不同，削蹄方法要略有差别。对常见的高蹄和狭蹄，应少削或保护蹄底、蹄叉及蹄支，而多削负面；低蹄应保护蹄踵部分，而适当削切蹄尖部负面；外向蹄及内狭蹄，应保护蹄底及蹄叉的内半部；内向蹄及外狭蹄，应保护蹄底及蹄叉的外半部。修好的蹄，负面较蹄底略高出 0.5cm 左右，蹄叉部可与蹄负面同高或略高。

（五）装蹄

俗称挂掌，是防止蹄过度磨损的有效措施。通常每隔 1～1.5 个月应装蹄一次。最好是结合修蹄的同时换掉旧蹄铁。其技术性很强，应由专门人员从事。装蹄前首先要认真修蹄，使马蹄具备正蹄形。装蹄要求蹄铁面和蹄负面紧密吻合。蹄铁后部的铁缘，可较蹄负面稍多出少许，铁尾较蹄支角稍向后方延 0.25～0.5 cm，不仅牢固耐用，亦能更好防止角质磨损。

第二节　马的肢势、蹄形与步样

一、马的肢势

马匹四肢驻立的状态称为肢势。肢势的好坏，对马的工作能力有很大的影响。正常肢势能充分发挥马的工作能力，不正常肢势可阻碍马匹工作能力的发挥。

（一）前肢肢势

从马的前方和侧方进行观察（图 4-1）。

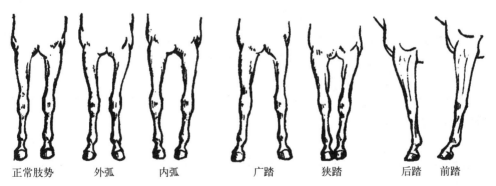

| 正常肢势 | 外弧 | 内弧 | 广踏 | 狭踏 | 后踏 | 前踏 |

图 4-1　前肢正常肢势和不正常肢势

（引自韩国才，《马学》，2017）

1. 正常肢势　前望，由肩端中央（臂骨头中嵴）引一条垂线，前肢由上到下均被垂线左右等分；侧望，自桡骨外侧韧带结节向下引一条垂线，将球结以上各部位前后等分。系和蹄的方向一致，系与水平线夹角为 45°～55°。

2. 内弧肢势（O 状肢势）　前望时，两前膝相距较远，管的上部向外侧倾斜，呈 O 形肢势。

3. 外弧肢势（X 状肢势）　前望时，两前膝互相靠近，而下部又左右开张，呈 X 形肢势。

4. 狭踏肢势 前望时，两前肢下部斜向垂线内侧，两前肢距离上宽下窄，易形成外狭蹄，易发生交突。

5. 广踏肢势 前望时，两前肢下部斜向垂线外侧，两前肢距离上窄下宽。广踏肢势，支持力差，运步不良。

6. 前踏肢势 侧望时，前肢斜向垂线前方。此肢势正常情况少见，仅在后肢有病或在妊娠末期的马有时见到。

7. 后踏肢势 侧望时，前肢斜向垂线后方。对于肢长特别长和妊娠后期的母马，若轻度后踏，则不为缺点。

8. 内向肢势 球节以上呈垂直状，但系以下斜向内侧。

9. 外向肢势 球节以上呈垂直状，但系以下斜向外侧。

（二）后肢肢势

从马的后方和侧方进行观察（图 4-2）。

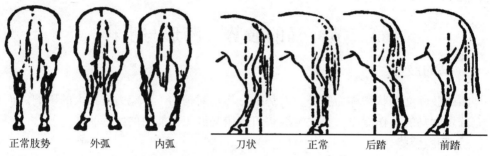

正常肢势　　　外弧　　　内弧　　　　刀状　　　正常　　　后踏　　　前踏

图 4-2　后肢正常肢势和不正常肢势

（引自韩国才，《马学》，2017）

1. 正常肢势 侧望，从臀端（坐骨结节）向下引 1 条垂线。该垂线触及飞节端部，沿后管和球节后缘落于蹄的后方，系和蹄的方向一致，且与水平线成 $50°\sim60°$；后望，由臀端向下垂线，将飞节以下各部位左右等分。

2. 内弧肢势（O 状肢势）　后望时，两飞节相距较远，两后蹄接近，呈 O 形肢势。这种肢势影响能力，但不多见。

3. 外弧肢势（X 状肢势）　后望时，两飞节互相靠近，管以下外向，呈 X 形肢势。

4. 狭踏肢势 后望时，两后肢落于垂线内侧。这种肢势支持面小，易产生外狭蹄，步样不正确，常有交突。

5. 广踏肢势 后望时，两后肢落于垂线外侧。行进时，中心易左右摆，常见有交突和内狭蹄。

6. 刀状肢势 又称为曲飞节。侧望时，飞节端部触及垂线，而飞节以下各部都倾于垂线的前方。轻度刀状肢势有利于跳跃和上下山坡，山地培育马种多见。

7. 前踏肢势 侧望时，后肢的飞节端部、管部和球节均不能接触垂线，后肢全部斜向垂线前方。有些马后肢可见轻度前踏肢势。

8. 后踏肢势 侧望时，后肢的飞节、管部、球节等与垂线相交或在垂线后方。后肢有疾病或马上坡时，可见这种肢势。

9. 内向肢势 后肢飞节以上呈垂直状，系蹄以下斜向内侧。

10. 外向肢势 后肢飞节以上呈垂直状，系蹄以下斜向外侧。也有刀状肢势和外向肢势同时存在。

（三）马的姿势

马站立时，如前肢前踏、后肢后踏，马的整个体态呈现开张姿势。马在患破伤风、腹膜炎时，可存在这种姿势，但也可训练而成，这已成为某些品种马的特点；马站立时扬头、翘尾，姿势生动美观。如前肢后踏、后肢前踏，则为集合姿势，多见于肢长而训练有素的乘用马。赛马起跑前，马因控制也多有这种姿势（图4-3）。

正姿势　　　　　　　开张姿势　　　　　　　集合姿势

图4-3 马的姿势

（引自《现代马学》，2013）

二、马的蹄形

蹄是支持马体重的基础。马驻立时，体重的压力由蹄叉传于蹄角壁，在蹄踵部被分散，起到了弹簧作用。运动时，因蹄踵部的交替扩张与收缩，促进了蹄的血液循环。蹄的结构直接影响马的工作能力。蹄的大小应与体躯相称，要求蹄质坚实而致密，表面光滑有光泽，无裂缝，质量耐磨。生长良好的蹄鉴定时，为蹄冠缘呈稍隆起的横带状，无任何损征，蹄壁表面光滑无弯曲，内外两侧同高，蹄轮平行而无裂痕，蹄质坚牢而富有弹力；侧望时，蹄尖壁、蹄侧壁和蹄踵壁与系成同一方向；前望时，内外两蹄侧相对于水平成同一倾斜度；从蹄底可见，蹄叉发达，端正向前，蹄底适度地向里面凹进，白线明确，蹄球呈圆隆状，其大小相同；蹄软骨具有适度的弹力，决不可有硬化现象，用手触压时，蹄内无知觉过敏部分。马的前蹄应比后蹄稍大，略呈圆形，蹄尖壁与蹄踵壁的比例为2.5∶1，与水平线夹角成50°～60°；后蹄较前蹄小，呈心脏形，蹄尖壁与蹄踵壁的比例为2∶1，与水平线夹角成60°～70°。不同气候、土壤条件下培育的马蹄形不同。干燥地区与多雨地区相比，马蹄更小，蹄质更硬（图4-4、图4-5）。

依据马蹄的大小，可将蹄分为大蹄、中蹄和小蹄。重挽马蹄最大，乘用马蹄最小。根据蹄形可分正蹄和不良蹄形（图4-6），马肢势正，蹄形才容易正。正蹄要求相对应两个蹄大小、广狭、高低、斜度及两个蹄球的高度和大小大致相等。蹄角质每月生长可达1cm，当运动不足或护蹄不良时往往形成不良蹄形。

1. 低蹄 蹄踵过低，蹄尖壁斜度缓而长。

2. 高蹄 蹄踵过高，蹄尖壁斜度急而短。

3. 广蹄 蹄壁倾斜度缓，负面大，蹄叉广，蹄底薄而凹度小。多见于重型马和湿地所产的马。

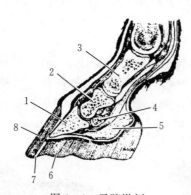

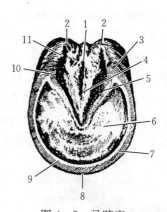

图 4-4　马蹄纵剖
1. 蹄骨　2. 冠骨　3. 系骨　4. 舟骨
5. 趾枕　6. 蹄底　7. 白线　8. 蹄壁
（引自《现代马学》，2013）

图 4-5　马蹄底
1. 蹄叉中沟　2. 蹄球　3. 蹄支角　4. 蹄叉　5. 蹄支
6. 蹄底　7. 蹄负缘　8. 蹄底外缘　9. 白线
10. 蹄叉侧沟　11. 蹄踵
（引自《现代马学》，2013）

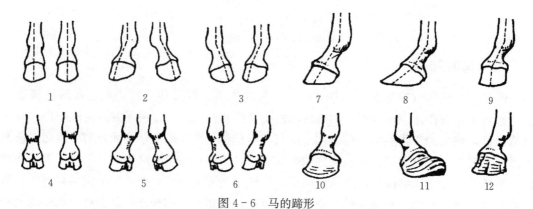

图 4-6　马的蹄形
1. 前望正蹄　2. 外向蹄　3. 内向蹄　4. 后望正蹄　5. 外向蹄　6. 内向蹄
7. 侧望正蹄　8. 低蹄　9. 高蹄　10. 广蹄　11. 木脚蹄　12. 裂蹄
（引自《现代马学》，2013）

4. 狭蹄　蹄壁倾斜度急，负面小，蹄叉小，蹄底厚而凹度大。多见于高燥地区所产的马。

5. 内狭蹄　内蹄壁倾斜急而短，外蹄壁倾斜缓而长；蹄底内侧半部狭窄，外侧半部宽广。见于广踏肢势。

6. 外狭蹄　内蹄壁倾斜缓而长，外蹄壁倾斜急而短；蹄底外侧半部狭窄，内侧半部宽广。见于狭踏肢势。

7. 内向蹄　蹄尖向内。内面蹄尖及外面蹄踵部倾斜急，外面蹄尖部及内面蹄踵部倾斜缓，蹄底因向内偏斜，广狭不均。见于内向肢势。

8. 外向蹄　蹄尖向外。外面蹄尖部及内面蹄踵部倾斜急而短，内面蹄尖部及外面蹄踵部倾斜缓。蹄底因向外偏斜而宽窄不均。见于外向肢势。

上述 8 种不正蹄形，有些和肢势有关。而当肢势不正时，表现的不是单一的不正蹄形。如肢势为广踏兼外向时，蹄形常出现内狭兼外向的蹄形。

9. 平蹄 蹄底广而浅，蹄负缘与蹄底在同一水平面上，蹄底突出蹄负缘，蹄底易受伤。如果既是平蹄，又是广蹄，称之为丰蹄，这种易产生白线裂。

10. 裂蹄 无论蹄壁或蹄底，凡裂纹发生都叫裂蹄。有自上而下的蹄冠裂，也有自下而上的负面裂，都称为纵裂。如有蹄冠部的横裂，则问题比较严重。

11. 木脚蹄（芜蹄） 蹄尖凹进，蹄轮集于蹄尖，蹄踵部高举，失去马蹄固有形态，往往伴有突球，俗称"滚蹄"，治疗困难。

12. 举踵蹄 蹄球上举，多因蹄踵狭窄而使前蹄内踵上举。

13. 弯蹄 凡蹄壁一侧凸弯、而相对另一侧凹弯时，则可形成弯蹄。这与不良姿势和不正确削蹄有关。

三、马的步样

马匹四肢运动的式样叫步样，即马运步时，蹄由离地至着地所经过程的状态。步样与肢蹄结构、步法品质和工作能力都有很大关系，因此，在鉴定和选购马匹时，必须进行步样检查，先检查慢步，再检查快步和跑步。检查时，应从前、侧、后三个方面进行观察，注意其举肢和蹄着地状态，前后肢的关系，步幅的大小，运动中头颈的姿势等。正确的步样，其前后肢运动时应保持在同一垂直平面内，呈正直前进；不正确步样，包括追突、交突、内弧、跛行等。

1. 追突 跑步时同侧前后蹄（各部位）或蹄与另一肢球节、系部相碰撞。

2. 交突 跑步时对角的前后蹄或蹄与对角另一肢球节、系部相碰撞。

3. 内弧 两个前膝和两个飞节之间的距离远，跑步时往内画圈，即内弧指的是 O 形腿。

4. 跛行 多由趾骨瘤或飞节骨瘤或软肿引起，越接近筋腱，问题越严重，有时肉眼不易见，但运步、跑步时则很明显。

四、指（趾）轴与蹄负重

趾轴不正，蹄形不正，负重在蹄底位置也不正，影响马匹性能发挥。

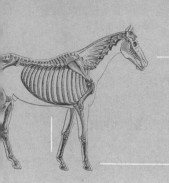

PART 05

第五章　马的遗传育种与繁殖

第一节　马的育种学

马育种的目标是为了改良其性状，提高其性能，最终培育出所需要的品系和品种。当今，随着赛马、马术运动等的发展，现代马育种工作的任务发生了改变，除了要提高现有马品种的质量，加速育成所需要的新品种外，还要引入国外运动马良种，用以培育我国的运动用马。

一、马主要性状的遗传力

1. 体重、体尺和役用性状　胸围 0.32，尻宽 0.34，跑步挽速 0.43，慢步挽速 0.41，挽力（正常役用）0.26，繁殖力 0.05，气质 0.23，成熟时体重 0.26。

2. 竞技性状　快步轻驾竞赛速力 0.34～0.39，步样评分 0.41，竞赛跳高能力 0.16，竞赛跳高性能持久力 0.18。

3. 性状之间的遗传相关　重型马步幅与速度 0.56，快步与跑步 0.93～0.98，轻型马步幅与速度 0.94。

二、马的选种与选配

种用马的选种和选配是马育种工作的两大内容。

（一）马的选种

选种是指选择优良的个体留作种用，同时淘汰不良个体。马的选种分为人工和自然选择。人工选择对培育新品种作用较大。人工选择是指人们按自己的需要针对特定性状进行育种，人为定向地改变马群的基因频率。为了增加选种的准确性，一定要有准确的数据，从而计算出估计育种值所必须参考的遗传参数。

1. 选种方法　选种方法可分为个体选种、后裔或同胞测验选种和综合选种。

（1）个体选种　对遗传力较高的性状，采用个体选种。所谓个体选种，是指根据个体本身的表现进行选种，选择优秀个体，淘汰低劣个体。此方法的优点在于方法简单、对单一性状的选择效果明显。

（2）后裔或同胞测验选种　对遗传力较低的性状，采用此种方法。后裔或同胞测验选种，是指根据后裔或者同胞的表现进行选种。此方法的优点在于准确性高。

（3）综合选种　按照综合鉴定的原则，选择符合要求的个体。按照血统来源、体质外貌、体尺类型、生产性能和后裔品质 5 项指标，对马进行选种。

① 血统来源：先看其父母的品质，再看候选马匹是否继承了其优秀祖先的品质。

② 体质外貌：包括体质类型、适应性、气质、外貌等。

③ 体尺类型：马的体型与工作能力直接相关，可作为划分经济类型的主要依据。马的体型主要取决于体长、胸围、管围与体高的比例，可用体尺指数来判断马匹的体型，不同的指数标志着不同的体型。常用的体尺指数包括体长率、胸围率和管围率。体长率＝（体长/体高）×100％，表示体长与体高的相对发育情况。乘用马体长率小，重挽马体长率大。胸围率＝（胸围/体高）×100％，表示马匹胸部的相对发育情况。重挽马胸围率最大，乘用马胸围率相对小些，兼用马处于两者之间。管围率＝（管围/体高）×100％，用来表示马体骨骼的发育情况，是鉴定马匹骨骼发育的指标。重挽马管围率最大，乘用马管围率相对低些，兼用马处于两者之间。

④ 生产性能：根据品种类型和用途，选择的方向不同。

⑤ 后裔品质：后裔品质的好坏是判断种马种用价值的可靠指标。使用此项指标进行选种时，要注意考虑配偶情况。

2. 选种注意事项

（1）马的选种必须与培育条件相结合。

（2）种公马必须进行强度选择。

（3）马的选种不能脱离其本身品种特征，不同的品种，其体型外貌、体尺指标等不同。

（二）马的选配

选配是选种的继续，是指在选种的基础上，人为确定公母马的交配体制，以期在后代中能获得人们所需的性状，选种时要考虑选配的问题。选配的方法，包括品质选配（同质选配、异质选配）、亲缘选配（近亲、中亲、远亲或非亲缘交配）、综合选配（按血统来源选配、按体质外貌选配、按体尺类型选配、按生产能力选配、按后裔品质选配）。

1. 品质选配　根据公母马本身的性状品质进行选配，可分为同质选配和异质选配两种。同质选配，是指选择品质相同或相似的公母马相配，其目的是巩固双亲的优秀性状，使双亲的优良性状能稳定地遗传给后代。异质选配包括两种，一种是选择具有不同优异性状的公母马相配，使后代同时获得双亲的不同的优良性状；另一种是具有同一性状，但是优劣程度不同的公母马相配，在后代中改善此性状，即"以好改坏""以优改劣""改良选配"。同质选配和异质选配是相对的，在实践中密切配合，同时或者交替使用。在马育种中，一般公马等级高于母马，不允许用低级公马配高级母马。

2. 亲缘选配　具有一定亲缘关系的公母马之间交配。根据公母马亲缘关系远近，可分为近亲交配、中亲交配和远亲交配。马的亲缘交配，一般限于中亲交配的程度。

近亲交配：交配双方到其共同祖先的距离，即代数的总和不超过 6 代的公母马相互交配，所生子女的近交系数大于 0.78％。近亲程度的划分，包括嫡亲（近交系数大于12.5％）、近亲（近交系数 3.12％～12.5％）、中亲（近交系数 0.78％～1.5％）。

近交可加快群体的纯合过程，近交的具体用途：

（1）固定优良性状，使优良性状的基因型纯和。

（2）暴露有害基因，近交后使有害基因型趋于纯合，以利于及时淘汰携带有害性状的个体。

（3）结合选择提高群体的同质性。

3. 综合选配 根据血统来源、体质外貌、体尺类型、生产性能、后裔品质5项指标进行综合选配。在不同的育种阶段，重点不同。

（1）按照血统来源选配 一般情况下，避免近交。但在品种（系）培育初期，为固定优良性状的基因型，可以适当使用近交。

（2）按照体质外貌选配 一般对具有相同或相似优良性状的个体多采用同质选配，具有不同优良性状的个体采用异质选配。

（3）按照体尺类型选配 一般对体尺类型达标的个体采用同质选配，未达标的个体采用异质选配。

（4）按照生产能力选配。

（5）按照后裔品质选配。

4. 选配的原则

（1）要根据育种目标制订，围绕育种目标进行。

（2）尽量选择亲和力好的公母马相配。

（3）公马品质等级应高于母马。

（4）相同缺点或相反缺点的公母马不能相配。

（5）不随意近交，更不能连续采用近交。

（6）做好品质选配。

三、马的常见育种方法

1. 马的育种计划 一般常用两种方法。

（1）性能育种 根据生产性能开展马的育种工作。马的生产性能多为数量性状，因此，性能测定的准确性非常重要。不同用途的马，其性能及性能测定的方法不同，可分为三方面：牧马性能，如挽力；乘骑性能，包括跳跃障碍、三日赛和盛装舞步；速力性能，育成品种多用此法，如纯血马。

（2）系谱育种 按血统系谱来进行马的选种选配，马育种工作中特别重视种马的血统。一般在品系繁育或保种马多用，纯血马也用。系谱育种计划常用的方法包括近交和品系繁育（赛马个体培育）、闭锁群选育、围绕冠军马的育种（纯血马的育成）。

2. 马匹育种技术措施 包括制订育种计划和建立育种档案。

（1）制订育种计划 包括育种方向、指标和任务、育种途径和方法、育种计划的主要措施等。

（2）建立育种档案 包括马各年龄阶段体尺测定记录、成年种公母马体质外貌鉴定登记、配种记录、性能测定记录、繁殖记录、适应性评定记录及疾病记录等内容。

四、现代生物技术在马育种中的应用

1. 人工授精技术 这是在马匹育种中最早采用的技术之一。人工授精，是代替公母马自然交配的一种方法。其优点是可以充分发挥优良种公马的配种效能，迅速提高繁殖系数。由于马精液精子浓度低，需要对马精液进行浓缩后加入冷冻保护液，然后再进行冷冻，保证其活力和受胎效果。

2. 同期及诱导发情 人为地控制母马发情周期的过程，使之在集中的时间内发情，以便组织配种。诱导发情，是指在母马乏情期内，借助生理调控技术诱导发情并进行配种，以缩短世代间隔。

3. 胚胎移植 我国不仅可以用鲜胚进行移植，而且还成功进行了马的冻胚移植。该技术在保存马品种资源等方面发挥着重要的作用。

4. 体外受精及性别控制技术 我国学者已经成功培育出显微受精试管马。该项研究成果在马的遗传繁育方面是一个重大突破，为马的性别控制和克隆马的研究提供了科学依据。

5. 转基因和核移植技术 马的转基因研究较少。意大利科学家已成功培育了世界上第一个克隆马。但在我国，克隆马的研究仍处于基础阶段。

6. 数量性状基因座检测（QTL 检测）及标记辅助选择 随着分子遗传学和分子生物学的飞速发展，分子遗传标记在马育种中得到了一定的应用。如王琼等采用 PCR - SS-CP 技术，发现 CSN1S2 基因在伊犁马、新吉尔吉斯马、俄罗斯速步马中存在多态性，且基因型频率和等位基因频率在 3 个品种间差异显著，为乳用马新品种的培育提供依据。

7. 马亲子关系鉴定中的应用 可通过血液检测和 DNA 检测，来确定马匹间的亲缘关系，从而更有效地指导马育种。

8. 中国马遗传育种的研究前景 我国养马历史悠久，是家马的起源和驯化地之一。过去，马主要被用于军事、农耕役用等。随着现代养马业的发展，又形成了肉用马、乳用马和马术运动用马。

（1）肉用马 由于马肉具有丰富的营养价值，法国、日本等国家将其作为高级滋补品，不但利用鲜肉加工成各类肉产品，马的皮、毛、血、骨等也都能被综合利用。

（2）乳用马 马奶具有脂肪含量低、乳脂球小，脂肪酸、乳糖含量高，易被人体消化吸收等特点，是人类理想的奶产品之一。但是目前我国还没有一个理想的专门化品种，因此，需要培育出乳用马的新品种，以适应乳用养马业发展的需求。

（3）马术运动用马 流行世界各地的马术运动至少有八大类：竞技马术、赛马、民族民间马术、表演马术、旅游马术、文化娱乐马术、医疗马术和军事马术。现今，以马为主体，以体育比赛、健身运动、休闲娱乐、民族传统文化为表现形式的马术运动在我国迅速发展。但是目前，我国还不具备马术用马育种的条件。因此，通过何种育种方法培育出自己的马术运动马，是马匹育种家今后的任务之一。

第二节 马的繁殖技术

通过发情鉴定，可以判断母马的发情阶段。预测排卵时间，以确定适宜配种期，及时进行配种或人工授精，从而达到提高受胎率的目的。另外，也可以通过发情鉴定判断母马是否发情正常，以便发现问题，及时解决。

在生殖激素的调节下，母马发情会导致生殖器官和性行为等发生一系列的变化。这种变化包括外部变化和内部变化。外部表现是可以直接观察到的，而内部变化是指生殖器官的变化，其中，卵巢上卵泡发育的变化是发情本质。

一、发情鉴定方法

发情鉴定的方法有很多种。马卵泡发育期较长,卵泡发育较大,规律性明显。因此,生产实践中,马的发情鉴定一般以直肠检查卵泡发育状况为主,结合外部观察法、试情法和阴道检查法。在实际应用中,无论采取何种方法,在发情鉴定前均应了解马的发情特征、发情过程、繁殖历史及相关繁殖记录等信息。

1. 外部观察法 在生产实践中,外部观察法是马的发情鉴定中最常用的方法。该方法主要是观察马的外部表现和精神状态的变化,以判断是否发情和发情的进展。如母马在发情时,常会表现为食欲下降、精神不安、扬头嘶鸣、外阴部肿胀充血、黏膜潮红湿润、排尿频繁、对周围环境和公马反应敏感等征兆。为了获得准确的鉴定效果,应建立对马群或个体的监控系统和定时观察制度,以便准确认定个体发情起始时间,掌握其发情过程。

2. 试情法 此法是根据母马对公马的行为表现来判断是否发情和发情进程。母马发情时,通常表现为愿意接近公马,举尾、后肢开张、频频排尿、做交配姿势接受公马爬跨等。未发情或发情结束后的母马,则表现为远离公马。当强行牵引接近时,母马常常对公马有防御性的表现,面对面时会对公马又咬又刨,而调头后则又踢又躲。

3. 阴道检查法 健康母马在发情期间的阴道变化尤为明显。因此,检查人员常会将消毒灭菌的阴道开张器或扩张筒插入被检母马的阴道内,借助光源,观察阴道黏膜颜色、充血程度和子宫颈阴道部的松弛状态,子宫颈外口的颜色、开口大小,黏液的颜色、黏稠度及量的多少情况,依此来判断母马是否发情及其发情进程。

(1)根据阴道黏液判断 卵泡出现期,黏液一般较黏稠,呈灰白色。卵泡发育期,黏液一般由稠变稀,初为乳白色,后变为稀薄如水样透明,黏液不能拉丝。卵泡接近成熟时,黏液量显著增加,黏稠度增强,两指间可拉出黏丝。卵泡空腔期,黏液变得浓稠,在手指间可形成许多细丝,但易断,断后黏丝缩回而形成小珠,似有很大弹性。此时,黏液持续减少,并转为灰白色而无光泽。至黄体形成期,黏液的浓稠度更大,呈暗灰色,量更少,黏而无弹性,指间无法拉丝。

(2)根据子宫颈口判断 在间情期,子宫颈质地较硬,呈钝锥状,开口处被少量黏稠胶状分泌物所封闭。在发情期,尤其在接近排卵时,子宫颈位置向后方移动,子宫颈松弛且敏感,触诊时颈口的皱襞由松弛的花瓣状变为较坚硬的锥状突起,随后又恢复松弛状态。

4. 直肠检查法 将手臂伸进母马直肠内,隔着直肠壁用手指触摸卵巢及卵泡发育情况,如卵巢的大小、形状、质地,卵泡发育的部位、大小、弹性、卵泡壁厚薄,以及卵泡是否破裂,有无黄体等。通过直肠检查并结合发情的外部特征,可以准确判断卵泡发育程度及排卵时间,以便准确地判定适宜配种期。该方法因直接可靠,在生产上应用广泛。不足之处是判断结果取决于术者经验。

母马发情时,卵泡大小、形状、质地都发生明显变化。因此,直肠检查是母马发情鉴定和判断排卵时间最准确的方法。母马卵泡发育过程一般分为6期:卵泡出现期、发育期、逐渐成熟期、成熟期、排卵期和黄体形成期。

(1)卵泡出现期 静止或均衡状态下的卵巢,呈不规则的蚕豆形。当发情周期开始时,卵巢表面会有一个或多个新生卵泡出现,这些卵泡中会有一个(偶有两个)获得发育优势，达到成熟排卵。初期卵泡硬、小，表面光滑，呈硬球状突出于卵巢表面。此期一般持续 1~3 d。

（2）发育期 在这一阶段中，获得发育优势的卵泡体积增大，充满卵泡液，表面光滑，感到微弱波动，突出卵巢部分呈圆形。此期一般维持 1~3 d。

（3）逐渐成熟期 卵巢体积增大，卵泡继续增大，呈球形，柔软有弹性，波动明显，排卵窝由深变浅，卵泡壁厚而韧。本期维持 1~3 d。

（4）成熟期 此阶段是卵泡充分发育的最高阶段，卵泡壁变薄，卵泡内液体波动明显，弹性减弱，流动性增加。接近排卵时，用手指轻轻按压可以改变其形状，甚至有一触即破的感觉。触摸卵巢时，母马有疼痛反应，甚至频频回顾，或前后左右摇摆。这一时期的持续时间一般为一昼夜，也可长达 2~3 d。

（5）排卵期 卵泡完全成熟后，即进入排卵期。这时的卵泡形状不规则，有显著的流动性，卵泡壁变薄而软，卵泡液逐渐流失，需 2~3 h 才能完全排空。由于卵泡正在排出，触摸时卵泡不成形，非常柔软，手指很容易塞入卵泡腔内。

（6）黄体形成期 卵泡液排出，卵泡内腔变空，卵泡壁凹陷松懈，用手捏时，可感到两层薄皮，滑动手指可感觉到摩擦音，渐渐收缩，由薄变厚。原卵泡腔内流入血液形成红体，逐渐发育成扁圆肉状突起，最后形成黄体，有肉样感觉或面团状。此期可持续 6~12 h。

上述 6 个时期的划分是人为的，其上下两个时期并无明显界限，只有熟练掌握才能做出准确的判断。另外，利用直肠检查法鉴定卵泡形态时，应注意卵泡和黄体的区别：①绝大多数卵泡呈圆形，少数为扁圆形，而黄体几乎都是扁圆形或不规则的三角形；②卵泡有弹性和液体波动感，接近成熟的卵泡与卵巢实质连接处四周界限不明显，而黄体有肉团感，与卵泡实质的界限明显；③卵泡表现光滑，而黄体表面粗糙；④卵泡从发育成熟至排卵有越变越软的趋势，而黄体在形成过程中越变越硬。

此外，马发情鉴定的方法还有超声波检查法、生殖道黏液 pH 测定法、生殖激素检测法、电测法、子宫颈黏液透析法、阴道上皮细胞抹片法等。

二、妊娠诊断技术

妊娠诊断，就是根据雌性动物妊娠与非妊娠阶段的生理、生化、行为和体征体态变化，做出确认。妊娠诊断的方法有多种，主要包括外部检查法、直肠检查法、阴道检查法、超声波诊断法和免疫学诊断法等。

1. 外部检查法 通过了解、观察母马在配种以后体态、行为等变化情况，而对妊娠做出初步判断的方法。

（1）问诊 向饲养人员了解待诊母马的生理状况、繁殖情况，如年龄、已产胎数、上次分娩日期及产后情况，发情周期及发情行为，配种方式和已配种次数，最近一次配种日期及配种后是否返情，近期饮水、食欲、行为变化和病史等。通过对这些情况的了解，可以对诊断对象的生理状况和妊娠可能性做出初步诊断。

（2）视诊 视诊是在问诊的基础上，通过观察诊断对象的体态、行为及某些系统和器官变化而判断是否妊娠的方法。

母马妊娠后，孕期合成代谢增强，食欲增进，体型变得丰满，毛色光润。至妊娠中期或后期，胸围增大并向左侧突出，乳房肿大，有腹下水肿的现象。另外，孕期母马性情变得温驯，行动小心谨慎。妊娠 6 个月时，可见胎动。至妊娠后期（8 个月后），隔着腹壁左侧可触诊到胎儿，当胎儿胸部紧贴母体腹壁时，可听见胎儿心音。

2. 直肠检查法 隔着直肠壁触诊母马生殖器官形态和位置变化诊断妊娠的方法，主要依据妊娠后卵巢、子宫、胎泡和子叶的形态、大小和变化。此法经济、可靠，所需设备简单，不受条件及时间限制，且可以诊断假发情、假孕、生殖器官疾病及胎儿发育等情况，因而在马的妊娠诊断中广泛使用。

利用直肠检查法诊断时，应特别注意以下鉴别诊断问题：

（1）与假孕的区别 马配种 40 d 内，往往会出现假孕的情况。子宫的变化与真妊娠没有太大差别，子宫角细、圆、硬，子宫底有凹沟，阴道也干涩、苍白，有子宫颈黏液塞。不同的是一直到 30～40 d 或者更长的时间，都摸不到胚泡；卵巢上多无卵泡，偶尔有卵泡发育，也不排卵。

（2）与充满尿液的膀胱区别 妊娠 60～90 d 的子宫，可能与充满尿液的膀胱混淆。马子宫膨大部之前及旁侧有子宫角并有阔韧带，可摸清楚，不难与膀胱区别开来。

（3）与子宫疾病的区别 妊娠 90～120 d 的子宫容易与子宫积脓、积液等混淆，应注意鉴别。子宫积脓、积液时，一侧子宫角和子宫体膨大，质量增加，使子宫有不同程度的下沉，卵巢位置也会相应下降。无论积脓或积液，子宫均无妊娠现象，无妊娠脉搏出现。

（4）妊娠脉搏和颤动脉搏的区别 马患寄生虫性动脉瘤时，肠系膜后动脉会出现颤动脉搏，不要将其与卵巢动脉及子宫动脉的妊娠脉搏混淆。肠系膜后动脉只有 1 条，起源于第 4～5 腰椎交界处的主动脉下面，且弯曲明显。

3. 阴道检查法 妊娠时，子宫颈口处阴道黏膜处于与黄体期相似的状态，分泌物黏稠度增加，黏膜苍白、干燥，根据这些变化判断是否妊娠，就是阴道检查法。但这种方法所检查的各项指标个体间差异较大，因而易造成误诊。若被检查的母马有持久黄体或干尸化胎儿存在，极易与妊娠现象混淆。另外，当子宫颈及阴道有病理过程时，妊娠母马又往往不表现出妊娠现象而判为未孕。因此，阴道检查法一般作为妊娠诊断的一个辅助检查方法，而不作为主要诊断方法。

4. 超声波诊断法 是利用超声波的物理学特性和母马子宫不同组织结构的声学特点而建立的一种物理学检查方法，可探知胚胎是否存在，以及胎动、胎儿心音和胎儿脉搏等。目前，用于妊娠诊断的技术有以下 3 种。

（1）A 型超声诊断 A 型超声诊断仪为调幅式显示，将回声信号以波的形式显示在示波屏上。一般妊娠 60 d 以上，该型仪器才能做出准确判断，故该方法目前应用较少。

（2）D 型超声诊断 也称多普勒超声诊断法，是应用多普勒效应原理设计而成的。用 D 型超声诊断仪可检测母体的子宫血流，胎儿的心血管活动、胎心和脐带搏动、胎动等，因而该方法适用于诊断妊娠和判断胎儿死活。该型仪器探头依用途和结构而不同，如直肠探头、阴道探头、体外探头、多晶片探头及混合探头。但该方法存在因操作技术和个体差异异常而产生诊断时间偏长、准确率不高等问题。

（3）B 型超声诊断 此法是将回声信号以光点明暗的形式显示出来，可探测马的胎水、胎体或胎心搏动，以及胎盘，来判断妊娠阶段、胎儿数、胎儿性别及胎儿状态等。

妊娠诊断基于最初图像：液体、胎盘和胎儿结构。胚泡液体是妊娠后最早可识别的指示，妊娠 30 d 可用扇扫探头扫到，45 d 液泡声像明显，胎儿可被识别；在 35 d 时仔细观察，可显示胎儿心跳；妊娠约 22 d，子叶开始发育，到 40 d 沿液泡边缘出现小的灰色 C 型或 O 型结构；45 d 时，骨架结构可完全鉴定，呈现非常明亮的图像。随着胎儿继续的发育，其特征性结构更易鉴定。

超声波诊断妊娠具有安全、准确、简便、快捷等优点，对于操作者一般不仅要掌握妊娠状态图像，而且还要熟悉未妊娠状态图像，以便做出准确判断。

5. 免疫学诊断法 根据免疫化学和免疫生物学的原理所进行的妊娠免疫学诊断，主要依据母马在妊娠后，胚胎、胎盘及母体组织分别能产生一些化学物质、激素或酶类，其中，某些物质具有很好的抗原性，能刺激机体产生免疫反应。如果利用这些物质制备抗体，则只能和其诱导的抗原相同或相近的物质进行抗体特异性结合。抗原和抗体的特异性结合，可以通过两种方法在体外被测定出来：一是荧光染料或同位素标记，然后在显微镜下定位；二是抗原和抗体结合产生某些物理性状，如凝集反应、沉淀反应等，利用这些反应的有无来判断是否妊娠。

6. 其他方法

（1）血清或乳中孕酮水平测定法 母马在配种妊娠后，黄体持续分泌孕酮，体液中孕酮水平升高；若未妊娠，则黄体会在下一个发情周期退化，体液中孕酮水平降低。因此，可采用放射免疫和蛋白质竞争结合法等测定方法，采集母马的血样或乳样进行孕酮水平的测定，然后与未妊娠的母马进行比对，来判断是否妊娠。该方法对早期妊娠诊断正确率可达 80%～95%，而对未妊娠的判断准确率可达 100%。

（2）PMSG（孕马血清促性腺激素）测定法 孕马血清促性腺激素于母马妊娠的第 18 天开始在血液中出现，第 60 天迅速增加到 500～1 000 IU/mL，这种浓度可以维持 40～65 d。因此，在母马配种后 18 d 即可检测到 PMSG 的存在。通过生物学方法和免疫技术测定 PMSG，进行妊娠诊断一般在配种后的 40 d 左右。利用 PMSG 放射免疫测定法，对配种后 40～60 d 的母马进行早期妊娠诊断，确诊率达 90%。

（3）外源生殖激素诊断法 据母马对某些外源性生殖激素有无特定反应进行妊娠判断，如促黄体素释放素 A（LRH-A）法。由于妊娠母马体内的大量孕酮可在一定程度颉颃外源生殖激素，使之不出现发情症状；而未妊娠母马则有明显发情症状，因此母马在配种后 21～27 d，肌内注射 LRH-A 200～500 μg，观察配种后 35 d 内是否发情。一旦发情则为空怀，否则为妊娠状态。

三、人工授精

马的人工授精，是指用人工方法采取公马精液，经检查处理后，注入发情母马子宫腔内使其受孕的方法。人工授精在生产中具有重要意义，能充分发挥优秀种公马的种用价值和配种效能，能够适时配种，提高母马受胎率，可避免疫病的传播，克服交配困难，扩展优良种公马配种的地区和范围，加速育种步伐等。人工授精技术目前已在世界范围内推广应用，充分显示了该项繁殖技术的优越性和应用前景。人工授精技术，包含采精前的准备、采精、精液品质检查、精液稀释、精液保存和人工输精等环节。

1. 采精前的准备

（1）采精场地 采精应在良好和固定的环境中进行，以便公马建立起巩固的条件反射，同时，也是防止精液污染的基本条件。采精场应宽敞安静，平坦干燥，防风洁净。

（2）假阴道的准备　采精前，向假阴道内胎夹层灌入 40～42 ℃热水 1 500～3 000 mL。而后在假阴道入口前 1/3 段，用玻璃棒均匀涂抹润滑剂，再充气调试内胎压力，内胎呈 Y 形，入口为较浅的漏斗状为宜，灌水量、内脏充气压力视公马阴茎的粗细、长短调整。采精时内胎温度应保持在 37～39 ℃。

（3）台马的准备

① 活的母马：台马应选择健壮无疾病、性情温驯、营养良好、体格大小与公马相匹配的发情母马。将母马用保定绳保定，用绷带布包扎整个马尾并拉系于马体左侧，外阴部用 2％来苏儿清洗，再用清水洗净并擦干。

② 假台马：可用旋调式假台马。大小可以根据种公马的高矮进行调节，达到适宜的爬跨高度为宜。采精前，接种发情母马的尿液淋洒在假台马的一端，刺激公马的性欲。种公马要在 1～2 岁时进行爬台马训练。台马的好处是可以避免公马受伤，同时，也可以避免有咬癖的公马咬伤母马。

2. 采精　将种公马牵至采精场，以台马刺激其性欲。阴茎勃起后，用温热的 2％碳酸氢钠液擦拭生殖器及包皮，温开水冲净后用净纱布擦干。采精时，采精员右手持假阴道把柄并靠右臂肘处，公马爬跨时立即站于台马右侧，左手辅助将阴茎导入假阴道内，假阴道以 30°～35°的角度固定于台马尻侧；公马射精后，将假阴道的采精杯端放低并打开活塞放气，充分排精后，缓慢将假阴道竖起并移开，迅速送检。

成年公马每周采精最好不要超过 6 次，连续采精不超过 3 次，青年公马每周 1～2 次。

3. 精液品质检查　精液品质检查的目的是为了鉴定精液质量的优劣，以便确定其利用价值。通过精液品质检查，可间接判断公马的饲养管理水平和生殖器官机能状态。同时，还能反映采精技术操作水平的高低，并以此作为检验精液稀释、保存和运输效果的依据。

精液品质检查的项目，分为常规检查和定期检查。常规检查的项目包括射精量、活力、密度、色泽、气味、pH 等；定期检查的项目包括死活精子检查、精子计数、精子形态、精子存活时间及指数、精子抗力等项目。

（1）外观检查法　外观检查法主要通过肉眼观察，初步评定精液的品质。

① 精液量：马的精液量因品种及个体不同而有很大差异，一般为 50～100 mL。每匹公马的射精量一般都有各自的范围，如出现忽高忽低的现象，就应及时查明原因。

② 色泽：马的精液在正常情况下为淡乳白色或灰白色，精子密度越高，色泽越深；反之，则越淡。呈黄色则可能是混有尿液，青色和灰色表示精液的密度低。颜色有异常的精液应予以废弃，并立即停止采精，查明原因及时治疗。

③ 气味：正常的精液略带有腥味。若气味异常，可能是混有尿液、脓液、粪渣或其他异物的表现。气味异常常伴有颜色的变化，因此，可以将色泽和气味检测结合进行，使鉴定结果更为准确。

④ pH：可用 pH 为 5.0～8.4 的精密 pH 试纸测定。马的精液比例大，略呈弱碱性。正常马的精液 pH 一般在 7.4（7.3～7.8）。

⑤ 杂质：一般指在精液中混入的异物，如被毛、脱落上皮、生殖道的炎性分泌物及灰尘、纤丝、粪渣等。这些杂物在精液内会阻碍精子的运动，易使精子聚集，炎性分泌物还严重影响精液品质。因此，如发现杂物应及时除去，被炎症污染的精液应废弃。

（2）显微镜检查法

① 精子活力评定：精子活力，是指精液中呈直线前进运动精子数占精子总数的百分率。精子活力可以直接反映精子自身的代谢机能，与精子受精力密切相关，是评价精液质量的一个重要指标。精子活力的评定一般在采精后、精液处理前后和输精前均应进行检测。

检查精子活力需要借助显微镜，检查所用载玻片、显微镜等需要提前预热到 37 ℃。在 400~600 倍显微镜下，观察直线前进精子所占比例，100% 前进者为 1.0 分，90% 前进者记为 0.9 分，以此类推。鲜精输精时要求精子活力不低于 0.5。

② 精子密度评定：精子密度是指单位体积（mL）精液内所含精子的数目，现多采用血细胞计数板进行。为方便计数，精液注入计数室前要对原精液进行稀释。计算时，一般只数 5 个大方格（对角线上 4 个、中间 1 个，每个大方格内有 16 个小方格，共 80 个小方格）内的精子数，遵照"数上不数下、数左不数右"的原则。

按照上述方法数完 5 个大方格内的精子数，可代入下列公式，求出每毫升的精子数：

$$1 \text{ mL 精液内的精子总数} = 400 \times 10 \times 稀释倍数 \times 1\,000 \times 所数精子数 / 80$$

③ 精子形态畸形率测定：精子形态畸形率，是指精液中形态异常精子占总精子数的百分率。畸形率越高，则精液质量越差。畸形率的高低受气候、营养、遗传、健康等因素的影响。马的正常精子类似蝌蚪形，但有些精子头、尾形态异常的，就是畸形精子，无受孕能力。

精子畸形率的测定包含抹片制作、精子固定、染色、冲洗抹片、形态观察与精子畸形率计算等步骤。简单地说，就是取 1 滴精液在载玻片上抹片，待自然干燥后，在抹片上滴满 95% 乙醇固定 5 min 后，置入亚甲蓝溶液（或用伊红、龙胆紫染液等）中染色 5~7 min，再用蒸馏水冲洗干净。自然风干后，在 400~600 倍显微镜下检查 200~500 个精子，计算出其中畸形精子占所数精子总数的百分比。若畸形精子率超过 12%，不能用于输精。

④ 精子的存活时间和存活指数：精子的存活时间与精子保持受精能力的时间直接相关。精子存活时间，是指精子在体外总的生存时间；精子的存活指数，是指平均存活时间，反映精子活力下降的速度。具体的方法是，将稀释后的精液置于 4 ℃，间隔一定时间检查一次活力，直到无活动精子为止（最后一个间隔时间按 1/2 累计入精子存活时间）。精子存活的总小时数为精子的存活时间；而相邻 2 次检查的平均活力与间隔时间的积相加总和为精子生存指数。精子存活时间越长，指数越大，说明精子的生活力越强。

4. 精液稀释　精液的稀释，是指在精液中加入适宜于精子存活并能保持其受精能力的稀释液。精液稀释的目的是为了扩大精液的容量，提高一次射精量的可配母马头数，并通过降低精液的能量消耗，补充适量营养和保护物质，抑制精液中有害微生物的活动以延长精子寿命，同时，便于精液的保存和运输。因此，精液稀释的处理是充分体现和发挥人工授精优越性的重要技术环节。

稀释精液时，必须严格遵守无菌操作规程。精液采集后应立即进行过滤和稀释，避免温度的下降及污染。理想的稀释液是根据精子的生理特点配制出来的，一般包含稀释剂、营养剂、保护剂和其他添加剂。稀释液一般在 37 ℃。稀释时，需注意只能将稀释液倒入精液内，不可将精液倒入稀释液中，避免因局部稀释倍数过大造成的精子活力下降。加稀释液时，要将精液瓶倾斜，沿瓶壁缓缓加入，边加边轻轻摇动，使稀释液和精液尽快混匀，在摇动时应避免幅度过大引起精子断尾。使用自制稀释液时，需要加入抗生素，必须在稀释液冷却至室温时方可加入。

稀释倍数的主要衡量指标是密度和活力，不能盲目扩大倍数，密度不合标准的不能稀释。一般稀释的倍数为 1∶（3～4）。

5. 精液保存 精液保存的目的是，为了延长精子的存活时间并维持其受精能力，便于长途运输，扩大利用范围，提高优良种公马的配种效能。现行的精液保存方法，可分为常温（15～25 ℃）保存、低温（0～5 ℃）保存和冷冻（-196～-79 ℃）保存 3 种。无论哪种保存方式，都是以抑制精子代谢活动、降低能量消耗、延长精子存活时间而不丧失受精能力为目的。

（1）常温保存 常温（15～25 ℃）保存是将精液保存在一定变动幅度的室温下，主要是利用一定范围的酸性环境抑制精子的活动，或用冻胶环境来阻止精子运动，以减少其能量消耗，使精子保持在可逆的静止状态下而不丧失受精能力。常温有利于微生物生长，因此，还需要抗菌物质抑制微生物对精子的有害影响。

稀释液一般采用含有明胶的稀释液，在 10～14 ℃下呈凝固状态保存，可得到良好效果。马精液在 120 h 以上，存活率为原精液的 70%。葡萄糖、甘油、卵黄稀释液和马奶稀释液分别在 12～17 ℃和 15～20 ℃保存精液达 2～3 d。

常温保存方法一般采用隔水降温方法处理。先将精液与稀释液在 30 ℃同温下，按一定比例混合后，分装在贮藏瓶内，密封后放入 30 ℃温水容器内，然后连同容器放进 15～25 ℃恒温箱内保存。

（2）低温保存 低温保存是将精液稀释后，置于 0～5 ℃环境保存，一般保存效果比常温保存时间长。低温保存是通过降低温度，使精子的代谢活动减慢。当温度降至 0～5 ℃时，精子的代谢较弱，几乎处于休眠状态。精子对冷刺激敏感，特别是从体温急剧降温至 10 ℃以下时，会使精子发生不可逆的冷休克现象。为此，除在稀释液中加入卵黄、奶类等抗低温物质外，一定要采取缓慢降温的方法，从 30 ℃降至 0～5 ℃时，以每分钟降 0.2 ℃、用 1～2 h 完成降温过程为宜。稀释后的精液按输精剂量分装到贮精瓶中，加盖密封，包以数层棉花或纱布，并裹以塑料袋防水，然后将其置于 0～5 ℃低温环境中。保存过程中，要维持温度的恒定，防止升温。

（3）冷冻保存 精液冷冻保存是利用液氮（-196 ℃）、干冰（-79 ℃）或其他制冷设备作为冷源，将精液经过特殊处理后，保存在超低温下，以达到长期保存的目的。冷冻精液稀释液应具有保护精子免受或减少冻害的作用，因此，冷冻精液稀释液的主要成分与一般低温保存稀释液的成分基本一致，只是再加入了一定量的抗冻物质。

6. 人工输精 输精是人工授精的最后一个环节。适时地把一定数量的优质精液准确地输送到发情母马生殖道内的适当部位，并在操作过程中防止污染，是保证人工授精具有较高受胎率的重要环节。

（1）输精前的准备

① 场地的准备：输精场地在输精前应进行环境消毒、通风，保证清洁、卫生、安静的输精环境。

② 母马的准备：母马进入保定栏，将其尾根缠起，用 1%～2%的来苏儿或 0.1%的

新洁儿灭溶液对母马外阴部清洗消毒后，用干净纱布擦干。

③ 器械及人员准备：各种输精用具在使用之前必须彻底洗净，严格消毒，临用前用灭菌稀释液冲洗。输精人员的手臂彻底洗净后，再用1%～2%的来苏儿或0.1%的新洁尔灭溶液洗涤消毒，右手戴上一次性无菌长臂手套。

④ 精液的准备：常温保存的精液需轻轻振荡后升温至35 ℃，镜检活力不低于0.6；低温保存的精液升温后活力在0.5以上；冷冻精液解冻后活力不低于0.3。

（2）输精量　给母马每次的输精量通常是10～25 mL，精子数为5亿个。

（3）输精时间　根据卵泡发育情况来判定。在母马卵泡发育的6个时期里，一般按"三期酌配、四期必输、排后灵活追补"的原则安排输精时间。排卵后如果黄体还没有形成，输精仍有一定的受胎率；如果根据发情时间来推算输精时间，可在母马发情后3～4 d开始输精，连日或隔日进行，输精不超过3次。

（4）输精方法　母马常用胶管导入输精法。母马的输精器由一条长60 cm左右、内径2 mm的白色橡胶管和一个注射器组成。输精时左手握住玻璃注射器，右手握住胶管尖端隐藏在手掌中，慢慢伸入阴道内，手指触到子宫颈口后，用食指和中指撑开子宫颈，将输精管插入子宫内10～15 cm，提起注射器，使精液自然流入或轻轻压入。输精完后，缓慢抽出输精管，并轻轻按压子宫颈使其合拢，防止精液倒流。

精液吸取后应尽快输入母马体内，避免光线的刺激及温度骤变，并防止污染。输精时应使母马保持安静，不可惊吓。输精后应使母马静立数分钟，如发现有精液倒流严重者，应考虑再输。每天配种完毕后，应立即将所用的器具按要求进行洗涤、整理、消毒。

四、胚胎移植

胚胎移植，是指将一头良种母畜的早期胚胎取出，移植到另一头生理状态相近的普通母畜体内，使之受孕并产仔的技术。通常，将提供胚胎的母畜称为供体，接受胚胎的母畜称为受体。随着相关胚胎生物技术的发展，移植的胚胎不仅来自供体母畜，而且还可以通过体外受精技术在体外生产。因此，目前胚胎移植的确切含义，是指将处于某一发育阶段的早期胚胎移植到与其发育阶段相对应的同种母畜子宫角内，使之受孕并产仔的技术。而将前面获得胚胎的途径和手段，统称为胚胎生产技术。

马的胚胎移植，是将早期胚胎从供体母马子宫取出，移植到相同生理状态的受体母马子宫内，使其发育，获得新生后代的技术。在马业发达的国家，马胚胎移植技术应用广泛。我国胚胎移植技术起步较晚，从20世纪70年代对马的胚胎移植试验进行研究，但是研究程度低，技术不够完善，缺少设备和物质条件，没有形成产业化。据报道，新疆畜牧科学院曾进行过国产马胚胎移植技术的研究，鲜胚移植成功率为30.7%。

胚胎移植和人工授精从技术程序上讲基本相似，不过操作对象是胚胎而不是精子。它包括供体的超数排卵、配种或人工授精；受体的同期发情；胚胎的采集；胚胎的品质鉴定；胚胎的体外保存和胚胎的移植等。

1. 供体、受体母马的准备

（1）供体和受体同期发情处理　同期发情是采用激素类药物，使一群母马能够在一个短时间内集中统一发情，并能排出正常的卵母细胞，以便达到同期配种、受精、妊娠产仔的目的。常采用孕激素与前列腺素对供体、受体进行处理，使两者发情时间早晚不超过 24 h。

（2）**供体超数排卵**　超数排卵，是指应用外源性促性腺激素诱发卵巢多个卵泡发育，并排出多个具有受精能力的卵子的方法。生产中常用 FSH 进行超排。

经过超排处理的母马发情后，应适时配种或人工授精。为了得到较多发育正常的胚胎，人工授精时应使用存活率高、密度大的精液。

2. 胚胎的采集　胚胎的采集，是利用冲洗液将胚胎由输卵管或子宫冲出，收集在器皿内。马一般采用非手术法采集胚胎，即采用特殊的装置从阴道插入子宫角直接冲洗。具体步骤如下：

（1）打开恒温箱，温度设置为 37 ℃，放入冲胚液及洗胚液，对实验室及无菌操作台进行灭菌。

（2）保定供体母马，并将马尾用绷带缠好，系于一侧，对外阴进行清洗。

（3）操作人员戴无菌手套，将冲胚管送入马子宫中，必要时可以使用润滑剂。

（4）给冲胚管的气囊充气 40～60 mL，具体的充气量根据子宫大小确定。

（5）清除直肠内粪便，向子宫内灌注冲胚液，同时轻揉子宫，使冲胚液均匀灌注于两侧子宫角，每次灌注 1 L 冲胚液。

（6）打开冲胚管开关，流出冲胚液，反复进行 5 次冲洗。

（7）结束冲胚工作后，将集卵杯放在显微镜下进行观察，并找到胚胎。

3. 胚胎的检查　为了减少体外不利因素对胚胎造成的影响，从母马生殖道冲出来的卵液应保持在 37 ℃环境中，冲卵结束后将冲卵液置于 30 ℃的无菌箱中，最好在箱内检查。如果条件不具备，可在 20～25 ℃的无菌操作室内检查。为缩短捡卵时间，最好用 2～3 台立体显微镜同时检查。因冲卵液量比较多，全部检查花费时间太多，故采取两种方法，既不让胚胎丢失，又节省时间：①静置法。把盛冲卵液的容器在无菌室内静置 20～30 min，胚胎下沉到容器底部，然后将上层的冲卵液吸出，剩下几十毫升即可。然后将这些冲卵液倒入平皿或表面皿，在立体显微镜下进行检查，为防止胚胎粘到容器上，要用冲卵液冲洗容器，这部分单独倒入平皿检查。②采用带有网格（直径小于胚胎直径）的过滤器放入冲卵液中，由上往下吸出冲卵液，最后剩下几十毫升即可。防止胚胎吸附在过滤器上，用冲卵液反复冲洗过滤器，按上述方法进行处理后，在体视镜下进行观察。

4. 胚胎移植　胚胎的移植也叫胚胎的植入，是整个胚胎移植技术中关键环节之一。具体步骤如下：

（1）受体母马保定，必要时使用鼻捻棒。绷带缠尾，系于一侧，对外阴进行清洗、消毒，后用消毒卫生纸擦干。

（2）胚胎的装管。先在移植管中加入保存液，然后加入少量的气泡，而后注入含胚胎的保存液，再依次加入少量的气泡和保存液。

（3）准备好移胚枪、内芯、一次性无菌保护套，将胚胎转移到移胚管中，然后将移胚管装入移胚枪内。

（4）操作人员戴无菌手套，将移胚枪送入马子宫中，必要时可以使用润滑剂。

（5）将装有胚胎即保护外套的移植枪插入子宫颈口，用力将移植枪捅破软外套，插入子宫颈，然后轻轻稳妥地将移植枪插到子宫角大弯处，插入内芯，慢慢推出胚胎后，缓慢、旋转地抽出移植枪。

（6）必要时可将移植枪前端清洗，于显微镜下观察，不见胚胎则证明成功送入子宫。

5. 供体和受体的术后观察　胚胎手术后要注意供体、受体母马的健康状态和发情表现。供体在下次发情时可照常配种，或经过 2～3 个月再重复作为供体。受体母马如果未发情，则应在适当时候做妊娠检查；如果确定已妊娠，则需加强饲养管理。

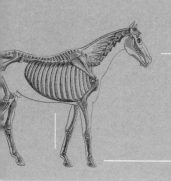

PART 06

第六章　马的营养学

第一节　马的消化系统

马是一种非反刍的食草动物。非反刍意味着马不具有与牛羊类似的多胃，马只有一个简单的胃；食草动物又意味着马和牛羊类似，以植物为主食。因此，马的消化系统是比较特殊的。一般来说，马的消化系统可分为两部分。第一部分与单胃动物（如犬、人或猪）的消化系统相似；第二部分为其发达的大肠更像牛的瘤胃。了解马的消化系统，对于我们考虑马的饲喂方式有所帮助。

马的消化系统分为消化管和消化腺。消化管包括口腔、咽、食管、胃、肠和肛门；消化腺包括壁内腺和壁外腺。壁内腺如食管腺、胃腺和肠腺等，存在于消化管壁中；壁外腺主要包括唾液腺及肝、胰。马的消化系统涉及饲料的咀嚼、混合、消化、吸收及排泄。饲料从入口到肛门需要 65～75 h。

一、口腔

马的口腔组成与牛类似，前壁为唇，薄而灵活；两侧为颊，构成口腔的两侧壁，较为狭长；背侧壁是硬腭，底部有舌附着。在口腔底的前部，舌尖下面有 1 对舌下肉阜，为马的颌下腺管的开口处。马口腔中有 3 对腺体分泌唾液——腮腺、颌下腺和舌下腺。马每天会分泌 20～80 L 的唾液。马唾液中含有碳酸氢盐，可以缓冲和保护高酸性胃中的氨基酸，此外，唾液中还含有少量淀粉酶，促进碳水化合物的消化。马舌较长，舌尖扁平，舌体较大。舌黏膜表面有多种乳头，其中，丝状乳头起机械作用，轮廓乳头、菌状乳头和叶状乳头为味觉乳头，乳头内有味觉感受器——味蕾，可辨别食物的味道。

马口腔中含有 36 颗牙齿（雌性）和 40 颗牙齿（雄性），分为切齿、臼齿和犬齿 3 种。马上腭比下颌宽，以允许非常复杂的咀嚼运动。马的咀嚼动作是一种横扫动作，包括横向前后运动和纵向运动。这使马可以有效地研磨饲料，并使其与唾液混合，以引发消化过程。

饲料的质地会显著影响马的咀嚼效率（下颌清扫）和采食率。一般来说，一匹普通的马在放牧时，每天要进行 60 000 次的下颌清扫。当饲喂大量谷物时，这个数量会显著降低。马在牧场采食纤维饲料（牧草），此时的咀嚼是一种长时间的下颌清扫动作。而饲喂谷物时，马的咀嚼只需要较短的下颌清扫动作，并且此动作不会延伸到牙齿的外缘。所以马在牧场上很少会形成锋利的牙齿边缘；而饲喂大量谷物的马，其牙齿不会均匀磨损，其边缘会形成钩子或锐边。如果牙齿不适，马的摄入率、咀嚼效率、食欲和脾气都会受到严重影响。如果饲料没有正确咀嚼，形成的食团（饲料和唾液）可能会滞留在食道中并导致窒息。

在马口的上部偏后是咽，其引导饲料进入食道。口腔中硬腭的后方为软腭，软腭发达，向后下方延伸，其游离缘围绕会厌基部，将口咽部与鼻部隔开，故马不能用口呼吸。软腭也会阻止饲料或水从食道返回口腔，病理情况下逆呕时，逆呕物容易从鼻腔流出。食团下咽时，会厌会关闭并阻止其进入肺部。

二、胃与小肠

1. 胃　饲料和唾液形成的食团，由咽部通过食管进入胃。马食管很长，成年马的食管长约 1.5 m，且具有非常弱的回流能力，因此未完全咀嚼的大块饲料如胡萝卜，可能会滞留在食管内，有可能引起窒息。这就是为什么要保持马牙齿健康的重要性。此外，可以通过在马饲料中添加谷壳，或将砖块放入饲料槽中来减慢马的摄入速度，进而减少发生窒息的风险。

在食管和胃的连接处有括约肌调节饲料的进入。马胃是单室胃，呈横向朝下弯曲的囊状。马胃位于腹腔前部、膈的后方，大部分位于左季肋部，仅幽门在右季肋部。胃有 3 个主要区域——胃盲囊、胃底和幽门区。每个在结构和功能上都非常独特。胃具有暂时容纳食物、分泌胃液、进行初步消化和推送食物进入十二指肠的作用。马胃中含有微生物群，可以进行少量的消化。其分泌的胃液中含有盐酸、胃蛋白酶和胃脂酶。胃蛋白酶有助于将蛋白质分解成短肽，脂肪酶有助于消化脂肪。

在马胃中，饲料与胃蛋白酶和盐酸混合，以帮助分解固体颗粒。根据马的喂食方式不同，饲料通过胃的速度也不同。当马吃大量食物时，食物会快速通过胃，进入小肠，通过时间可能短至 15 min。如果马禁食，胃中的食物需要 24 h 才能清除。食物在胃中停留的时间过少，会影响其与胃蛋白酶的接触，影响其消化吸收。然而，虽然谷物倾向于在胃中停留更长时间，但尚未证明喂食谷物对马的消化吸收是有利的。对于进食过快的马匹，可以在饲料中添加谷壳以增加饲料量，从而减慢消耗速度。此外，在进食的过程中，应该随时提供清洁的水。

当食物进入胃部时，它开始受到盐酸和胃蛋白酶的影响。然而，此时饲料（特别是草）释放出可溶性糖，不仅可以被马自身吸收，还可以为细菌发酵提供底物，最终产生乳酸。在正常情况下，当盐酸与胃摄入物混合时，pH 下降，会抑制发酵减慢并最终停止。这是一个重要过程，因为马的胃相对不可扩张的，固定体积的胃会充满发酵气体，并且几乎没有能力通过食道释放这种压力，最终会导致胃绞痛甚至胃壁破裂。

当饲料通过胃移动进入胃底区域时，pH 降至 5.4 左右，发酵开始停止。胃蛋白酶和胃酸引发脂质和蛋白质的消化和降解。胃的最后一部分是幽门区域，胃在那里与小肠相连。pH 进一步降至 2.6，几乎消除了所有可发酵的乳酸菌。该区域的蛋白水解活性（蛋白质消化）是胃底区域的 15～20 倍。

当改变马喂养方式时，可能会导致马长时间的空腹状态。此时，胃酸会破坏胃的胃盲囊区域未受保护的鳞状细胞，这会导致胃内膜溃烂。研究表明，超过 80% 的纯种马有一定程度的胃溃疡。胃溃疡会影响马的食欲、行为和表现。在饲料中饲喂较高比例的粗饲料，少量多餐，将大大降低胃溃疡的发生频率和严重程度。

2. 小肠　消化物从胃进入小肠。小肠约占马消化道的 30%，长为 15～22 m，体积为 55～70 L。对于现代马（表演用途）来说，小肠是其主要的消化场所。小肠分为 3 个部分，按顺序依次为十二指肠、空肠和回肠。

马的十二指肠全长为 0.7～0.9 m。其特点是系膜短，肠管平直，位置固定。胆管与胰管在十二指肠有开口。在十二指肠的后端与小结肠之间有短的浆膜褶相连，此部分即是十二指肠与空肠的分界标志。马的空肠全长为 10～16 m，是小肠中最长的一段。空肠系膜长，盘曲多，在腹腔内位置变化大，移动范围广。连接空肠的是回肠，两者之间界限明显。马的空肠全长为 0.4～0.6 m，肠管平直，壁薄宽大。

马的唾液中仅含有少量的淀粉酶，因此，食物在大多数马的口腔及胃中几乎没有实质性的消化。大多数消化发生在马的小肠和大肠中。小肠及其附近的肝脏和胰腺为饲料的消化提供了大部分的消化酶，其中胰腺释放的量最多。马小肠中的消化过程（蛋白质，脂肪和淀粉的酶促分解）与其他单胃动物类似。但马小肠中食糜中的几种消化酶的活性，特别是淀粉酶，低于在其他单胃动物。

马有多种成分促进小肠的消化过程。胰酶有助于消化食物，胰酶主要含有胰淀粉酶、胰蛋白酶和胰脂肪酶等。胰淀粉酶消化糖和淀粉；胰蛋白酶将蛋白质分解成氨基酸；胰脂肪酶结合和来自肝脏的胆汁来乳化（分解成较小的单位）脂肪，并将其悬浮在水中。此外，马没有胆囊来储存胆汁，因此胆汁会不断从肝脏流入小肠。胰液还含有一些碱和碳酸氢盐，可以起到缓冲胃酸的作用，这有助于维持消化酶的最佳活性。

饲料被小肠消化分解后的营养成分会被小肠壁吸收，通过血液流动被带到任何需要营养的细胞中。30%～60% 的糖类消化和吸收和几乎所有的氨基酸吸收，都发生在小肠中。脂溶性维生素 A、维生素 D、维生素 E 和维生素 K，以及一些矿物质如钙和磷，也在小肠中被吸收。一些对饲料的加工可以增加饲料的消化率，如通过微粉化等过程，可以使小肠中的谷物消化率提高到 90% 左右。微粉化谷物会减少大肠的负担，并可降低消化道负荷过重的风险，降低肠绞痛、蹄叶炎和酸中毒的发生率。

多数食糜在肠道中以每分钟约 30 cm 的速度移动，因此，食物最短可以在 30～60 min 内通过小肠。但是，饲料一般需要 3～4 h 才能通过小肠。食物通过小肠的速度越快，酶的作用时间就越短。在马的饮食中添加油，已经证明可以减少通过小肠的饲料流量，从而使消化酶有更多的时间处理淀粉、蛋白质和脂肪，增加这些营养素的总消化率，并最大限度地提高小肠的消化效率。

马很容易因饲料中的有毒物质而发生绞痛甚至死亡。因为马没有瘤胃，瘤胃中的微生物可以起到解毒的作用。其在有毒物质到达小肠之前对其解毒，而马摄入的有毒物质可以直接进入肠道，在解毒之前被吸收到血液中引起疾病。因此，不喂发霉或变质的饲料对养马来说是非常重要的。对反刍动物来说，尿素是一种饲料补充，其瘤胃可利用尿素制造蛋白质。马不能使用尿素，因为它在进入盲肠之前会被小肠吸收。因此，尿素对马是有毒的，但是马对尿素也有一定的耐受剂量。

在大肠中合成的微生物蛋白质，在很大程度上不能被马使用。这意味着马对蛋白质需求很高，必须喂食高质量的蛋白质。这并不意味着需要增加马饲料的粗蛋白含量，在实际饲养中，往往要提高蛋白质的质量。这可能意味着确保马必需氨基酸如赖氨酸、蛋氨酸和苏氨酸的水平来满足马的需要。

三、大肠

马的大肠由盲肠、大结肠、小结肠和直肠组成。大肠占整个消化道的 $60\%\sim62\%$。饲料经过胃和小肠后流入大肠。

马的盲肠发达，呈逗点状。盲肠后缘隆凸称为大弯，前缘凹陷称为小弯。回肠的入口和盲肠的出口都在小弯部分，分别称为回盲口和盲结口。盲肠上部膨大、钝圆，称为盲肠底，下部称为盲肠尖，中间为盲肠体。

马的盲肠占消化道容量的 $38\%\sim40\%$。盲肠是马的"发酵池"。它含有与反刍动物类似的微生物群落，因此，盲肠的消化主要依靠微生物发酵。饲料纤维（干草和牧草）的大部分消化都发生在盲肠中。一般来说，盲肠的发酵效率要弱于瘤胃。因此，与反刍动物相比，马不太适合消化具有高粗纤维含量、低等级蛋白质、低水平淀粉和脂肪的粗草产品。

进入盲肠的饲料大部分是被盲肠中的微生物消化。与反刍动物类似，微生物的作用也会产生维生素、挥发性脂肪酸和氨基酸。盲肠中产生的挥发性脂肪酸，可为小型马提供大约 1/4 的能量。目前，还不清楚盲肠产生的维生素占马需求的比例。某些维生素的水平可能不足以满足高性能的马，需在日粮中额外添加。

有多少氨基酸吸收发生在盲肠还不清楚。小肠中没有利用和吸收的蛋白质及其降解产物，在盲肠被分解成氨。微生物利用氨生产氨基酸。但有研究表明，大肠区没有明显的氨基酸吸收现象。这表明马不能像反刍动物一样，利用微生物将低质量的蛋白质转化为优质蛋白质，进而吸收自身需要的必需氨基酸。因此，马在饲粮中需要添加优质蛋白质，来提供其必需的氨基酸。

盲肠的结构比较特殊，它的入口和出口都位于器官的顶部。这意味着饲料必须从顶部进入，混合在一起，然后在顶部排出。如果动物在没有充足水分的情况下，吃大量干饲料或者饮食发生快速变化时，这种结构会使盲肠出现问题。这两种情况都可能导致盲肠下端的压实，最终造成马的肠绞痛。根据马吃的饲料，其盲肠中会形成特定的微生物种群。因此，在更换饲料时要缓慢进行。盲肠的微生物群体可能需要长达 $2\sim3$ 周，才能适应新的饮食并恢复正常功能。

马驹的消化道较短，盲肠直到 $15\sim24$ 月龄才发育成熟。所以，小马驹不具有大量消化粗饲料的能力，最好使用高质量的干草或牧草。此外，它们还需要补充一些营养成分，以满足营养需求和充分生长发育。

马的结肠分为大结肠和小结肠。马的大结肠十分发达，起始于盲结口，长约 3 m。大结肠中仍然存在大量微生物，由盲肠进入的消化物质继续进行消化（发酵）。在此部分，通过微生物消化产生的大部分营养物质被吸收。大结肠肠壁上具有肠袋，类似于一系列小袋。这种结构有利于大量粗纤维的消化，但此结构可能成为导致绞痛的一大风险。

小结肠的长度与大结肠大致相同，但直径只有 10 cm 左右。消化物流入此处时，绝大多数营养素已被消化吸收，剩下的东西不能被马消化或使用。小结肠的主要功能是回收多余的水分并将其返回体内。这使马的粪便相对干燥，最终形成粪球。这些消化物最后被传递到直肠作为粪便排出肛门。马从进食到形成粪便排出体外需要 $36\sim72$ h。

第二节　营养物质的消化吸收与利用

一、消化方式

（一）采食、咀嚼和唾液

1. 采食　与反刍动物相比，为了完全地适应饲料的摄取和吞咽，马演化出了独特的唇、舌和齿。马的上唇有力、灵敏，其作用是将草料置于齿间，而奶牛通常采用舌头来行使这一功能；马具有上门齿和下门齿，能将牧草齐根切断，这也与牛不同，牛没有上门齿；此外，马舌可将食物转移至臼齿间磨碎，马唇可在喝水时当作导管。

马的采食量往往受到饲料的影响。对于矮马而言，若饲料是苜蓿干草，则每 100 kg 体重采食 3.9 kg 苜蓿干草；当饲料由 60% 苜蓿干草和 40% 精料颗粒组成时，每 100 kg 体重摄入量则增加到了 5.1 kg。在限制饲喂高质量饲料一段时间后，会增加马的采食量；在粗饲料中添加 35% 的短谷壳（<2 cm）时，会降低马的采食量，并使采食时间加倍。

2. 咀嚼　马对牙齿的依赖程度，远远高于家养的反刍动物——牛、山羊和绵羊。反刍动物可以依赖瘤胃中细菌活性来破坏纤维，而马没有瘤胃，因此对饲料的咀嚼强度更高。与牛和羊相比，马每分钟咀嚼长干草的次数相近，然而马摄入长干草的速率则比牛和羊快 3~4 倍。不过，马咀嚼一次干物质的摄入量却比羊的低，因此，马比羊每天所需的采食时间长。

马的咀嚼会受到饲料的影响。采食粗料时，马的咀嚼次数显著高于采食精料时的咀嚼次数：马咀嚼 1 kg 精料的次数是 800~1 200 次，而咀嚼 1 kg 长干草的次数需要 3 000~5 000 次；对于矮马而言，咀嚼 1 kg 精料的次数就高达 5 000~8 000 次，因而其咀嚼 1 kg 长干草所需要的次数则更多。

正常马有 2 副牙齿。第一副是非永久性的或暂时存在的乳齿；第二副是恒齿，在生长过程中，乳齿会逐渐被恒齿所替代。因为马的咀嚼强度非常高，其永久性门齿和臼齿会受到磨损，因此在马的一生中，永久性门齿和臼齿会一直生长。马的下臼齿位于下颌骨，排成 2 排，向后发散，下颌各列牙齿间的空隙少于上颌。这使得颌能做侧面或环行运动，更加有效地剪切饲料。

3. 唾液　马每天分泌的唾液量为 10~12 L，但其唾液似乎没有消化酶活性，其主要作用可充当有效的润滑剂，以防止饲料的梗塞。唾液的分泌会缓冲胃区的 pH，促进某些微生物发酵，产生乳酸盐。此外，唾液中含有碳酸氢盐，具有一定的缓冲能力。

（二）胃和小肠的消化

1. 胃的消化　成年马的胃是一个相对较小的器官，其容积约占胃肠道的 10%。尽管大多数消化物在胃中的停留时间相对较短，但很少出现胃排空的情况，多数消化物会在胃中停留 2~6 h。在采食不久后，新的食糜会进入胃，此时原先停留在胃中的消化物会进入十二指肠。一旦采食停止，消化物进入十二指肠的活动会明显停止。此外，当马饮水时，水会顺着胃壁的弯曲处通过，从而避免与消化物混合，以稀释消化液。

马的胃与其他的单胃动物有所不同，它有括约肌强度非常高的贲门和幽门。其中，贲门括约肌主要用以防止呕吐。因为马拥有较长的软腭，这导致了呕吐时食糜通常会涌出到鼻孔而不是口腔，因此，需要靠贲门括约肌降低呕吐的发生情况。所以，尽管马可能会感到作呕，但是极少会发生呕吐。马除了拥有强度较高的贲门括约肌和幽门括约肌外，约有一半的黏膜表面排列有鳞状上皮细胞，而非通常单胃动物拥有的腺状上皮细胞。

马的胃底主要分泌盐酸和胃蛋白酶。盐酸的分泌与食糜在胃中的含量成正比，当胃排空时，盐酸的分泌速率会逐渐减少。胃的幽门是主要分泌多肽激素（胃泌激素）的地方。目前的研究表明，胃泌激素的释放是饲料引起的胃壁膨胀触发的，而不是由饲料的视觉反应引起的。饲料的差异也会导致胃泌激素分泌的不同，在饲喂干草时，胃泌激素分泌更快。在胃中发生的发酵，往往发生在食管和胃底部，发酵主要产生乳酸。当消化物进入胃末端的幽门部时，由于盐酸的分泌使胃的 pH 降低，这也增强了胃蛋白酶的蛋白水解活性并阻止发酵。此外，由于胃的尺寸较小，且消化物滞留时间较短，因此，蛋白质在胃部的消化程度很低。

2. 小肠的消化　马的小肠相对较短，体重 450 kg 的马，其小肠长度为 21～25 m。消化物在小肠中的转运是非常快的，部分消化物在进食 45 min 内即可到达盲肠。许多消化物在小肠中以接近每分钟 30 cm 的速度通过。不过，尽管消化物在小肠中的转运速度非常快，但在此处有大量的物质被消化和吸收。

当食物进入胃时，会刺激胰液大量分泌，进入小肠。胰液的酶活性较低，但是提供了大量的液体和钠、钾、氯及碳酸盐，此外还有胰岛素。马缺少胆囊，但是受到胃中盐酸的刺激时，会使分泌的胆汁进入十二指肠。胆汁既是排泄物也是分泌物，作为碱性物质储存库，有助于使小肠中起分泌消化酶作用的反应维持在最佳状态。此外，胰液和胆汁中存在脂酶，对小肠中的脂肪消化发挥了重要的作用。

（三）大肠的消化

1. 大肠的收缩　与小肠一样，在大肠壁中存在着大量的纵向和环形肌纤维，这些肌纤维在大肠的收缩中起着重要的作用。首先，在大肠蠕动时，将消化物向末端的肛门方向移动；其次，这有利于消化物与消化液的充分混合；最后，还能使消化物与大肠壁的吸收表面充分接触。

马进食 3 h 后，多数消化物就到达了盲肠和腹结肠，之后会在大肠的各段进行消化和吸收。消化物在大肠中停留的时间，往往受物理形态的影响。有研究表明，18 月龄马给予干草和精料饲粮时，消化物的平均滞留时间分别为 42.7 h 和 33.8 h。此外，颗粒饲粮比干草在大肠中的通过率更快，而鲜草也比干草的通过率快。

马盲肠的收缩以 12～15 cm 为一个环，消化物在瘤胃中的通过率为每小时 2%～8%，而在马盲肠中的通过率则约为每小时 20%。结肠收缩运动很复杂，会突然发生收缩性运动。马结肠的收缩一般向离口端传递，但是也有一些收缩向进口段传递，而有一些收缩则不朝任何方向波及。因此，马存在无节律性的袋状揉捏运动和更强烈的有节律性推进和反推收缩。这些收缩具有将食糜组分混合的作用，且促进了发酵和吸收，也促进了残渣向直肠方向移动。

2. 微生物消化　饲料的微生物消化和马自身分泌物所产生的消化有 3 个明显的差异。①微生物能降解 β-1，4-连接的高分子纤维素，而马自身分泌物不能对其进行降解；②微生物在生长过程中能产生一些必需氨基酸；③微生物能生产水溶性 B 族维生素和维生素 K_2。

在马胃肠的不同部位，微生物的数量和种类往往会有一定的区别。在相对较小的胃底区，细菌通常有 $10^8 \sim 10^9$ 个/g；此处的微生物主要是乳杆菌、链球菌和韦荣球菌。在空肠和回肠中，主要是专性厌氧革兰氏阳性菌，其数量为 $10^8 \sim 10^9$ 个/g；在盲肠和结肠中，存在微生物区系主要是细菌，数量为 $0.5 \times 10^9 \sim 1.5 \times 10^9$ 个/g。

马大肠中的原生动物数量级约为 10^4 级，即每毫升内容物中有 $0.5 \times 10^5 \sim 1.5 \times 10^5$ 个。然而，原生动物的代谢作用相对较弱，因为代谢作用大致与表面积成正比。马大肠中的原生动物与瘤胃动物中的稍有不同，约有 72 种原生动物，主要是纤毛虫。

马大肠的微生物往往受到饲料的影响。饲料中谷物和干草的比率，不仅对微生物的数量有很大影响，也明显地影响了微生物的种类分布。也有研究认为，每天饲喂一次谷物料是不恰当的，一天饲喂多次高粗料饲料则更为安全。同时，与精料饲粮相比，粗料饲粮更有利于产生一个稳定的微生物区系。此外，饲料的变化会对微生物消化速率产生不良影响。适应谷物饲粮的马，在饲喂干草时，其盲肠细菌的消化效率明显低于适应干草的马；相似地，适应干草饲粮的马，在饲喂谷物时，其盲肠细菌的消化效率明显低于适应谷物的马。

与瘤胃动物相比，马大肠中的微生物消化有典型区别。在马的后肠中，淀粉含量较低，意味着发酵速率低。在消化干草时，马盲肠微生物的消化效率明显低于奶牛瘤胃微生物。饲喂含有超过 15% 纤维饲粮的马，其有机质和粗纤维消化率是反刍动物的 85% 和 70% ～80%。这是因为马的消化物通过速率较高，并且马大肠中分解纤维素的微生物区系品种与瘤胃中的有所差异。

二、营养吸收

(一) 糖类

马对于糖类的吸收主要在小肠。小肠液中消化糖类的酶主要是 α-淀粉酶（胰腺分泌）和 α-葡萄糖苷酶（肠黏膜分泌）。工作马主要采食的是含有较高淀粉的谷物，淀粉在 α-淀粉酶的作用下，水解为极限糊精，继而在 α-葡萄糖苷酶的作用下水解成葡萄糖。

相比其他哺乳动物而言，马胰液中的 α-淀粉酶含量相对较少，其含量为猪的 5% ～6%。因此，在马的饲料中添加细菌来源的淀粉酶，有助于提高马对玉米等高淀粉饲料的消化率。尽管马含有的 α-淀粉酶含量相对较少，但其拥有的 α-葡萄糖苷酶含量与其他哺乳动物的相当。蔗糖酶属于 α-葡萄糖苷酶，是一种二糖酶，能够消化蔗糖，其活性在小肠近端部位最强。在马的小肠中，另外一种主要的 α-葡萄糖苷酶就是麦芽糖酶，与其他动物相比，其活性非常高，且在小肠各段没有明显差异。小肠中存在的另一种二糖酶就是 β-葡萄糖苷酶，这是一种中性 β-半乳糖苷酶，在未成年马中的活性较高，最适 pH 为 6.0。尽管成年马的小肠中也存在部分 β-半乳糖苷酶，但其活性显著低于未成年马，因而成年马摄入含有较高乳糖成分的饲料时，会引起消化系统紊乱。

糖类在小肠段被分解成低聚糖，进而被水解成己糖，如 D-葡萄糖和 D-半乳糖。这些单糖通过一种高亲和力、低容量的 Na^+/葡萄糖 I 型共转运载体，通过小肠刷状缘膜，然后被肝门系统吸收。

(二) 蛋白质

尽管蛋白质可以在胃中进行一定的水解，但在马中，消化和吸收蛋白质的主要部位是小肠。小肠壁会分泌氨肽酶和羧肽酶，将蛋白质水解成二肽，进而被肠道黏膜细胞吸收。

进入大肠的氮量，也随蛋白消化率而变化。大量摄入消化率低的蛋白时，总体上将有更多的氮进入大肠，进而被降解为 NH_3。大肠中的微生物也有一定的蛋白水解活性，但作用较弱。研究表明，盲肠和结肠中每升内容物的蛋白水解率约为回肠的 2.5%。大肠中的微生物死亡和降解，虽然也能产生蛋白质和氨基酸，但是只有一小部分能被马直接利用。

与反刍动物不同，马对存在于饲粮蛋白质中的氮，以氨基酸形式吸收的比例较高；相应地，转化为微生物蛋白的比例较低。在劣质蛋白饲粮中添加赖氨酸和苏氨酸这两种主要的限制性必需氨基酸，对年幼马的生长而言，是十分必要的。

在马的胃肠道中，非蛋白氮往往以尿素的形式存在。据统计，从空肠进入盲肠的氮，有 25%～40% 为非蛋白氮。一匹 500 kg 的成年马，每天会有 6～12 g 尿素氮通过回盲口。尿素是一种高水溶性且相对无害的化合物，进入大肠的尿素，多数被细菌降解为氨。产生的氨，通常被细菌用来进行蛋白质合成。

（三）脂肪

马的体脂组成受到饲粮组成所影响，这表明脂肪在被大肠细菌利用前，就被小肠消化吸收。小肠是饲粮脂肪和长链脂肪酸的主要吸收位点。进入小肠的胆汁可以促进脂肪酸乳化，有助于脂肪的消化吸收。乳化作用会增加油-水表面，致使脂酶更容易将中性脂肪酸水解为脂肪酸和甘油。对于马而言，较易吸收的甘油为中链三酰甘油。中链三酰甘油可以通过门静脉转运系统进入肝脏，被代谢为酮类。

许多细菌有降解饲粮蛋白质的能力，在此过程中产生了另一些挥发性脂肪酸混合物。挥发性脂肪酸以非离子形式吸收，当某一特定挥发性脂肪酸的 pH 接近 pK 时，吸收的量最大。该过程中所需的 H^+ 来自黏膜细胞，用于交换 Na^+，此时 HCO_3^- 则进入肠腔中，用于交换 Cl^-。因此，挥发性脂肪酸的吸收伴随着 NaCl 的净吸收。

（四）液体和电解质吸收

马对水分的吸收，最多的是发生在盲肠，其次是副结肠。为了节约水分及形成粪球，马也会从小结肠内容物中吸收液体。小肠食糜的水分含量为 87%～93%，但健康马粪中只含有 58%～62% 的水。对于马而言，水分吸收往往受到钠吸收的影响。例如，当一次性摄入大量食物时，会引起血液体积减小，进而导致肾素-血管紧张素和醛固酮释放。血液醛固酮水平增加，会引起 Na^+ 和水吸收的增加。

从回肠进入大肠 96% 的钠和 75% 的可溶性钾和磷会被吸收，进入血液。小肠能有效地吸收可溶性磷酸盐、钙和镁，大肠则只能吸收可溶性磷酸盐。这一现象说明了为什么饲粮中过多的钙不能抑制磷的吸收，但是过多的磷却会抑制钙的吸收。

第三节　马的营养需求

一、水的营养需要

水对于维持体液平衡、消化功能及胃肠道健康至关重要。马对于水分缺乏的耐受时间相对要长，尤其在缺乏饲料的情况下。然而，完全缺水比饲粮缺乏更易导致马死亡。因此，对于马每天饮用水的量及质量评价十分重要。

马体液中的水分为几个部分：胞外水（即血浆、间质、细胞外液及淋巴液）和胞内水。成年马中水占总体重的 62%～68%，随着马年龄的增长，水的占比逐渐下降。马驹随着周龄的增长（1～8 周龄），水所占比重随之从 70.6％下降到 66.2％，同时伴随着体脂的增加。马日常水分的损失，主要有粪便、尿液、呼吸及皮肤汗液蒸发 4 个途径。泌乳母马还包括通过乳汁导致的水分流失，这些因素均会导致马对于水分这一特殊营养素的需求增加。正常情况下，马对于水的维持需要每 100 kg 为 5 L；对于正常没有劳作的马，自由采食紫花苜蓿其对于水的营养需要稍微提高，每 100 kg 为 5.1～5.6 L。相同情况下，妊娠母马对水的需求量会相应增加 16％～20％；对于标准竞赛用马，其需求量会相应增加 21％～25％。

总体来看，马对于水的需求量需要考虑体重、年龄、日粮、运动强度、生理阶段、环境温度及胃肠道健康等因素。因此根据实际情况，直接测量水的需要量是最简单有效的方法。

水质的要求：马一般不饮用纯净水，而应用地下水或地表水，因此水质的保障尤为重要。衡量水质的物理标准，包括浑浊度、总溶解固体、气味、颜色及温度。伴随着下雨天气液体浑浊度会明显增加，需过滤沉降后使用。气味会影响水的适口性，典型的异味由硫化、丹宁、粪便、腐烂及微生物引起。运输的马对于粪便污染的水饮用量明显减少，水的颜色会引起人们对马品质的偏见，土壤微粒、单宁、铁固定细菌均会引起水颜色的变化。温度不仅影响水的适口性，而且会影响其中细菌及藻类的生长。在比较凉爽的环境温度下，马对温水的饮用量会比凉水增加 34％～41％。但如果环境温度比较温暖，马对于两种水的饮用量并无差异。

二、蛋白质及氨基酸的营养需要

蛋白质是体内仅次于水分的体组织重要成分，其参与了酶、激素、抗体等的合成。不同蛋白中各种氨基酸的含量不同，因此，马真正需要为氨基酸的需要量评价。假定的马必需氨基酸有 10 种：精氨酸、组氨酸、异亮氨酸、亮氨酸、赖氨酸、蛋氨酸、苯丙氨酸、苏氨酸、色氨酸及缬氨酸。上述氨基酸的合成量并不能满足自身的需要，必须额外添加，而且其中一种氨基酸的供应不足会限制相关蛋白质的合成。

氮或粗蛋白的消化性与摄入的干物质及粗蛋白浓度相关。当干物质摄入或粗蛋白浓度增加，粗蛋白的消化率就会提高。如果饲喂饲草中的苜蓿类，则粗蛋白的表观总消化率为 73％～83％；如果是狗牙根草，则消化率为 57％～64％；对于雀麦草一类，消化率则为 67％～74％。前肠消化的蛋白对于氨基酸库具有较大贡献，而后肠段则几乎没有什么作用。因此，在马前肠段消化的蛋白质量比在盲肠和结肠中的要高许多。

总消化率及盲肠前消化性与饲料中蛋白来源和蛋白浓度密切相关。考虑饲料中的氨基酸特性及盲肠前部位对饲料的消化性十分重要，尤其是饲喂给生长马或赛马阶段的对象。一些因素会影响马对氨基酸的消化，包括消化位点、饲料原料变异、蛋白生物值、蛋白摄入量及消耗量，以及在消化道的运输时间。除了需要强调评价生长马中氨基酸的含量与有效性外，有研究表明，以少量多次的方式添加氨基酸，比每天两次添加效果更佳。对于生长马和有特殊用途的马，评价饲料中氨基酸的含量及有效性十分重要。更多的研究需要更加精确的评价饲料配方，以及饲养计划对不同个体间的影响。

三、脂类的营养需要

脂肪和油脂类物质作为提高能量供给马的重要营养物质，可用于替代可水解的和迅速发酵的糖类。此外，脂肪酸还具有其他功效，如改善能量利用效率、增强体况、减弱兴奋性以及作为代谢性适应在运动过程中增强脂肪酸氧化功能。在对马的饲喂过程中，动物源和植物源脂肪均可作为饲喂原料，但植物源油脂因为其更优越的适口性而饲喂的更加普遍。

马日常饮食中的脂肪酸或油脂，有利于促进脂溶性维生素 A、维生素 D、维生素 E、维生素 K 的吸收，同时作为油酸和 α-亚麻油酸的原料来源。目前，还没有关于必需脂肪酸缺乏对马影响的报道。有研究在对小马的一项试验表明，饲喂脂肪含量极低的日粮长达7 个月，并没有表现出临床异常。然而，由于油脂含量过低，进而会影响到维生素 E 的吸收，所以血清和组织中维生素 E 的含量呈现低水平。

饲喂高热能值的脂肪过剩型日粮，会导致血清中胰岛素浓度提高 25 倍。不难看出，在小马中饲喂油脂含量过剩的日粮，会导致葡萄糖不耐受和胰岛素抵抗，由于胰岛素抵抗会导致小马蹄叶炎的发生，因此在小马油脂饲料的配比中，应该尤其注意不要超过其需要量。目前来看，大多数对于脂肪添加效果的评价试验只有少于 3 个月的周期，持续期较短。但同时有学者也开展过 7 个月日粮中油脂过剩的评价试验，结果表明，没有明显的副作用发生。同样有学者通过超量添加植物源饱和或不饱和油脂长达 6 个月，同样没有发现有副作用发生。在针对温血马的试验中，饲喂过量的氢化豆油长达 168 d 和 390 d，并没有发现对血液生化指标产生明显的毒理效果。

四、糖类的营养需要

糖类是马主要的能量饲料来源，主要源于饲料、谷物、谷物副产物。根据其聚合程度，可将糖类分类为单体、二聚体、低聚糖或多糖。具有重要营养作用的单糖，有葡萄糖、果糖、半乳糖、甘露糖及木糖，单糖在植物饲料中浓度很低，但它们是寡糖和多糖的重要组成。饲料中寡糖主要有棉籽糖、水苏糖、果寡糖。多糖是马饲料中最大且最复杂的糖类分类，其中，最为常见的为淀粉及纤维素，果胶与半纤维素同样属于多糖。马消化吸收糖类最终以单糖的形式主要在小肠吸收，产生的能量远比微生物消化糖类产生的多。马体内能分泌水解 α-1-6 及 α-1-4 连接的淀粉与麦芽糖，但是不能合成水解 β-1-4 连接的纤维素酶，或者半纤维素中复杂的连接。因此，马肠道中纤维素和半纤维素的消化，必须在微生物发酵参与下完成。

关于在运动前或期间提供额外的糖类对赛马的影响得到了大量关注。在运动前几小时饲喂谷物饲料，会直接导致血清葡萄糖水平提高，血清胰岛素水平增加，同时下调血清游离脂肪酸浓度。然而，在运动后的几十分钟内，血清葡萄糖浓度会迅速降低，该现象可能是由于运动的肌肉对葡萄糖的吸收增强。在运动前 2～3 h 提供谷物饲料，会导致运动过程中血清中糖类浓度提高及脂质氧化水平降低。此外，在运动前几小时提供谷物饲料，不会减少肌糖原的利用程度。对于运动前谷物饲喂反应，会受到喂餐次数及是否饲喂粗粮的影响。此外，运动前的饲喂效果可被减弱，如进行长时间的运动或马再三的重复运动。在马运动的 90 min 内静脉灌注葡萄糖，会增加总糖类的氧化，减少内源葡萄糖生产，且不会改变糖原的利用。同时，静脉灌注葡萄糖会延长马疲劳的时间。总而言之，给予马额外的葡萄糖可改善其表现能力，在长时间运动的马中间歇性的喂料，并不会重现葡萄糖静脉灌注的效果。糖类在马体内的储藏是有限制的，然而脂肪可以大量储藏。因此，如何增强脂肪的动员从而减少糖原的动用，被认为是最理想的方案。

五、能量体系

理论上的能量系统发展为不同功能分区，被用于定量分析动物对能量的利用及饲料中能量的含量。饲料中化学能根据能量的流向，可分为储存在组织中的能量和流失的能量，如尿能和粪能。动物对能量的需要，以及饲料中能量的含量统一用焦（J）表示，按照能量体系的划分，依次可分为总能、消化能、代谢能和净能。

1. 总能　饲料在弹式热量仪中充分燃烧后所产生的热量。因此，饲料的化学组成会影响总能值，如每单位脂肪燃烧所产生的总能要高于蛋白质或糖类，由于矿物质无法充分燃烧，饲料中如果含有较多的矿物质，其总能含量会很低。从上述定义可以看出，总能对于衡量动物的营养需要其实并没有多少实际意义。

2. 消化能　又分为表观消化能和真消化能，表观消化能是总能扣除粪便中能量的部分，这其中由于胃肠道细胞本身的脱落及消化系统分泌所产生的这部分能量属于内源能量损失，因此，扣除该部分的能量称为真消化能。在马的研究上面大多采用表观消化能而非真消化能，测定马对某种饲料的消化能，最佳的方法是开展饲养试验。然而，可供试验研究的马与其他类动物（如猪、鸡）相比，数量有限。在 1989 年以前，都是从猪等其他动物上估算其对该饲料的消化能（NRC，1978）。该估算值存在较大的误差，这与不同动物的消化道结构及其消化生理密切相关。

3. 代谢能和净能　在净能的基础上减去尿能及气体能损失所得来。当马饲喂颗粒型饲料时，大概 87% 的消化能会转化代谢能，也就是说，其通过尿能和气体能的损失很少。如果饲料中粗纤维含量较高，那么大部分的饲料会在大肠内被微生物消化，从而气体能损失更高。代谢能系统是净能系统的出发点，其除去热增耗后就是净能值，依据净能所发挥的用途不同，如泌乳、生长、妊娠等。从理论上讲，净能系统是最为精确衡量饲料饲喂效果的评价体系，然而其测量的难度和成本都过高。马净能系统的测定研究始于 20 世纪 80 年代的法国，Kronfeld 等建议，主要在赛马方面开展净能体系测定的尝试。Harris 指出，代谢能系统和净能体系具有一些共同特点，他们依据马运动中不同的能量原料供给，做出不同的代谢能转化效率的推断，针对马建立了净能评价系统。在这套针对马的净能系统中，估算葡萄糖的代谢能转化为净能的效率为 85%，长链脂肪酸是 80%，氨基酸是 70%，挥发性脂肪酸是 63%～68%。该套系统同时考虑到了马在饮食过程中的能量耗费，对很多常见的马饲料原料都给出了净能值，但其并未基于它们在行使不同生理功能过程中的效率所指派不同值。

评估赛马是否能量过剩或能量缺乏最为简单直接的方式是检测其体重损失或增加，也即体况评分。由 Henneke 等建立的马体况评分系统被沿用至今，该系统评分依据主要是马身体各个部位的脂肪覆盖情况，评分为 1～9 分，其中 1 分表示极度瘦的体况，而 9 分表示偏胖体况，其中 5 分被认为是最佳的体况状态。对于演出用途的马，较低的体况评分更为适合；对于需要竞赛的马，其体况评分最佳值为 3～5.5 分为宜，在其他学者的报道中，竞赛用马体况评分以 4～5 分最为常见，而低于 3 分的马不能用于参与竞赛。另有学者的研究统计了竞赛用马的平均体况评分为 4.67 左右。一些研究表明对于种母马而言，偏高的体况评分对其并无优势可言，而且，偏胖的马会导致其机体代谢和内分泌调节出现紊乱，尽管因此出现的对马身体健康造成特别危害状况的报道尚未有，总体来看，针对马的不同用途、不同生理阶段，其体况评分各有要求。在对赛马进行体况评分后，如果其评分值超出理想的范围，管理者应该采取措施，通过调整能量供给方案，去控制赛马体重。

六、矿物质的营养需要

虽然矿物质仅作为马日粮中占比很小的一部分营养元素，其在维持马健康的过程中扮演了重要角色。矿物质与机体众多功能密切相关，如酸碱平衡、酶的辅因子、组织结构组成等。饲料中矿物质可能的变异应该考虑其中，从而能更客观准确地评价马对于各种矿物元素的需要量。尤其需要注意的是，矿物质元素还具有在常规环境中不能创造或降解的特点。依据动物对不同矿物元素的需要量级别不同，将矿物元素分为常量矿物元素和微量矿物元素。下面将介绍赛马最为需要的矿物元素情况。

1. 钙　马体内大约99％的钙元素均源于骨头和牙齿，其中，马的骨头中钙含量可达35％。除此之外，钙还与肌肉收缩、细胞膜功能、血液凝结等功能相关。马的骨骼不仅是机体结构的组成部分，而且是钙储存和动员的部位。无机钙的形式主要有碳酸钙、硫酸钙和氧化钙3种形式，作为钙-氨基酸的蛋白复合物，其与碳酸钙在吸收率方面并没有明显的不同，自由选择饲喂钙的方式，并非是确保其被机体充分吸收的方式。钙应该与谷物或其他适口性好的日粮搭配饲喂，方能取得不错效果。对于马而言，钙的平均吸收效率为50％，然而在青年期其吸收效率可达到70％，随着年龄成熟而日趋下降。总的来看，由于钙的吸收受诸多因素的影响，因此很难针对特定的马制订专一的吸收率。

2. 磷　骨骼组成的主要部分，占14％～17％的比例。除此之外，其还参与了能量转移的反应，如二磷酸腺苷和三磷酸腺苷之间的转化，同时，其还参与磷脂、核酸和脂蛋白的合成。日粮中钙的含量过高，会阻碍磷的吸收。

3. 镁　在马体内大约占了机体质量的0.05％。骨骼中大约含有60％的镁，肌肉中大概有30％的镁。在血液中，镁同样是重要的离子，因为其可以作为辅酶因子激活许多酶，而且参与到了肌肉的收缩过程中。此外，当日粮中每日钙含量在每千克体重0.148～0.535 g这一区间时，对镁的表观消化率无明显影响。钾元素浓度过高，会降低镁的表观消化率。然而日粮中高浓度的铝和盐含量，并不会改变马对镁的吸收。

4. 钾　作为细胞内主要的离子，钾元素与维持酸碱平衡和渗透压密切相关，而且其与神经肌肉的兴奋性密切相关。体内大部分的钾集中于骨骼肌，大约有1.5％的钾存在于细胞外液中。以干物质计算，牧草和油料作物中大概含有1％～2％的钾，谷物含有0.3％～0.4％的钾。有研究表明，马对于钾的摄入量一般情况下均超过其需要量，一般钾的供应主要以氯化钾和碳酸钾的形式添加。马的肾脏可有效排除多余的钾，但是在钾供应不足时，马对于储存钾的能力不足。总体而言，马的机体始终尝试维持日常电解质摄入和排泄的平衡，尽管通过调节肾脏是其调控平衡的主要方式。在赛马运动过程中，电解质需要进行重新分配，此时胃肠道可以作为临时的储备库，但是其储备能力基于日粮以及饲喂和运动之间的时间间隔。如果希望饲喂的日粮中含有较低浓度的钾，那么牧草原料就需要注意在种植时少施钾肥。

5. 钠　钠元素对维持中枢神经系统的正常至关重要。不仅参与兴奋组织动作电位的产生，而且可携带葡萄糖参与跨膜运输。此外，钠作为细胞外液重要的阳离子和电解质，还参与到维持酸碱平衡与体液渗透压调节。

七、维生素的营养需要

维生素在饲料中主要以脂溶性和水溶性两种形式存在。而且含量很少，但其对维持马机体正常代谢、以及避免出现缺陷性疾病具有重要意义。马的维生素需要量主要通过一些参考因素进行预估，如预防特定的缺陷症、组织储存的最大化以及各种生物学功能的最优化。

1. 维生素 A 主要功能是防止夜盲症。此外，维生素 A 还可通过调节核视黄酸受体从而调控基因表达，而且在马的繁殖与胚胎发生的过程中扮演者重要角色，其在对于维持马机体抵御感染的先天与后天免疫反应中同样十分重要。维生素 A 是维生素物质的亚类，在马所饲喂的牧草、谷物饲粮中，维生素并不能天然形成，但其可通过维生素 A 的前体——类胡萝卜素形成，其通常是以视黄酯的形式添加。目前，关于马在各个不同生理阶段维生素 A 的需要量并没有系统的研究。因此，还需要开展具体的试验研究各个不同生理阶段的马对维生素 A 的需要量。

2. 维生素 D 在马的钙稳态过程中扮演重要角色。其靶器官主要为肠道、肾脏及骨骼，它可促进钙在肠道的吸收以及在肾脏的重吸收，同时可影响骨骼中钙和磷的动员和沉积。此外，维生素 D 还与细胞生长和分化相关。植物源和动物源饲料中均含有维生素 D，然而在马的饲粮中维生素 D 的含量相对偏低，在晒干牧草中会发现一些维生素 D，尤其是紫花苜蓿中。此外，维生素 D 的另一重要合成途径是，通过皮肤中的 7-脱氢胆固醇在太阳光紫外线照射的条件下转化而来，其中，维生素 D_3 是给马提供的常见形式。正常情况下，适当地暴露于阳光下，马的日粮中维生素 D 不需要额外添加，但如果暴露在阳光下的时间有限，如在室内训练的情况较多，或者其处于快速生长发育期，则大概需要添加 300 IU 维生素 D/100 磅（1 磅＝454 g）单位体重。

3. 维生素 E 功能是其抗氧化活性。由于其脂溶性特点，使得其可与细胞膜融合，从而保护不饱和脂质及其他易氧化的膜成分免受氧化损伤。在马所饲喂的典型饲料中，维生素 E 的浓度差异很大，如新鲜的草料以及采收于不成熟阶段的牧草，含有较高浓度的维生素 E（每千克干物质 30～100 IU）；然而谷物相对而言，含有较低浓度的维生素 E（每千克干物质 20～30 IU）。自然形成的维生素 E 含量，会随着储藏时间的提高而相应降低。如在 33 ℃储存苜蓿 12 周后，其中，维生素 E 含量会损失 54％～73％。因此，维生素 E 的摄入量与饲料组成及储存时间有密切关系。

4. 维生素 B_1 又称硫胺素。与糖类代谢相关的丙酮酸脱氢酶、α-酮戊二酸脱氢酶和转酮酶密切相关。其在谷物饲料及其副产物中含量相对较高，尤其在酿酒酵母中的含量最高，硫胺素通常以盐酸盐或硝酸盐的形式添加。维生素 B_2 又称核黄素，是黄素腺嘌呤二核苷酸和黄素单核苷酸两种辅酶的前体，在 ATP 合成、药物代谢、脂质代谢和抗氧化防御机制的过程中，有该营养素的参与。

5. 维生素 C 主要作用是作为抗氧化，以及参与合成胶原蛋白、卡尼汀和去甲肾上腺素的辅因子。维生素 C 的活性形式，主要为抗坏血酸和去氢抗坏血酸两种，且这两种形式在生物学活性上是接近的。目前，马饲料中的维生素 C 浓度很难获得准确的数值。此外，马可以通过葡萄糖合成维生素 C。

PART 07

第七章　马的饲养管理

第一节　马的饲料及配制

一、饲料的种类

饲料的种类繁多，各类的养分组成和营养价值也十分不同。因此，对饲料进行分类，是了解各种饲料的特点，以便合理利用的最适合方法。迄今被多数学者认同的分类方法，是来自美国学者 Harris（1956）的饲料分类法，即称为国际饲料分类法。Harris 根据各种饲料的营养特性，将其分为粗饲料、青绿饲料、青贮饲料、能量饲料、蛋白质饲料、矿物质饲料和维生素饲料、饲料添加剂。

1. 粗饲料　粗饲料是指自然状态下，水分含量低于 60%、饲喂干物质中粗纤维含量高于 18%、能量价值低的一类饲料，包括干草类、农副产品类（壳、荚、秸、秧、藤）、树叶、糟渣类等。

（1）干草　植物在生长的季节，青草是马最好的饲草；但是在植物非生长的季节，牧草变为枯草，营养价值下降 60%～70%。因此，及时调制优质干草、供草食动物冬春季利用显得极为重要。调制最好的干草呈绿色并且多叶、无霉菌增生、不存在过度氧化变质情况。豆科饲草（红三叶、白三叶、苜蓿等）和禾本科草（黑燕麦、羊茅、鸭茅等）的叶比茎营养更丰富，因为叶含有地上部分大约 2/3 的能量和约一半蛋白质以及其他营养物质。健康马采食较多的豆科干草后，排出的尿液具有较强烈的氨味。为了防止马有过大的"草腹"，参与竞技的马干草量与其他马相比较少。

（2）秸秆　秸秆是成熟农作物茎叶部分的总称。通常意义上的秸秆，不仅包括茎叶部分（玉米秸秆、麦类秸秆、水稻秸秆、棉花和豆类秸秆等），还包括在农作物加工过程中一些副产品，如籽实颖壳、荚皮、外皮、秧、藤、沼渣等农副产品。但是秸秆类粗饲料由于其纤维含量较高，且容积较大，其他营养成分含量均较低；同时，从谷物脱下的壳不能单独用于喂马，主要是由于壳的边缘较尖锐，会引发马肠胃不适。因此，粗饲料需要经过一些简单的物理加工、化学性处理或者微生物技术手段的预先发酵，提高粗饲料的适口性和营养特性，改善饲用价值。

2. 青绿饲料　作为草食家畜的主要饲料之一，具有水分和蛋白质含量高、粗纤维含量低、钙磷比例适宜，以及维生素含量丰富的营养特性。目前，主要以天然牧草和栽培牧草为主，菜叶、蔓秧和蔬菜类，以及非淀粉质根茎瓜类也占有较大的比例。对马而言，未发生霉变的胡萝卜非常适口且不含不良的化学成分。还未经过适宜训练的马采食胡萝卜应该切片，否则容易因为马的不适应而狼吞虎咽，造成窒息。胡萝卜富含胡萝卜素，且

85%以β-异构体存在，部分在马体内可以转化为维生素 A。多项研究表明，β-胡萝卜素能提高母马的繁殖能力（Ahlswede and Konermann，1980；Ferraro and Cote，1984；Van 等，1984）。

3. 青贮饲料 饲料青贮是调剂青绿饲料不足或者充分利用过剩的粗饲料，合理调制的一种高效方法。简单来说，就是通过青贮原料中可溶性糖经复杂微生物活动发酵而变成乳酸的过程。最优质的青贮饲料能用于饲喂大多数马，应该避免饲喂极酸的青贮料。如果饲喂不当，即摄入高度易发酵物质远高于粗饲料，可能会引发肠道过度发酵并发生疝痛。

4. 能量饲料 谷实类饲料是动物最主要的能量饲料，它是指禾本科作物的籽实。以干物质计，能量饲料富含无氮浸出物达 70%以上，粗纤维含量低于 18%，粗蛋白含量不及 10%。玉米在谷物中产量最多，作为一种能量饲料可以以任何形式饲喂，马都会采食。但是由于玉米整粒非常硬，饲喂齿况良好的马也应该先进行破裂。大麦相对较小但也较硬，需要轻度碾压。燕麦比较轻而且蓬松，对于年幼马或者牙齿不佳的年老马也需要预先碾压。高粱无壳且较小，生长在干热地区，一些用作饲料品种，颜色分为白色和深棕色。前者被广泛用作马饲料，而深色的品种因含大量单宁，不宜饲喂马，会引起疝痛。另外，油脂作为能量饲料在动物饲粮中的应用也越来越普遍，在马饲料中添加食用脂肪和油日益受到重视。油和脂肪是人类食物生产或者工业加工过程中形成的副产物，但是它们的质量变化极大，需要确定每批次的脂肪酸组成。高优质脂肪在圈养马的营养学中发挥重要作用，能够减少食糜在胃中的流通速率（Pagan 等，1999）。

5. 蛋白质饲料 指干物质中含粗蛋白质大于或者等于 20%、含粗纤维小于 18%的饲料。根据来源不同，可以分为植物性蛋白质饲料、动物性蛋白质饲料、单细胞蛋白质饲料和非蛋白氮饲料四类。大豆、豌豆及其大豆饼粕、菜籽饼粕等饼粕类，均属于植物性蛋白质饲料。生大豆中含有较多的抗营养因子，直接饲喂价值低，且动物会下痢和生长抑制，因此，实际生产中不能直接使用生大豆。通过正确的焙炒或者爆破，可以破坏生大豆中含有的致敏、致甲状腺肿和抗凝血的因子，但是不降低蛋白质量。在马的饲养中，可靠的豆粕加工产品，可以作为唯一的蛋白质添加剂。四季豆也常被马拒食，如果饲喂生四季豆，会引发马疝痛。这些豆类在饲喂前必须经过蒸煮，去除含有的抗蛋白酶和凝集素等毒素，且许多菜豆属豆类中还含有生氰糖苷，会引起腹泻。

此外，动物性蛋白质饲料主要包括水产、畜禽加工及乳品业加工的副产品。仅有两种高质量的动物蛋白源适用于马饲料，即鱼粉和乳蛋白产品。鱼粉的主要营养特点是蛋白质含量高，达到 60%以上，氨基酸组成平衡，钙磷比适宜，富含矿物质、微量元素、脂溶性维生素和维生素 B_{12}。因此，饲料中添加鱼粉，可以满足断奶驹对饲料维生素的需要。单细胞蛋白质是单细胞或具有简单构造多细胞生物的菌体蛋白的统称。酵母菌类在单细胞蛋白质饲料中利用得最多。

6. 矿物质饲料和维生素饲料 矿物质饲料是指可饲用的天然矿物质、化工合成的无机盐类、石粉、贝壳粉、磷酸氢钙、膨润土以及饲用微量元素无机化合物等；维生素饲料是指除富含维生素的天然青绿饲料外，由工业合成或者提取的单一或复合维生素。矿物质和维生素饲料含有的物质，严格来说不是营养物质，但有重要的生理价值。必要时，应该多关注那些与竞技规则不相抵触的矿物质和维生素类物质。

7. 饲料添加剂　一类掺入饲料中的少量或微量物质。其有利于营养物质的消化吸收，能够改善饲料品质，促进动物的生长和繁殖。根据营养特性，分为营养性添加剂和非营养性添加剂。营养性添加剂包括微量元素添加剂、维生素添加剂、氨基酸添加剂及非蛋白氮添加剂。

二、饲料添加剂及禁用物

抗氧化剂、防霉剂和香味剂，均属于非营养性饲料添加剂。为了缓解贮存期间饲料氧化的速率，天然或者合成的抗氧化剂添加到动物饲料中。以化学物作为防腐剂加入饲料，用于维持饲料效价且抑制生物固定增殖和生长。抗氧化剂和防霉剂均属于饲料保藏剂类。生长促进剂也属于非营养性添加剂，主要包括抗生素、合成抗菌剂、益生素、激素和类激素。

在竞技赛马中，禁用物是指大部分欧盟法规中不允许用于家畜饲料的药物，且在尿、血、唾液或汗中如果检测出其中任意一种或其已知代谢物，赛马的参赛资格将被取消。除了可以直接用于马的药物外，上述体液中不能检查出任何用于反刍动物的抗生素、生长促进剂或其他药物含量残留。一些饲料原料如燕麦、豆粕、麸皮等一旦受到作用于心血管系统的药物、抗生素和一或两种合成代谢物的污染，且错误地饲喂给马时，也会被检测出禁用物残留。实际生产中，主要关注的物质是黄嘌呤生物碱——可可碱和咖啡因，及其代谢物茶碱。茶、咖啡、咖啡副产物、可乐果、可可豆及其壳中均含有咖啡因。误食咖啡因后，约 60% 的咖啡因以代谢物的形式由尿液中排出，也包括茶碱和可可碱；只有约 1% 的马在尿中不产生变化，但也需要大约 3 d 才能全部分泌完。

三、各种营养成分对马的作用

饲料含有的营养成分包括水、糖类、蛋白质、维生素和矿物质等，均可为马匹维持生长需要提供必要的营养。水作为动物体内重要的营养物质之一，对于维持机体正常活动、新陈代谢、调节体温、保持细胞的功能和形态、参加体内生化变化、运输营养物质等均发挥重要作用。马匹耐干渴的能力远不如耐饥饿，失去身体水分的 12%～15% 则临近死亡，但耗尽全部体脂和体内蛋白质的 1/2 仍能存活。所以，任何时候都要保证马匹充足的饮水供给。繁殖母马和种公马每天可饮用 30～45 L 水，马驹和矮马可饮用 22～30 L 水。如果运动量大，水的需求量则能达到正常水平的 2～3 倍。而且，马的采食量正相关于饮水量。如果水量摄取受到限制，干物质的采食量也相应减少。马的饮用水质量标准，对砷、汞、镉、镍、铬、氟、锌、铅及硝酸态氮等 13 种微量元素安全上限含量有明确的规定（表 7-1）。

表 7-1　马的饮水质量标准

矿物质	安全上限含量（mg/L）	矿物质	安全上限含量（mg/L）
砷	0.2	汞	0.01
镉	0.05	镍	1.0
铬	1.0	硝酸态氮	100.0

（续）

矿物质	安全上限含量（mg/L）	矿物质	安全上限含量（mg/L）
钴	1.0	亚硝酸氮	10.0
铜	0.5	钒	0.1
氟	2.0	锌	25.0
铅	0.1		

注：引自 NRC（1989）。

　　在饲料营养中，糖类含量最多，主要是供给马匹能量。糖类中主要包括粗纤维、淀粉和糖类，淀粉和糖类是马匹的重要能源。此外，饲料中的脂肪和蛋白经消化吸收均能转变为能量。能量是马匹运动的能源，能量不足，会造成马匹体况不佳、体重下降、母马发情延迟、幼年马生长不良等；但是，能量过多，往往也容易出现肥胖、增加发生应激的概率、易患跛行、降低繁殖率等。能量需要包括维持需要、妊娠需要、泌乳需要、生长需要等几个不同生产阶段。马的能量需要随着体重、年龄、生产时期及所处环境的不同而变化，且差别很大（图 7-1）。NRC（2007）建议，500 kg 成年马低度活动状态下的维持能量需要为 59.15 MJ/d，而严酷训练条件下的能量需要为 144.17 MJ/d。饲草中有许多粗纤维，虽然不易被消化，但在马的消化道中起填充作用，可使马有饱腹感、耐饥饿。它还可以机械地刺激胃肠，促进胃肠蠕动，增加消化液分泌，有利于食物的消化和粪便的排泄。

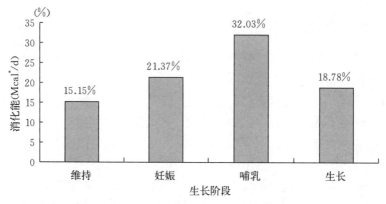

图 7-1　马不同生长阶段的消化能

注：引自 NRC（2007）整理：维持为低度活动；妊娠为怀孕第 11 个月；哺乳为产后第 1 个月；生长为 1 年幼驹（预期成年体重为 500 kg）。* cal 为非法定计量单位，1cal＝4.18J。

　　蛋白质是一切生命现象的物质基础，也是马营养需要的重要指标，它对马匹的健康是其他营养物质不可替代的。蛋白质是运动用马饲料中需要量较大的营养，运动用马由于机能代谢旺盛，蛋白质周转快，消耗也大，故需要量也多。成年马无论休息还是轻、中、重度运动（竞赛），日粮中可消化蛋白质含量以 8.5%、不超过 10% 为宜。如果给予过量的蛋白质，会导致马匹出汗增多，运动后容易脱水，长期蛋白质过量会加重公马肝脏损伤

（周健 等，2013），蛋白质过剩的特殊标志是汗液黏稠多泡沫。大豆粉是马最常用的蛋白质饲料，亚麻仁粉、棉籽、脱脂奶粉都可以作为蛋白质添加剂。

维生素既不作为机体能量来源，也不构成组织成分，但仍是必不可少维持生命活动的微量物质。它普遍存在于各种植物中，尤其青绿饲料。优质的青干草中维生素含量比较丰富，可保存 1 年；但保存 2～3 年的干草由于风吹日晒、保存不当，维生素含量很少。因此，在马匹粗饲料的日粮中补加维生素是必需的，尤其以干草为粗饲料时。因此，适当喂些青绿饲料，能够增加马匹的营养摄入。维生素的种类包括维生素 A、维生素 C、维生素 D、维生素 E、维生素 K 和 B 族维生素等，各有其特殊作用。例如，维生素 D 促进机体对钙和磷的吸收；缺乏时，幼驹骨骼发育不良，容易患佝偻病；成年马则会导致骨营养不良等。NRC（2007）对给予浓度做了微调，添加的维生素种类没有变化。表 7-2 给出了 NRC（1989）5 种维生素的日粮标准，在实践中可以一并参考。马的盲肠不能合成维生素 A 和维生素 D，而维生素 K 和 B 族维生素合成也有限，这些维生素易缺乏，应注意补充。

表 7-2　普通马和小型马的维生素需要量（以 100％ 干物质为基础）

项目	全价日粮中的适当浓度				
	维持状态	妊娠和泌乳马	生长马	使役马	最大忍受
维生素 A（IU/kg）	2 000	3 000	2 000	2 000	16 000
维生素 D（IU/kg）*	300	600	800	300	2 200
维生素 E（IU/kg）	50	80	80	80	1 000
硫胺素（mg/kg）	3	3	3	5	3 000
核黄素（mg/kg）	2	2	2	2	2

注：引自 NRC（1989）；*表示此建议量是当马未在阳光下活动或用 280～315 nm 放射波谱提供人工光的时候适用。

矿物质对马有多种用途。通常，自由舔食微量矿化的盐砖，不仅可以补给钠和氯离子，还可满足其他微量元素的需要。钙和磷约占马体矿物质的 70％，比其他矿物质更容易缺乏。一般较适宜的钙磷比为（1.2～1.6）：1，最好不要超过 5：1。但也有研究表明，成年马 6：1 和生长中的马 3：1 也未见有不利影响。各国对矿物质的标准不尽相同，但包含的种类却大同小异。AEC（1993）马日粮标准中有 13 种矿物质需要量，苏联（1985）也给出了 10 种矿物质的需要标准。NRC（1989）标准除钙、磷、氯外，有 9 种矿物质（表 7-3），NRC（2007）又增加了镁的需要。

对运动用马来说长期舍饲不见阳光，喂以高精料的日粮和低质的干草，而无法采食足够的青草和优质的牧草，很容易发生缺钙或钙磷不平衡，在运动中引起四肢肌腱拉伤或关节扭伤等。体重 500 kg 的马，每天约需钙 23 g、磷 15 g，钙与磷的比例约为 1.5：1 至 2：1，而过多地喂其中一种，会妨碍另一种的吸收，对马来说也是非常有害的。马匹运动出汗和疲劳虚弱，需要补充足够的盐分，运动量越大，出汗越多，盐分损失也越多。对运动用马来说，特别在高温炎热出汗的情况下，每天有 60～100 g 的盐分损失。缺盐可导致马匹肌肉僵硬、脱水，长期缺乏可导致食欲减退、被毛粗糙、生长停滞等。

表 7 - 3　普通马和小型马的其他矿物质需要量（以 100% 干物质为基础）

项目	全价日粮中的适当浓度				
	维持状态	妊娠和泌乳马	生长马	使役马	最大忍受
钠（%）	0.10	0.10	0.10	0.30	3.0*
硫（%）	0.15	0.15	0.15	0.15	1.3
铁（mg/kg）	40.0	50.0	50.0	40.0	1 000.0
锰（mg/kg）	40.0	40.0	40.0	40.0	1 000.0
铜（mg/kg）	10.0	10.0	10.0	10.0	800.0
锌（mg/kg）	40.0	40.0	40.0	40.0	500.0
硒（mg/kg）	0.1	0.1	0.1	0.1	2.0
碘（mg/kg）	0.1	0.1	0.1	0.1	5.0
钴（mg/kg）	0.1	0.1	0.1	0.1	10.0

注：引自 NRC（1989）；*和氯化钠一样。

四、简单的饲粮配方（以种公马为例）

设计饲粮配方有很多的方法，但是无论哪种动物的饲粮配方，都要遵循一个基本的设计步骤：①明确目标，根据不同的养殖目标对配方要求也有所差别，如上市动物收益最大即成本最低、达到最佳生产性能、生产含有某些特定品质的畜产品等；②确定动物的营养需要量，除了参考 NRC 的标准，动物采食量也是具有决定性的重要因素；③选择合适的饲粮原料；④综合上述因素，初步设计一个合理的饲粮配方；⑤为验证配方的合理性，最好通过实际饲养效果来评价。

关于种公马营养需要的相关资料比较少，这与公马的数量非常少有直接原因。NRC（1989）以前的版本，都没有给出种公马的营养需要值。只有在 1989 年的版本中，列出了种公马的营养需要数值。但也基本是根据其他类别马（如各种生理状态的母马）研究资料中推测出来的，实际用种公马做的试验比较少。一般马的饲养与营养书中都建议，保证种公马具有发达的肌肉、保持八成以上膘且精力充沛是养好种公马的标准，不能让种公马过于肥胖或过于消瘦。但是同时，单凭配种期的临时措施远不足以改善种公马的配种能力。种公马的营养需要主要根据不同体重、不同的生理状态等进行区分（表 7 - 4）。

表 7 - 4　种公马的日营养需要

体重（kg）	状态	消化能（MJ/kg）	粗蛋白质（g）	钙（g）	磷（g）
500	非配种期	68.7	656	20	14
	配种期	85.8	820.0	25	18
600	非配种期	81.2	776	24	17
	配种期	101.7	970	30	21

注：摘自 NRC（1989）。

本文主要参考了周健等（2013）对新疆伊犁哈萨克自治州昭苏县种公马的饲料营养需要研究。鉴于该地区是我国养马最集中的区域之一，因此，对种公马的营养需要及其饲养管理研究较为深入。配种期主要以精料为主，占总营养比例为 50%～60%；蛋白质水平保持在 13%～14%，纤维素低于 25%。由于 30 g 蛋白质可以形成 1 mL 马的精液，因此，配种任务大的公马应饲喂较多的动物性蛋白质饲料（牛奶、鸡蛋），并且及时补充矿物质、维生素。NRC 对于 500 kg 的配种公马建议的日粮标准是饲草 49.36%、精料 44.99%、添加剂 5.63%。其中，粗蛋白占日粮的 16.7%。为了提高精液的品质，应当给种公马饲喂品质良好的禾本科、豆科干草；有条件的地方，可喂青刈饲草（如苜蓿）以代替部分干草。昭苏县普遍采用的种公马配种期日粮配方为干草 10 kg、精料量 5.5 kg。其中，大麦占 35%、燕麦占 20%、麦麸占 15%、玉米占 15%、豆饼占 13%、胡萝卜 2 kg、大麦芽 1 kg、鸡蛋 50 g、添加剂 2%（表 7-5）。

表 7-5 种公马的配种期日粮配方

原料		配比
干草		10 kg
精料量（5.5 kg）	大麦	35%
	燕麦	20%
	麦麸	15%
	玉米	15%
	豆饼	13%
	胡萝卜	2 kg
	大麦芽	1 kg
	鸡蛋	50 g
	添加剂	2%

非配种期：精料占总营养的 40%~50%，蛋白质含量保持 10%。NRC（2007）对于 500 kg 的非配种公马建议的日粮标准是饲草 55.56%、精料 18.15%、添加剂 26.3%；其中，粗蛋白占日粮的 15.08%。在种公马非配种期，可以适当减少豆科饲料的供给量，增加易消化的含糖类丰富的饲料，同时，也要注意补充矿物质和维生素。如果有条件将种公马放在高质量的牧地里，同时能结合舍饲，对种公马的恢复和健康都有积极意义。昭苏县普遍采用的非配种期日粮配方为干草 12 kg、精料量 3.5~4.0 kg。饲料配比：大麦 45%、燕麦 18%、麦麸 15%、玉米 10%、豆饼 10%、添加剂 2%、胡萝卜 2 kg、大麦芽 1 kg、鸡蛋 50 g（表 7-6）。

表 7-6 种公马的非配种期日粮配方

原料		配比
干草		12 kg
精料量（3.5~4.0 kg）	大麦	45%
	燕麦	18%
	麦麸	15%
	玉米	10%
	豆饼	10%
	胡萝卜	2 kg
	大麦芽	1 kg
	鸡蛋	50 g
	添加剂	2%

第二节　不同阶段马匹的饲养管理

良好的饲养与管理体系，是保证马匹健康和动物的福利，充分发挥生产能力的重要保障。科学饲养要根据马的消化特点和营养需要，按照马的生物学特性及生理机能特点，实行关键控制点的标准化管理。

一、幼驹的饲养管理及断奶程序

幼驹培育是养马生产、育种与改良的基础。马驹出生后，生活环境发生了很大变化，为了适应新的生活条件，幼驹的血液循环、呼吸、消化系统乃至各种组织器官在结构上也有明显变化。因此，加强对幼驹的护理，进行科学的饲养与调教，对提高幼驹适应能力、增强体质、促进生长发育、提高成年时期的质量都是十分重要的。

（一）幼驹的生长发育规律

科学合理地培育幼驹，是提高马匹繁殖成活率、改良马匹质量的重要手段。如果幼驹发育不良，到成年后就难以弥补。培育幼驹必须从精心的饲养管理和耐心调教等方面着手。幼驹的生长发育有一定的规律性，要做好幼驹的培育工作，就必须符合其生长规律。幼驹出生至 5 岁期间，年龄越小，生长发育越快。如果幼龄时因营养跟不上，发育受阻，则会成为四肢长、身子短、胸部狭窄的幼稚体型，是无法补救的。幼驹在 6 月龄以内，生长发育最快。发育比较早的首先是体高，其次是体长和管围，最后是胸围。体重、体尺占出生后总生长量的一半以上。据测定，关中马哺乳期提高生长 31 cm，占出生后总生长量的 53.5％；体长、胸围、管围分别达到了 58％、50％、56％。12 月龄马驹达到其成年体重的 60％、成年体高的 90％和最终骨骼生长的 95％。2 岁前后，体轴骨和扁平骨发育速度超过管状骨，体高达到成年的 95％、体重达到成年的 85％。到 3 岁时，体重达到成年的 95％左右。

（二）幼驹的饲养管理

1. 哺乳驹的饲养管理　怀孕母马后 3 个月的营养管理对新生马驹的健康有着显著的影响。当小马驹出生的时候，大约只有 10％的成年体重、60％的成年身高。小马驹的身高体重显然在母马肚子里已经发育了很大一部分，这段时期发育的营养需求主要由蛋白质、矿物质以及水组成，当然这些只能通过母马供给。当小马驹出生以后，母马的营养仍然会影响它的健康和发育。新生驹出生后，便由母体转到外界环境，生活条件发生了很大改变，而此时其消化功能、呼吸器官的组织和功能、调节体温的功能都还不完善，对外界环境的适应能力较差。因此，饲养管理工作稍有差错，就会影响其健康和正常的生长发育。马驹从初生至断奶为哺乳期。它是幼驹生长发育最强烈的时期，各种组织器官迅速适应环境，开始发挥功能、调节体温、消化吸收营养物质，机体的免疫抗病能力也随之增强。这种剧烈变化为以后的生长发育奠定了基础，也对科学饲养管理提出了更高的要求。

（1）尽早吃初乳　妊娠中期的胎儿，可以从母体获取免疫蛋白而具有免疫能力。但是新生幼驹离开母体以后，除了少量的免疫球蛋白 M（IgM）以外，几乎没有其他的免疫球蛋白。新生幼驹为了适应外界环境，必须产生自身抗体，但是在出生 1～2 周内，免疫球蛋白的产生量很少，甚至几周后仍不能达到保护机体的水平。新生幼驹自身免疫系统发育完善的前几周，确保初生幼驹能够获取和吸收足够量的免疫球蛋白非常重要。通过初乳获取被动免疫，是新生幼驹健康的重要保障。

初乳营养丰富蛋白质比常乳高 5～6 倍，脂肪、维生素、矿物质含量多，含有大量的免疫球蛋白和易于消化的白蛋白，具有增强幼驹体质、增强抗病力和促进排便的特殊作用。初乳中的抗体只有在幼驹出生 24 h 内，才能够完整地通过肠道上皮进行吸收，而且吸收的效率在出生 6～8 h 就开始降低，因此，幼驹必须在出生的几个小时内吃到初乳，才能吸收更多的免疫球蛋白，获得较好的被动免疫。为了保证幼驹健康和发育，最好在出生后 2 h 内吃到品质较好的初乳。

要保证初生幼驹血清中有比较高的免疫球蛋白水平，获得更好的被动免疫，至少需要 1.5～2 L 的高品质初乳。如果采用瓶子或者鼻管饲喂初乳，每次最多饲喂 568 mL 的初乳，每次间隔 1 h。母马在妊娠期间要做好正确的免疫，产后初乳才能含有足够的抗体，保证在马驹出生后 4～6 周能够抵抗外界的不良环境。

有很多原因能够造成初生幼驹不能很好地获取被动免疫，主要包括病、弱或者拒绝吸乳的幼驹，在 24 h 内不能摄入足够量的初乳；提前分娩，导致母马初乳中抗体浓度不足；母马先天血清 IgG 浓度较低；初生马驹肠道吸收能力弱；外界环境应激。生产上一般根据血清 IgG 浓度，分为 2 个等级的被动免疫失败：200～400 mg/dL 认为部分失败；低于 200 mg/dL 认为完全失败。研究表明，免疫球蛋白的浓度与疾病发生的比例成正相关，部分免疫马驹发生疾病的概率为 25%，完全失败的马驹发生疾病的概率为 75%，而血清 IgG 浓度在 400～800 mg/dL 的马驹很少发生疾病。

被动免疫失败的处理措施，要根据实际情况进行处理。如果在初生后 12 h 内出现，应该立即饲喂 500 mL 新鲜或者冻存的初乳，每隔 1 h 1 次，总共饲喂 1.5～2 L。为了防止新生幼驹溶血或者灌注反应，初乳在饲喂以前都应该检测有没有同源抗体。如果饲喂的是冷冻保存的初乳最好要检测 IgG 含量，确保初乳的品质。如果免疫失败在初生 12 h 后才被发现，需要进行血浆灌注，但是需要提前进行检测兼容性，理想的血浆是不含有 Aa 和 Qq 因子，没有和那些血型抗原的同种抗体。根据血浆中 IgG 浓度，推荐每千克体重灌注 20～50 mL 血浆，幼驹能够吸收 30% 的 IgG。灌注完成以后，还需要重新测定幼驹血清中 IgG 含量。因为幼驹可能需要 2～4 L 血浆，才能够获得足够的免疫球蛋白水平。如果超过 3 周发现马驹血清 IgG 水平在 200～400 mg/dL，这个时候不需要进行血浆灌注，会阻碍马驹正常的免疫系统发育。这样的马驹应该细心照顾，保证环境干净、舒适，免受病原菌感染。

1 月龄幼驹，完全依靠母乳维持生长，基本能满足它的营养需要。还应注意加强哺乳母马的饲养管理，以保证马驹能吸吮到充足的母乳和健康成长。哺乳期饲养管理不善，会造成幼驹较高的死亡率，营养不足是幼驹生长发育不良的主要原因。

（2）尽早补饲　发育健壮的马驹，出生后 10～15 d 就开始自动寻食青草或精料。1 月龄对环境已能良好适应，日增重大，营养需求增多，应开始初饲以精料为主的混合日料。由于它的消化能力尚弱，补饲的精料以麸皮、压扁或磨碎的大麦、燕麦、高粱、豆饼粉等为主。食盐、钙、磷等矿物质饲料和胡萝卜等多汁饲料，也是哺乳期幼驹所必要的饲料。粗料以优质的禾本科干草和苜蓿干草为宜。补饲量要根据母马（驴）泌乳量、幼驹的营养状况、食欲、消化情况而灵活掌握。喂量由少到多，如开始时每天可由 50～100 g 增加至

250 g，2～3 月龄时喂 500～800 g，5～6 月龄时喂 1～2 kg。一般在 3 月龄前每天补饲 2 次，3 月龄后每天补饲 3 次。每天要加喂食盐、骨粉各 15 g。要注意经常饮水。如有条件，最好随母畜一起放牧，既可吃到青草，又能得到充分的运动和阳光浴。

幼驹吃料时间，应与母马饲喂时间一致。要单设补饲栏与母马隔开，以免母马争食。哺乳驹饮水易被忽视，应予注意，可在补饲栏内设水槽，让幼驹自由饮用，水应充足洁净。母仔群一同饮水时，要小群分饮，使马驹饮足、饮好。

（3）病驹饲养　在评价初生病驹可能发生的原因时，要考虑母体妊娠期间的影响。母体疾病、营养不良、毒素感染、胎盘炎等，都可影响胎儿的成熟和新陈代谢。有研究表明，妊娠期间子宫内环境限制，会终身影响马驹的生长发育；相反，如果能够提供良好的子宫环境，能提高 3 岁以内马驹的生长速度。有研究表明，妊娠后期母马的日粮中糖类过高，会降低 160 日龄马驹的胰岛素敏感性，对代谢功能有一定的副作用，有潜在的代谢疾病风险。以上结果表明，不适当的产前饲养管理，可能会影响初生马驹对营养物质的代谢能力，会出现胰岛素抵抗及糖类不耐受。

妊娠后期胎儿皮质醇的升高对能量代谢非常重要，很多马驹没有出现皮质醇升高，在出生后就不能适应代谢的改变。低血糖是一种复杂的体内能量转化率降低的生理状态，导致虚弱、精神不振或者站立困难。即使通过肠道或者外源途径输送营养物质后，那些马驹因为内源胰岛素不足可能会对糖类不耐受，甚至会导致高血糖。马驹如果感染一些炎症如败血症，也会产生胰岛素抵抗和糖类不耐受导致高血糖。对于这些马驹的管理，需要使用含有油脂的肠外营养解决方案或者利用外源的胰岛素，来保证足够的能量摄入。事实上要设计病驹的营养方案，确定真正的能量需要是最大的挑战。根据经验，病驹可能会产生补偿性的代谢，对能量的需求会增加。但是病驹的能量需求并不像我们一开始想象的那么多，因为病驹全身的代谢速度降低，伴随着生长速度降低。有研究报道，休息状态下的病驹能量需要大概在 45 kcal/(kg·d)，相当于生长、运动、正常马驹的 1/3。对于严重的病驹，在饲养管理上最好维持低能量摄入。有些情况下为了避免病驹进入严重的分解代谢状态，给予病驹所有所需的营养可能并不适合。如果过量饲喂，产生的风险比重可能会超过提供的营养本身。过多的糖类摄入，一方面会导致血液中的二氧化碳的含量过高，影响呼吸功能；另一方面还会导致高血糖，刺激炎症发生，甚至会产生重大疾病。饲喂过量的蛋白质会造成蛋白质分解代谢加强，会有潜在的高氮血症发生。过多的脂肪摄入，可能会导致高甘油三酯血症。

此外，幼驹刚出生时，行动很不灵活，容易摔倒、跌伤，要细心照料。注意观察幼驹的胎粪是否排出，如果 1 d 还没有排出，可以给幼驹灌服油脂、肥皂水等灌肠剂，或请兽医诊治。经常查看幼驹尾根或厩舍墙壁是否有粪便污染，看脐带是否发炎，幼驹精神是否活泼，母马的乳房是否水肿等，做到早发现疾病、早期治疗。

（4）孤驹饲养　初生幼驹遇母马死亡或母马无乳，必须设法寄养，最好的方法是找代哺母马或用代乳品。母马和幼驹主要靠气味识别，可给孤驹穿上母马幼驹的马衣，或将母马乳汁抹在孤驹身上，则有可能母马将此孤驹领养。大多数母马需要 2～3 d 才能接受孤驹，有的则需要 7 d。

如果找不到代养母马，可以用牛奶或羊奶作为替代乳，最好是发酵乳，发酵乳吸收性好。牛奶比马奶含糖量低，脂肪含量是马奶的 2 倍多，直接喂幼驹容易腹泻。因此，低脂牛奶加入6％～7％的乳糖或葡萄糖和0.25％钙，可使之接近马奶成分。自配乳汁可用1 L低脂（2％）或牛乳脱脂奶粉中，加入20～30 g的乳糖或右旋葡萄糖。注意不能加蔗糖、玉米糖、蜂蜜等，可导致幼驹腹泻或疝痛。羊奶仅次于马奶，幼驹的耐受性较好，羊奶高度乳化，比牛奶脂肪容易消化。羊奶的缺点是比较贵，有便秘的风险。如果饮用羊奶出现消化疾病，可在奶中加入葡萄糖和钙。

幼驹每天采食量要占其体重的20％～25％。每周称量幼驹体重，随着幼驹生长调整采食量。饲喂量可以慢慢增加，饲喂次数可以降低。健康幼驹的总饲喂原则是最初2周，白天每2 h喂1次、夜晚每3 h喂1次，确保每天摄入体重25％的食物；接下来的1～22周，马可自己采食预备好的奶后，白天可每3～4 h喂1次，晚上可每4 h喂1次。大部分1月龄幼驹可每6 h喂1次。

2. 断乳驹的饲养管理　断奶是马驹一生中面对的最重要应激之一。吸吮母乳不仅给马驹提供营养物质，还能够给予马驹安全感。断奶可能会导致疾病、受伤、生长速度的下降。在实际生产过程中有很多的断奶程序，但是不管采用哪种断奶程序，在断奶的时候首先应该考虑的是减少应激。研究表明，逐渐断奶和部分断奶与突然断奶和完全断奶相比而言应激较小，开始断奶以前适量的补饲开食料可以显著降低断奶应激。

（1）适时断奶　在实际生产过程中通常根据设备、经验、管理者喜好以及断奶驹的数量，选择各种断奶程序。传统的断奶程序是突然地完全断奶，将马驹与母马突然完全分开足够长的距离，阻止它们看到或者听到彼此。选择合适断奶日龄是非常重要的，生产中常见的断奶日龄主要有以下几种：

① 初生断奶：在马驹出生的几天内进行断奶，在生产中并不常见。但是有时母马在刚分娩后需要运输到育种场，为了避免初生马驹的运输应激和可能造成的损害而采取的一种保护方法。初生断奶可以采取对母马的乳房造成短暂的创伤，让母马拒绝哺乳。有些初产的母马拒绝马驹吮，也需要进行刚出生断奶。还有在生产过程中或者产后死亡的母马，孤驹同样需要早期断奶。马驹的健康和营养，对于断奶是否能成功是非常重要的。在断奶后除了要满足营养需要以外，还需要用更大的精力教会马驹从小桶中饮用代乳粉。另外一个要关心的问题是，马驹在离开母马以后是否能够学会马的一些行为。Pagan等的研究表明，出生后断奶的马驹在断奶以后前几周内生长速度下降，但是在3周以后恢复正常。通过对比刚出生断奶与更长时间断奶的马驹6个月或者12月龄的体重发现，刚出生断奶似乎并没有长期影响马驹的体重。

② 2个月断奶：有研究表明，母仔联系在2～3个月的时候会减弱。采用2个月断奶的方式，需要对马驹的生长速度和健康状况进行评估。健康的生长比较好的马驹可以在这个时间断奶，但是生长速度差比较瘦弱的马驹需要跟随母马哺乳更长时间。2个月断奶主要是为了缩短泌乳期，提高乳腺组织的使用年限。补饲适量的开食料、平衡营养满足马驹的营养需要，是2个月断奶成功的重要保障。马在群体的阶级地位是一个学习行为，断奶时间会影响马驹成年后在群体的阶级地位。有研究表明，2个月断奶在群体阶级地位上要低于5个月断奶的马驹。因此，对于性情比较暴躁的母马，为了防止其后代进行学习，改善马驹的性情可以采取2个月断奶。

③ 4～6个月断奶：一般情况下，哺乳母马多已在产后第一情期时再次配种妊娠，泌乳量逐渐减少，不能满足马驹的营养需要。而幼驹长到4～6月龄时，也已能独立采食，

故 4～6 月龄时断奶是目前普遍采用的断奶程序。当然在断奶前要补饲一定量的开食料，来保证断奶以后减少应激。此外，还要根据母马的健康状况和驹的发育情况灵活掌握，如母马体况较好，断奶过早，幼驹吃乳不足，会影响它的发育；母马体况较差，断奶过晚，又会影响母畜的膘情，影响母马的繁殖性能。

④ 7～8 个月断奶：7～8 个月的马驹从生理上及行为上都具有独立性，已经可以和母马进行分离。7～8 个月断奶程序普遍采用突然的完全断奶方式，对于圈养的马驹来讲，断奶后需要更大的空间。7～8 个月断奶的时间和野外的母马自然断奶时间比较接近，通常情况下，野外的母马在下一个马驹到来前几周或者几天进行断奶。

⑤ 圈舍断奶：在现代马业中，4～6 个月的圈舍马驹可以采用突然完全断奶的方式。有研究通过嘶鸣频率的减少，判断成对地进行断奶比单独的断奶应激小。但是有研究发现，配对断奶减少嘶鸣频率可能是因为一个马对另一个马进行攻击性的警告造成的，而且配对断奶在后期分开的时候，可能会面临第二次的断奶应激。

断乳后经过的第一个越冬期是饲养管理中最重要的时期。由于生活条件的差异和变化，断乳近期和断乳后的饲养管理应按具体情况妥善安排，稍有疏忽，常造成幼驹营养不良，生长发育受阻，甚至患病死亡。

（2）断奶程序 传统的断奶方式是在马驹 2～8 月龄时采用突然地完全与母马分离足够距离，达到断奶的目的。马驹在断奶时通常要被带到陌生的环境，进行饲养、驱虫、免疫、去势等，非常容易造成应激，影响马驹正常生长发育。近年来，研究者通过马驹的行为及生理反应，来观察逐渐断奶，以及部分隔离等断奶方式的效果。

McCall 等研究了不同的断奶方式下马驹的行为和生理反应。研究结果表明，完全隔离与部分隔离相比，马驹的站立时间短，走动时间延长，表明马驹可能处在不安的状态下；补饲开食料可以增加站立时间，减少走动时间。从生理反应上来看，突然完全隔离断奶无论是否补饲开食料，马驹的促肾上腺皮质激素升高，表明马驹处于应激状态；相反部分隔离逐渐断奶的马驹，血液中皮质醇的浓度与未断奶的马驹相比并没有显著升高。因此，综合行为反应和生理反应，部分隔离并补饲开食料，有利于减少马驹断奶应激。

（3）断奶建议 不论选择什么断奶程序，在断奶过程中需要注意健康管理和开食料的补饲。

① 断奶前：从出生到开始断奶的阶段，主要考虑健康程序、开食料饲喂、断奶设施及工具、操作程序。

健康程序：在断奶前要制订一个好的健康管理系统。在马驹出生后第 8 周需要进行第一次驱虫，3 月龄进行免疫，向兽医请教。在断奶前完成以上程序非常重要，因为以上程序本身就会产生应激，而在断奶时要尽量减少应激，能够在断奶时提高马驹的抗病能力。

补饲开食料：大量的研究表明，补饲开食料可以降低马驹断奶应激。然而如果是断奶时第一次补饲开食料，可能会导致饥饿的马驹采食大量的开食料造成消化吸收障碍。所以，在断奶前马驹就应该训练采食，并给予适量的开食料。如果 4 个月以后断奶，仅依靠母乳是不能满足马驹的营养需要的，这个阶段补饲开食料，能够提供足够的营养保证马驹的快速生长，降低断奶时应激。断奶前根据马驹的月龄确定开食料饲喂量，一般饲喂与月龄相同磅数的开食料（如 4 月龄的马驹每天饲喂 4 磅的开食料），粗蛋白水平 16%～18%。

　　断奶设施：断奶设施的安全是极为重要的。物体的尖锐程度、地板的光滑性、栅栏之间的缝隙等都需要考虑，要仔细检查确保不会造成马驹受伤。

　　管理：要提前对马驹进行调教，与人进行接触，这样在日常管理和断奶过程中减少应激。

　　母马营养：断奶会导致母马乳头不舒适，因此，在断奶前一周要限制母马精料摄入量，降低泌乳量，加速干奶期的到来。

　　② 断奶：断乳时，要断然把幼驹与母马隔离开，将发育相近的幼驹集中在同一厩舍内，使它们不再见到母马，也互相听不到叫声。开始时，幼驹思恋母马，烦躁乱动不安，食欲减退，甚至一时拒食，必须昼夜值班，加强照管，关在厩内。为稳定幼驹情绪，可在饲槽内放一些切碎的胡萝卜块任其采食，或在驹群中放入几匹性格温驯的老母马或老骟马做伴。一般经 2～3 d，幼驹即可逐渐安静，食欲也逐步恢复，可赶入逍遥运动场自由活动。约 1 周后，可在放牧地运动，开始每天 1～2 h，逐日延长时间。幼驹在断乳期间应精心饲喂，细心护理。饲以优质适口的饲料，如青苜蓿、燕麦、胡萝卜和麸皮等，精料不宜太多，饮水必须充足。

　　③ 断奶后：断奶后的 1～2 周要保持相同的饲养管理模式，不能进行变动。继续饲喂相同的开食料，让断奶马驹在相同的地方停留 7～14 d，不要因为免疫、去势及标记造成额外的应激。

二、生长期马的饲养管理

　　马生长期的饲养管理，主要包括运动、刷拭、削蹄、量体尺、称体重等，应形成制度，按时进行。必要时公母驹应分群管理，预防偷配早配。幼驹断奶后开始了独立生活。第一周实行圈养，每天补 4 次草料。要给适口性好、易消化的饲料，饲料配合要多样，最好用盐水浸草焖料。每天可喂混合精料 1.5～3 kg、干草 4～8 kg，饮水要充足。有条件的可以放牧，断奶后很快就进入寒冬。生活的改变、气候的寒冷，给幼驹的生活带来很大困难，因此要加强护理，精心饲养，使幼驹尽快抓好秋膘。饲料搭配要多样化，粗料要用品质优良、比较松软的干草，特别是要喂些苜蓿干草、豆荚皮等。一定要加强幼驹的运动，千万不能"蹲圈"。平时，人要多接近它、抚摸它，每天刷拭 2 次，建立人马亲密关系。我国北方早春季节气温多变，幼驹容易患感冒、消化不良等疾病，要做到喂饱、饮足、运动适量，防止发病。幼驹满周岁后，要公、母分开。对不做种用的公驹，要去势。开春至晚秋，各进行 1 次驱虫和修蹄。要抓好放牧。农村要尽量补喂青草和精料。

　　1～2 岁驹体尺继续增长，而胸围与体长增长较快。饲料量要相应增加，并加强放牧，锻炼身体，增强体质，提高适应性。由于消化能力已有了提高，精料给量可随月龄增长逐步减少，而优质粗饲料相应增加。

　　驯致马驹是 1～2 岁驹培育中的重要措施。特别是种用驹，对成年后具备良好的使用性能有重要意义。驯致工作是以马匹行为学、运动生理学为基础，顺应马驹生长发育规律，能动地诱使马驹体察人意，服从指令，达到培育出优良马匹的目标。

　　驹越小，驯致效果越好。一般从出生后 2 周起，就应频繁与幼驹接触，轻声呼唤，轻挠颈、肩、臀部和四肢，做到人畜亲和，逐渐使马驹不怕人类接近、抚摸与刷拭，为日后驯致、调教打好基础。

工作中必须温和耐心，刚柔并举，善于诱导，技术上要做得准确，方法得当，循序渐进。粗暴或操之过急往往造成相反结果，降低功效。培养马驹对人的感情，消除惧怕心理，逐渐使马驹习惯于举肢和听一些简单口令，以至完成基本的驯致。要针对每匹马驹的性格特点，采用不同的方法，以获得较好效果。

具有驯致基础的马驹，即可进行基本调教。通常，挽用驹应在出生后 10～12 个月，开始训练其戴笼头、上衔和拴系，牵行，并使其熟悉前进、停止、调转后躯、左右转弯等动作和口令。装配马具时，必须先将马具让马看过、嗅过、熟悉马具，并在马背上反复摩擦，使其不生畏惧。进行入车辕、背挽鞍、坐皮抗压的训练，以便于日后使役。

乘用驹年龄达 1.5 岁时开始调教，先反复练习上衔，再习惯肚带。然后，可用缰绳牵引做前进、后退、停止、左右转弯的动作，同时配合动作的口令训练。装鞍、加镫易使马驹受惊，应有 2～3 个人配合，恰当控制，循序渐进。完成上述调教后，即可进行骑乘训练。

无论用途如何，马驹在基本调教的基础上，经过性能锻炼，才会提高生产能力。乘用驹主要包括慢步、快步、跑步及其他类步的调教训练。经训练后，方能进行能力测验，包括平地赛跑、越野赛、越障碍和特技比赛。挽用驹的性能调教，包括速度、挽力和持久力三方面。通常共训练 8 个月。前 6 个月，因马的体格较小，负重 15～30 kg，进行慢步、慢快步、快步调教训练；后 2 个月为了提高挽力和速度，可采用综合调教，负重 35～55 kg，在慢步调教中配合进行适当快步，包括伸长快步训练。

三、妊娠和泌乳母马的饲养管理

母马性成熟时间随气候、品种及个体的不同，有早有晚。一般母马都在 1～1.5 岁能够表现性周期活动，并有卵子排出。母马的适配年龄一般在 2.5～3 岁，繁殖年限一般为 18～20 年。母马的繁殖力与其品种、年龄、体况、配种技术有关。繁殖母马只有合理的饲养管理，才能正常发情、配种、受胎和妊娠，才能生产健康的幼驹。母马有空怀、妊娠及哺乳等生理阶段。在农区，有的母马还肩负着使役的任务，怎么解决好繁殖和使役的矛盾，不要顾此失彼，都是繁殖母马饲养管理中必须要重视的问题。因此，必须根据繁殖母马不同阶段的生理代谢、营养需要以及生物学特性进行科学的饲养管理。

1. 空怀母马的饲养管理　繁殖母马的发情周期，受脑垂体和卵巢产生激素的相互影响呈现周期性。一般性周期为 20～24 d，平均为 21 d；持续期为 4～11 d，平均为 7 d。但繁殖母马的发情情况，主要受繁殖母马所处环境的光线、温度，以及所喂食的饲料等条件影响而发生变化。如不发情的母马暴露于 15～16 h 光照和 8～9 h 黑暗人工光照下 60～70 d，可以有效促进母马发情。母马发情最适宜的温度为白天 15～20 ℃，晚上 8～12 ℃。因此，在我国 5—6 月是马集中发情的旺季。母马空怀的原因很多，其中，尤以营养不良、使役过重影响最大。牧区越冬以后膘情最差，农区春耕大忙季节，过度劳累、饲养管理不当，都可造成母马不发情或发情异常而失配。俗话说："有膘才有情"，研究表明，体况评分（BCS）在 3.0～5.0 的母马，比 BCS 更高的母马有更长、更深的发情期才能受孕。BCS 达到 8 的繁殖母马，不会损害繁殖效率。

因此，为了保证母马正常发情配种，应从每年配种开始前 1～2 个月，改善饲养管理，提高营养水平。日料中有足量的能量、蛋白质、矿物质和维生素营养供应。在中国繁育母马配种前的体况一般较低，或者微量元素不均衡。在国内一般母马可饲喂充分的青干草，450~500 kg 体重的纯血母马，每天青干草采食量为 9~12 kg，每天进行 3 次的精料补充 1.5~3.5 kg。根据母马体况确定具体的量，可以迅速将母马体况提高到最适于配种。对使役的母马，可适当减轻劳役，使营养与使役相适应，保持合适的配种体况。生殖器官疾病，是造成母马不能正常发情、影响配种的另一个重要原因。保持中等膘情、早检查预防生殖疾病、加强管理、增强体质，是保障空怀母马配种受胎的有效措施。

2. 妊娠母马的饲养管理　马妊娠期平均为 333 d。母马妊娠后，生理机能会发生很大变化，食欲增强，饲料利用率好，代谢水平显著提高，新陈代谢比空怀时提高 18%~30%，能量利用率提高 18.1%，氮的利用率提高 12.9%。此外，妊娠母马对环境条件格外敏感，要防止意外事故发生，并加强和改善饲养管理条件。母马健康、营养平衡，是保护胎儿良好生长发育的前提。有研究对 57 匹妊娠期纯血母马进行跟踪研究，每 2 个月对体况进行评分，并收集血液参数评估内分泌功能。检测显示，55% 的母马在妊娠期间体况评分大于 7 分，即适当肥胖。马驹的出生体重和母马体况呈正相关。该研究表明，适度肥胖母马的马驹出生体重更大，肥胖和体况级别也可以通过血液瘦素的检测值来判断。因此，对妊娠母马的饲养，在满足自身营养需要外，还应保证胎儿发育及产后泌乳的营养需要。对初配青年母马，更需满足它自身的生长发育对营养的需要。

根据胚胎的发育程度、在细胞分化和器官形成的不同阶段时期，对妊娠母马的饲养管理应各有所侧重、调整和补充。

（1）妊娠前期　母马怀孕后，胚胎发育的前 3 个月。处于强烈的细胞分化阶段，经过急剧的分化，形成了各种组织器官的胚形与雏形。胚胎相对生长很强烈，但绝对增重不大。对营养物质的要求较高，而量的要求不多。因此，对妊娠早期的母马，注意饲以优质干草和蛋白质含量较高的饲料，配合营养完全的日料。有条件的地方应尽可能每天放牧，便于摄食生物学价值较高的蛋白质、矿物质和维生素，以促进胚胎发育和预防早期流产。

（2）妊娠中期　妊娠第 4~8 个月。胚胎形成所有器官的原基后，种和品种的特征也相继明显，胎儿生长发育加快，体重增加近初生重的 1/3。为了满足胎儿快速生长发育的营养需要，母马日料中应增加品质优良的精饲料，如谷子、麸皮、豆饼等。特别应饲喂以用沸水浸泡过的黄米和盐煮的大豆，对增进妊娠母马的食欲、营养和保胎都有良效。胡萝卜、马铃薯、饲用甜菜等块根、块茎不仅可以提高日料中维生素含量，促进消化，并有预防流产的良好作用，入冬以后，应尽可能配给。

对妊娠中期母马应精心护理，除注意厩舍卫生，坚持每天刷拭外，日料可分 3 次喂给，饮水在 4 次以上，不能空腹饮水，更忌热饮。饮用水温以 8~12 ℃为宜。合理利用妊娠母马担当轻役或中役，利于胎儿发育，也利于顺利分娩。但应避免重役或长途运输，不可用怀孕母马驾辕、拉碾、套磨或快赶、猛跑、转急弯、走冰道、爬陡坡，更要防止打冷鞭。对不使役的孕马，每天至少应有 2~3 h 运动，对增强母马体质、防止难产有积极的意义。

（3）妊娠后期　妊娠第 9~11 个月，胚胎发育进入胎儿期。此阶段胚胎发育的最大特点是相对生长逐渐减慢，而绝对生长明显加快。胎儿期胚胎的累积增重可占初生重的 2/3。

国外也有资料表明，在妊娠期的最后 3 个月，胚胎的总增重可以达到母马体重的 12%。不断增大的胎儿，也会占据母马体内更多的空间，会让母马吃进去的草料量减少。加之母马此时还需储备一定营养用于产后泌乳，致使母马对营养的需要量急剧增加，营养不足直接造成胎驹生长发育受阻（胚胎型）的事例屡见不鲜。摄入量减少而营养需求量增加，这时母马就需要营养更均衡、更充足的精料来满足全部要求。

如果母马怀孕后期非常瘦，可以看到肋骨，那么饲喂足够的饲料让其增重是非常重要的，特别是经产母马。在泌乳期让母马增重是非常困难的，特别是那些瘦弱的马、同时还要哺育小马的，更难增重。加上泌乳母马需要大量的能量去维持产奶量，所以也就意味着怀孕后期是最后的机会可以让瘦弱的母马恢复体况以提供母乳，也为下个繁殖季节做好准备。在这种情况下，选择一种高浓缩能量和营养的饲料非常重要。

怀孕母马即使有较好的体况和足够的体脂，也并不一定意味着胎儿能健康发育。研究表明，怀孕后期母马即使在体况丰满的情况下，缺乏蛋白质和其他维生素、矿物质也会对马驹带来负面影响。当怀孕母马日粮能氮比不平衡时，胖马生出瘦弱马驹的现象也很常见。在马驹出生后的几周，幼驹不能吃饲料，也不能完全吸收母乳中的微量元素，如铜和锌。因此，在母马的怀孕后期给其提供足够的营养，既能确保胎儿获得足够营养，也能满足马驹出生后生长早期的需要。

在妊娠的最后 1~2 个月内加强饲养，对提高母马产后泌乳量起重要作用。但临近分娩前 2~3 周，粗饲料量要适当减少，豆科干草和含蛋白质丰富的精料量都应减少饲喂，否则不仅可能造成母马消化不良，而且也会造成产后因母乳分泌量过多而引起幼驹过食下痢，甚至发生母马乳房炎症等疾患。研究表明，肥胖的母马难产的概率要比瘦马高很多，肥胖的母马在泌乳的产量上会有下降。如果一个母马在怀孕后期明显超重，肋骨看不到而且很难触摸到，就需要在给其提供足够的营养物质的同时控制能量的摄入，这时精料的营养均衡配比就显得十分重要。如果明显看起来非常胖，也需要限制干草摄入量，可为体重的 1.5%。

为保证母马顺利分娩，在产前半个月到 1 个月，应酌情停止使役，每天注意刷拭，并保持适当的运动，在放牧地、运动场游走 2~3 h，对母马和胎儿都有利。为了安全分娩，此时母马应单圈饲养，厩舍多加垫草，圈舍宽大干燥，冬暖夏凉，饲养人员牵马入圈应注意避免碰撞，以防不测。

分娩是一项受神经、体液双重调节的生理过程，应认真做好接产工作。除产前备好手术盘等消毒用具外，在母马出现分娩症状时，应有专人日夜值班，加强护理，随时助产。母马分娩多在夜间，分娩时应保持安静，防止干扰。通常母马分娩后 30 min 左右，胎衣自行脱落，对胎衣不下的母马，应及时请兽医人员处理。母马产后，助产人员及时清除被胎水污染的垫草，喂饮加入少量食盐和温水调制的麸皮粥或小米汤，以补充马体水分，消除疲劳并促进泌乳。产后 3~5 d，将母马养在厩内，夜间多铺垫草，预防贼风吹袭，要注意卫生，防止感染，天气暖和时可将母马带驹放在小运动场中，进行日光浴，对健康有益。

3. 哺乳母马的饲养　饲养哺乳母马应从妊娠的最后 1~2 个月抓起，加强管理，满足营养需要，增强体质，有良好体况，才能保证分娩后母马健康和分泌多量的乳汁哺育幼驹。

哺乳母马负担很重，在维持自身营养的同时，需保持泌乳和产后再次受胎的营养供给。因此，对哺乳母马的饲养管理应非常重视。

影响母马泌乳能力和泌乳量的因素颇多，除品种、年龄、泌乳期的长短及母马本身的体况外，主要与饲养水平和饲料的营养成分有关。母马得到良好的饲养，不仅泌乳能力强，而且乳汁营养价值高。在实际饲养中，必须做到饲以喂量充足、营养完善的日料，保证哺乳母马获得足够的能量、蛋白质、维生素和矿物质。

泌乳期的 2~3 个月，体重的保持很重要，但也不能过于肥胖，肥胖母马易发生产奶量和繁殖能力下降。分娩后 4~10 周是泌乳高峰期，泌乳期母马每天能消耗体重 3% 的干物质（草和饲料）。哺乳前 3 个月，精饲料应占日粮的 45%~55%，精饲料需要量需要根据干草的质量、母马的泌乳量、体况和其他因素综合考虑。日粮蛋白质水平控制在 12.5%~14%。此外，哺乳母马的日粮中，还应该注意矿物质和维生素的添加。3 个月至断乳，母马过了泌乳高峰期，对能量、蛋白质、钙和磷的需要降低，可以饲喂优质干草维持食欲，保持良好体况分值。若泌乳期最初 3 个月母马没有妊娠，应保持日粮的营养水平，直到母马配种成功，以免体重下降。配种后 3 个月才能确诊是否妊娠。此时，马驹可以适当地采食干草和精料，母马乳汁的量和营养浓度降低，此时依然需要维持干草和精料的饲喂量。

哺乳母马每天需水量大，必须有充足饮水。通常白天饮水不应少于 5 次，夜间可自由饮水。为了加速子宫恢复，在产后第 1 个月内，要饮温水，水温在 5~15 ℃较为适宜。要补足盐和钙质。个别母马奶量不足，可加喂炒熟的小糜子 0.25~0.5 kg，连喂几天，有明显的催奶作用。

母马在产后 1 个月内应停止使役，1 个月后开始轻役。哺乳母马宜短途轻役，使役中要勤休息，便于幼驹哺乳。母马和幼驹要定期称重，以此作为调整日粮的依据，保证幼驹的正常生长发育。在繁殖上，哺乳母马要抓住第一个情期的配种，许多泌乳期的母马在分娩后 3 个月不发情或不怀孕，可能与日粮中缺乏能量、蛋白质和矿物质元素有关。

四、种公马的饲养管理

优良的种公马精液品质高，配种后受胎率高，其后代马驹的体质强健，并会遗传父代的优良特性。种公马饲养管理好坏关系到整个马群的品质，影响整个群体的持续发展。加强种公马的饲养管理，旨在提高和充分发挥其配种能力。应使种公马保持健壮的体质、种用体况、充沛的精力、旺盛的性欲，能产生大量品质优良的精液，不断提高受精率。为此必须及早根据种公马的配种特点和生理要求，在不同时期给予不同的饲养管理。种公马大致可按配种期与非配种期，分别进行科学合理的饲养管理。

1. 配种期种公马的饲养管理

（1）饲养　种公马在配种期一直处于性活动的紧张状态。为保证它的种用体况和旺盛精力，在配种开始前 2~3 周应完全转入配种期的饲养，加强管理，注意日料配合、运动量和精液品质三者密切配合。配种增加，营养增加；配种减少，营养减少。营养增加、配种不增，运动量就要适当增加。

配种期应增加精饲料，满足种公马对能量、蛋白质、矿物质及维生素的需要。在配种季节开始的前 2~3 周，喂给种公马的精料就应增加，这样可能导致公马的体重略有增加。

根据文献报道，配种期间种公马每天所需饲料中饲草和精料的比例为 50：50 到 70：30。这个比例主要受下列因素影响：不同种公马个体差别、青干草的质量和精料中含能量的多少之差异。多数精料都是用来满足马能量上的需要，能量低的精料需要的喂量就大；反之，能量高的饲料需要的喂量就少，但应始终记住马每天进食的总量是有限的。

关于种公马每匹每昼夜究竟能吃多少的问题，是养马者最常问及的。如果饲喂的精料和青干草的比例相等，即各占 50%。根据国外经验，一般按每 100 kg 体重喂 1 kg 精料的比例，余下的喂青干草或放牧；根据国内经验，精料给量按 100 kg 体重给 1.5～2 kg。以燕麦、大麦、麸皮为主，酌情加些豆饼、胡萝卜和大麦芽等，有益于精液的生产。

精料喂量的多少也是变化的，主要取决于以下因素：青干草的质量、公马的体况、每周配种的次数等。如青干草的质量很好，叶子较多，豆科和禾本科各占一半，蛋白质含量大于 10%，就可以少喂一些精料。粗饲料以优质的禾本科和豆科（应占 1/3～1/2）干草最好，有条件的地区，可用刈割青草代替 1/2 的干草喂量，又可在阳光下自由运动，对恢复种公马体力、促进性欲极为有益；如种公马有一些发胖，体重增加，就应减少精料的喂量，反之，种公马变瘦，就应增加精料的喂量；对配种任务繁重的公马，日料中还应适量加入鸡蛋和肉骨粉等动物饲料，能改善精液品质。同样每周配种次数较少，精料的量也就相应减少。每当喂马以后要观察马是否都将料吃完了，如果未吃完，要查明原因。吃剩下的饲料要按时清除掉，以防发霉变质。在观察马匹吃料的同时，也要勤测量公马体重的增减。

（2）管理　种公马应以膘度、肌肉坚实程度、精液品质和性机能正常与否，作为检验运动量是否适宜的标准。运动不足，种公马过肥，消化代谢降低、体质虚弱甚至阳痿；运动过度，也会造成性欲降低，精液品质下降。配种期对种公马的运动锻炼，是发挥种公马配种能力和有效利用的重要措施。运动量必须恰当掌握。运动量是否合适，以公马的膘情、肌肉坚实性、公马精液品质、性机能状况等为依据。应根据种公马的体况、性格品种及生产阶段来制订运动计划。配种期运动步伐只允许慢步、轻（慢）快步，一般以马轻微出汗为宜，半小时能恢复正常的呼吸脉搏为准。乘用型公马实行骑乘运动，每天 1.5～2 h，用 1/3 步度，日行 15～20 km；兼用型马可挽轻驾车，挽力 30 kg 以内，每天 2～2.5 h，日行 10～15 km；重型或挽乘兼用型马驾车或拉撬运动，每天 3～4 h，挽力 40～50 kg，用 1/4 步度，日行 20 km。运动后的公马应刷拭 15～20 min、揉搓四肢腱部，利于消除疲劳。对种公马的饲养管理操作规程必须结合运动合理安排，便于公马采精或配种后生理机能得到有规律的恢复与调整。

要严格饲养操作规程，遵守采精制度和作息时间。正常情况下，马精液为淡乳白色或灰白色；带有淡绿色、淡红色、黄色、红褐色等颜色的精液为异常精液，应废弃。新鲜精液略有腥味，气味异常的应废弃。pH 为 7.0～7.4，精液密度为 2 亿个/mL 左右。采精做到定时，如每天采精 2 次，其间隔时间不应低于 8 h，连续采精 5～6 d，应休息 1 d，配种过度会造成阳痿、精液品质下降、受胎率降低和公马使用年限缩短。用冷水擦拭睾丸，对促进精子生成和增强精子的活力有良好效果。夏季每天或隔天 1 次，春季每周 1 次，水温 5～7 ℃即可。但注意动作要轻，不要刺激附睾，注意生殖器官的清洁，以免发生炎症。采精或交配时，应尽量避免噪声、走动对神经的不良刺激。否则，公马性反射衰弱，交配时阴茎不勃起或不射精。天气炎热时，可以给种公马洗浴，对防暑消热和加强机体代谢有益处。创造良好的厩舍条件，也是加强种公马饲养管理的重要内容。种公马应单厩饲养，厩舍宽敞，空气流通，光线适宜。让种公马有一定空间，可自由活动和休息，不必拴系，舍温在 5 ℃左右为宜。厩外应建逍遥运动场，种公马自由活动，行日光浴，接触种公马要温和耐心，对易兴奋的种公马更应注意。粗暴会抑制种公马的性反射，造成精液品质下降。此外，为保证种公马的体况，必须做好夜饲，这是养好种公马的重要措施之一。

2. 非配种期的饲养管理 种公马非配种期的饲养管理，会直接影响配种期种公马配种能力，故不可忽视。一般我国北方在 7 月中旬至翌年 2 月中旬属于种公马的非配种季节，此时种公马的饲料中应以高质量的牧草作为最主要的部分，如颜色发绿的羊草和紫花苜蓿草，是我国养马者最喜欢用于喂马的两种干草。因为在我国城市郊区饲养的马多数没有放牧的条件，一般都是舍饲的饲养方式，那么叶色绿具有香味的高质量干草就显得非常重要了。在此期间，精料需要的量不多，其主要是对放牧或饲喂干草的补充，同时，对保证公马体况的良好和健壮起着重要作用。

根据种公马的生理机能与体况，非配种期可分为恢复期、增健期和配种准备期，应分别进行管理。

（1）恢复期 配种后 1～2 个月，大致在 8—9 月。在这段时间，主要是使种公马体力能得到恢复，此时可酌情减少精料，特别是蛋白质饲料，增加大麦、麸皮等易消化饲料、青饲料和放牧；应减少运动时间和运动量，增加逍遥活动。

（2）增健期 种公马体力恢复后，在饲养管理上进入以增进健康、增强体质为宗旨的锻炼期。这时至秋末、冬初时节，天高气爽，逐步增加运动量和精料量，使种公马体力、体质、精力强健旺盛起来，为翌年配种打下良好的基础。

在增健期精料量可比恢复期增加 1～1.5 kg，特别偏重，增加热能较高的糖类饲料，如玉米、麸皮等。要逐步增加运动时间，加强锻炼。

（3）配种准备期 通常在年初 1～2 个月。为增强种公马配种能力，此期的饲养管理格外重要。饲料喂量应逐步增至配种期水平，并偏重于蛋白质与维生素饲料。要正确判定种公马的配种能力，每周对种公马进行 3 次精液品质检查，每次间隔 24～28 h，发现问题，及时采取相应措施加以补救，并相应地减少运动强度。到配种前一个月，要去掉跑步，以贮备体力，保持种用马体况，具备旺盛精力和理想的配种能力。

总结起来，种公马的饲养管理主要有以下要点：

种公马的饲养必须是单独针对某个个体进行的。这一点在舍饲的情况下容易做到，而在放牧的情况下较困难。即按照体重、体况等决定喂饲的多少。"日粮占马体重的百分比"中的"日粮"，一般指干物质重量（DM）。如果是风干物质，再除以 90%。

对种公马的评定应该是经常的、定期的。如每个月都要称量体重，如果没有地秤，可以用胸围和体长来估测。定期进行种公马体况的评分，一般以 6～7 分为好。

要仔细观察种公马的采食情况，并做好记录，发现问题，及时处理。

如果每天精料的喂量超过种公马体重的 0.5%，就应分 2 次或 2 次以上饲喂，但实际上都喂 3 次或 4 次。如 500 kg 体重的种公马，就不能一次喂 2.5 kg 精饲料，而是要分成 2 次饲喂。在 24 h 内，饲喂的时间间隔均匀，饲喂时间固定，可以减少由于饲养上引起的疾病和啃槽恶癖发生。

变更种公马的饲料，应该是逐渐过渡的。

在非配种季节，许多非使役的公马仅吃高质量的干草或自由放牧，就能保持很好的体况。典型的禾本科干草，每天采食量占马体重的 1.75%～2.0%（或者自由采食）。如果饲喂高质量的苜蓿，采食量相对降低，一般每天占马体重的 1.5%～1.75%。

在配种季节公马需要精料和饲草混合饲喂，每天饲喂量占体重的 1.5%～2.5%。选择精料时要注意，既能保持种公马体重稳定，又能保证种公马的繁殖活动，能够满足蛋白质、矿物质和维生素的需要。

提供自由采食的矿物质和足够量的新鲜饮水，青干草和饲料的质量一定要好，没有发霉、变质的现象。这一点不仅对种公马饲养、同时也对任何马匹饲养都是非常重要的。

五、运动用马的饲养管理

具有良好遗传性的马匹，发育正常，形成适于发挥能力的类型、体格、气质和外形结构。它们是在适宜的饲养管理条件下，经过系统调教、再加骑手高超的技艺等诸因素综合作用的结果，使马匹充分表现其遗传潜质，创造某运动项目的最佳成绩。饲养是保证健康的重要因素。正确饲养的作用表现在长远的效应上，它可能使马匹终生竞赛更加经常和有效，并减少疾病和受伤，运动生涯更加长久。四肢病是运动用马的普遍问题，但调教和使用不当可能只是其直接诱因，而营养和饲养不良才是根源，良好的饲养管理能减少这些问题的发生。运动用马的饲养管理与其他马相同，但运动用马在共性的基础上又有其特点。

（一）运动用马的饲养

运动用马实行舍饲，精细管理，严格要求，坚持不懈，注意做到：

1. 定时定量，少喂勤添　每次喂料时，应尽力在短时间内发到每匹马，勿使马急不可耐地烦躁等待。

2. 饲喂次数　多倾向于日喂精料 2 次。但若每次精料喂量超过 3.5 kg，则应增为 3 次。每次喂量不过大，各次时间间隔均匀为好。

干草用多种方法喂，若用干草架则位置应与马肩同高，或用大孔网袋装干草吊于厩墙上由马扯着吃。若投于饲槽，则应加长饲槽，每次喂料前应当扫槽。干草投于厩床易遭践踏和粪尿污染，且抛撒浪费。

3. 喂量分配　赛前喂精料应减量，以日喂 3 次为例：若上午比赛，则清晨喂日量 25%、中午 40%、傍晚 35%；若下午比赛，则晨 40%、午 25%、晚 35%。赛前那次粗料减半，甚至完全不给。

4. 马的饮水　马每天饮水不应少于 3 次，最好夜间加饮 1 次（水桶放于单间墙角）。水面低于马胸，水温不低于 6 ℃，勿饮冰水，先饮后喂精料。热马不饮水，即紧张剧烈运动后，当马体温升高，喘息未定时勿饮水，否则马易患风湿性蹄叶炎。紧张调教和竞赛期间，饮水中最好每桶加盐 3～4 匙，而长途运输时饮水中可加些糖。到陌生地参赛，水味道不同时，也可加糖或糖浆。赛前保持一段时间供水，剧烈运动前 1.5 h 内不必停水，允许马饮足。而比赛间歇给马饮水，不宜超过 2 kg，若过量，马就不适于继续参赛。用自动供水器最好，其次用桶，便于在必要场合控制饮水，且便于清洗及消毒。单间内不宜固定水槽和保持常有水，因为既不便控制，又不便清洗消毒，更常有灰尘、草垢乃至杂物及粪便落入，还会吸收空气中的氨气，水质污染，难保清新，且占据单间面积。

5. 个体喂养　每匹马的采食量、采食快慢、对日料成分和某种饲料的偏爱或反感，以及饲喂顺序等许多方面都有自己独特的要求，没有两匹马是完全相同的。当表现最大限度工作能力时，对饲料的要求水平有很大差异。赛马精料需要量可相差 1 倍。障碍马采食很挑剔，它们对变化了的日程和饲养员反应敏感。因此，运动用马需要分别对待，实行个体喂养。长期仔细观察，掌握每匹马的不同特点，从各方面投其所好，满足每匹马特别是高性能马的特殊需要。这虽难做到，却应尽力而为。

6. 饲养员作用 饲养员必须完成喂养任务，而养马的技能主要来自实践，实践经验是马匹饲养成功不可代替的要素。为了照顾高价值的马，最重要的是有经验的饲养员。诚实可靠，热爱马匹，沉着温和，富有经验，努力工作的人特别可贵。饲养员的优劣，表现在饲养效果上有明显差别。因此，饲养员的本领和技能有极大作用，特别对养高性能马至关重要。

（二）运动用马的管理

严格、严密的管理制度和工作日程，是管理的首要条件。全天遵照工作日程按时、按顺序、按质完成各项操作，严格遵守，不得随意改变。实践中常见按人的方便随意改变，如马匹午饲午休时骑乘或冲洗，不利于马的消化机能和休息。

1. 建立健全交接班制度 饲养员与骑手、与值班人每上、下班时均需交接班。交接马匹状况、数量及其他情况，以便各尽其职，分清责任。马厩全昼夜任何时间均应有人，不允许空无一人。

2. 个体管理 马匹除饮食习性外，在气质、性格、生活习性和工作能力等方面也各不相同。日常管理和护理也各不相同，必须根据个体特点分别对待。运动用马不仅要个体饲养，也需个体管理。因此，应当实行"分人定马"制度，即把每匹马分配固定到饲养员个人，从饲喂、饮水、清厩、刷拭直到护蹄修饰等，一切饲养管理和护理工作，都固定给个人承担，这种制度利于做到精细管理。适当减少每个饲养员管理的马匹数，有利于饲养员研究马匹个性，完善工作。某些地方实行流水作业法，即一些人饲喂、另一些人除粪等，这样对马匹不利。

3. 厩舍管理 每天清晨清厩，清除单间内粪尿，清刷饲槽水桶，白天随时铲除粪便，保持厩内清洁。现代舍饲实行厚垫草管理，单间内全部厩床铺满 15～20 cm 厚的松散褥草。每天清厩时用木棍或叉将干净褥草挑起集中墙角，将马粪和湿污褥草清除并打扫厩床。清扫后或晚饲时将褥草摊开铺好，视需要及时补加新褥草。为节约可将湿褥草晒干再用 1～2 次。应训练马养成在单间内固定地点排粪尿的习惯，既清厩便利、马体清洁又节省褥草。褥草以吸湿性好，少尘土、无霉菌为好，稻草、锯末较好，刨花、麦秸、废报纸条、玉米秸、泥炭均可。

马厩内应保持干燥，以清扫为主，少用水冲洗。有些地方养马缺乏清扫和及时除粪习惯，动辄水冲，甚至在厩内洗马，导致厩内潮湿，违背马生物学特性，危害健康。湿热地区应限于炎热时节，每天铲除马粪后，只用水冲厩床 1 次。

创造安静舒适的环境便于马休息。防止厩舍近旁噪声污染，特别在采食和休息期间更要禁止。夜间厩内关灯，夏秋季安装灭蝇设备，减少蚊蝇、虻骚扰。马厩内禁止人员嬉戏喧哗。

4. 逍遥场和管理用房 运动用马厩也应像种马厩一样，每幢厩旁设一围栏场地（种马场称"逍遥运动场"）。面积最好每匹马平均 20 m²，供马自由活动，白天除训练及饲喂时间外，马匹应在逍遥场散放活动。夜间进厩，既符合马生物学特性，又便于清厩等管理操作，利于干燥通风又减少粪尿污染。仅恶劣天气马留厩内，个别凶恶不合群马不可散放。每幢厩舍应有 4 个管理用房间：值班室供开会、学习、值班和小休息用，草料仓库供少量贮备，鞍具室应通风良好，工具间保管饲养管理用具。每幢厩舍应设电闸水阀，但无须每单间设一水龙头。及时闭水关电，不允许长流水、长明灯现象发生。单间厩门应能关牢，马匹不便逃出。门的高度应只容马将头伸出，简陋马厩中马能将整个头颈部伸到走廊中，妨碍操作、管理不便、人马均不安全，单间面积不能充分利用，厩门附近厩床损坏加速，马匹形成各种恶习癖，这种厩舍应加以改造。任何时间，如果饲养场内或马厩走廊中常有失控之马四处游荡、偷食草料、互相踢咬争斗，都说明设备简陋，制度不严，管理水平低下。

5. 用马卫生规则 用马应严格遵守卫生规则：饥饿的马不能进行训练；喂饱后 1 h 内不能调教；每次训练开始必须先慢步 10～15 min，而后加快步伐，训练中慢、快步伐交替进行；训练结束时，骑手下马稍松肚带活动鞍具，步行牵遛 10 min 后才可回厩。热马不饮水、不冲洗，训练后半小时内不饲喂。过度疲劳者待生理恢复正常后饮喂。参赛马应做准备活动；赛后应牵遛 15～20 min。赛后牵遛 20～30 min，第二日应休息。有人主张竞赛时马胃应处于空虚状态，因此，应在赛前 3～4 h 喂完。

保持良好体况，传统的"膘度"观念对运动用马不适用，需建立"体况"概念。运动用马应保持调教体况，竞技用马稍好，当自由活动时有"撒欢"表现，说明有适当能量贮备。定期称重监督马的体况变化。

严密防疫、检疫和消毒制度。养马区大门和各马厩门口均设消毒池，工作人员和车辆进出均应消毒。行政办公室、仓库及生活设施必须与生产区隔离。严格生产区门卫制度，非工作人员严禁进入。严禁外来车辆人员等随意进入马厩和接触马匹。集约化养马机构尤需严密卫生防疫制度，每年定期进行主要传染病检疫和预防注射，定期驱虫和进行环境、马厩消毒。购入新马应在场外另设隔离场例行检疫，查明健康者才转入生产区。预防工作虽然代价较高，但为了安全和马匹健康非常有必要。

6. 兽医工作 马术机构的兽医工作，需要高层次的兽医，不能局限于单纯应付门诊。贯彻"防重于治"的方针，兽医是保健计划的执行者，有大量工作要做，如接种免疫、口腔和牙齿检查、药物试验和生化检测等。需要深入厩舍检查马匹的健康和食欲，及时发现伤病，及时治疗和处理。每半年做一次马匹口腔和牙齿状况检查。除消化道疾病外，需研究和学习有关呼吸疾病和跛癖的知识及其治疗方法，采用现代兽医科学新成就，进行热（冷）处理、按摩、被动伸展和磁场疗法，学会使用激光疗法、肌肉刺激仪和超声波治疗马匹伤病。

PART 08

第八章 马的疾病防治

新中国成立初期，由于战争和自然灾害的等原因，国内马匹只有487.5万匹。为尽快扩大马匹数量，国家制定了一系列保护耕畜的政策，马匹数量快速回升。到1977年，达到最高峰的1144.7万匹。这一时期，养马业为传统模式，马匹主要用于农耕、国防、运输、骑乘等。对马品种的培育，多关注耐力、体力和环境适应力。因此，此阶段对马病的防控主要也是针对致死性传染病。而当时严重威胁马匹健康的疫病，是从苏联传入我国的马传染性贫血病（以下简称马传贫）和人畜共患的细菌性传染病马鼻疽。对这两个疫病的防控工作尤其是对马传贫的防控，是当时马病防控工作的重中之重。

20世纪80年代后，农业机械化脚步的加快，交通运输网络的迅速发展，使得马匹从农业和运输主要动力退居为辅助动力。我国的养马业规模也开始随之迅速缩小并开始转型。特别是近10余年，我国的养马业开始逐渐转化为现代马业，即非使役用马，综合文化、体育、竞技、休闲、健康于一体，成为一种新兴的第二产业。该变化的发生伴随的是，我国马匹数量的逐渐减少和质量的逐年提高。至2012年，我国马匹数已下降到600余万，比照最高峰时已下降近一半。此时的马匹附加值更高，而对高附加值的马匹，具有高度传染性并能明显影响机能的疫病，成为马病防控的重点。在这一背景下，马流行性感冒成为重要的马疫病防控对象。当然，这里面也有对可能发生的流感跨种传播引发公共卫生安全问题的考量。此外，对于高附加值马匹、其他马传染病的防控，如马鼻肺炎和动脉炎等，同样需要给予足够的重视。

第一节　马的常见疾病

一、马的常见传染病

1. 马传染性贫血病　马传染性贫血病（equine infectious anaemia）简称马传贫（EIA），是由马传染性贫血病病毒引起的马、骡、驴传染病。患病动物的特征性临床表现为稽留热或间歇热、消瘦、进行性衰弱、贫血、出血和浮肿；在无发热期间则症状逐渐减轻或暂时消失。属于WOAH规定的通报疫病。

（1）病原　EIA的病原是马传染性贫血病病毒（equine infectious anemia virus，EIAV）。该病毒属于反转录病毒科、慢病毒属，属于正链RNA病毒，是人类最早发现的慢病毒。该病毒与同属病毒的人免疫缺陷病毒（HIV-1）、猴免疫缺陷病毒等具有结构相似性。

（2）流行病学　所有马属动物均易感。该病多流行于贫瘠、阴沟、低温地段；但在高地、沼泽地的牧场也会发生疫情。该病主要通过吸血昆虫叮咬而机械传播，尤其是马虻。

仲夏时节可达流行高峰。雨季流行多于旱季，秋季流行趋势减缓，冬季主要以慢性病例为主。健康马与最急性感染或病死马之间直接接触，以及交叉使用被污染的设备器械、病马的分泌物和排泄物等可造成传播。

（3）临床症状与病理变化

① 急性型：以发病突然、稽留热、病程短、死亡率高为特征。眼结膜充血，黄染，后期逐渐变得苍白。其病变以败血性病理变化为主。浆膜、黏膜有出血点或出血斑。淋巴结、肝脏、肾脏肿大，心肌变脆呈熟肉状。

② 亚急性型：常见于流行中期，间歇热反复发作。结膜黄染，皮下水肿。脾、肝以及肾水肿，心肌变性，心脏呈煮熟状。

③ 慢性型：常见于老疫区，病马呈现反复发作的间歇热，但发热程度不高。无热期长，可以持续数周、数月。发热期症状也比亚急性的轻微，无热期症状更不明显。发热与血液学变化可显示出感染。

隐性感染无明显的临床症状，但长期带毒。

（4）诊断与防治　可根据流行病学特点、症状和病变以及血液学指标做出初诊。常需与寄生虫感染性贫血、营养性贫血进行鉴别诊断。确诊可通过 PCR 技术、血清学诊断技术（包括 ELISA/补体结合反应或琼脂扩散试验）。

接种弱毒疫苗，是目前预防马传染性贫血最有效的方法。对引入马匹进行隔离检疫，全群进行定期检疫是防控关键。此外，加强饲养管理，注意消灭舍内吸血昆虫，避免叮咬传播。

2. 马传染性鼻肺炎（equine rhinopneumonitis）　由马疱疹病毒引起的以幼驹表现发热、厌食和流涕以及孕马发生流产为特征的马属动物的一种传染病。在我国马群中广泛存在，是妊娠马发生传染性流产的重要原因之一。

（1）病原　马疱疹病毒（equine herpesvirus，EHV）1 型（EHV-1）和 4 型（EHV-4），属于疱疹病毒科（Herpesuiridae）、疱水痘病毒属（*Varicellouirus*）。EHV-1 的感染可导致马流产和神经症状，而 EHV-4 以引起鼻肺炎为主。这两个亚型的病毒都具有特异的抗原性，中和试验不呈现交叉，但在补体结合试验、免疫扩散试验和荧光抗体技术中却表现有共同抗原成分。

（2）流行病学　马属动物是 EHV-1 和 EHV-4 的自然宿主，各种年龄的马均可感染，但常发生于青年马匹。本病主要通过吸入传染性的飞沫或摄食被病马血液及流产胎儿污染的饲料等而传播，也可经子宫感染，犬、鼠类和食腐鸟类可能机械传播本病。本病常呈地方性流行，多发生于秋季和早春时节。

（3）临床症状与病理变化

① 呼吸道系统疾病：潜伏期为 2～4 d，个别的可达 1 周。EHV-1 和 EHV-4 都能导致呼吸道疾病，病马流多量浆液乃至黏液脓性鼻液，鼻黏膜和眼结膜充血。幼龄马在整个上呼吸道黏膜上出现明显的疱疹性病变。剖检时主要见全身各黏膜潮红、肿胀、出血，肝脏、肾脏和小肠中有胶冻样黏膜皱襞；小肠处淋巴滤泡及淋巴结肿大，偶见溃疡。

② 神经系统疾病：EHV-1 可引起马的神经系统疾病，潜伏期 6～10 d。轻度感染的马很快趋于稳定并逐渐自愈；严重时病马运动失调，后肢和腰部僵硬麻痹，瘫痪不起，膀胱失禁，会阴部痛觉减退或消失。组织病理学检查，可在中枢神经系统中见到脉管炎、出

血、血栓和继发性肌肉变性。

③ 生殖系统疾病：EHV-1 可造成妊娠母马流产。潜伏期在 8 d 到 4 个月之间。所引发的流产约有 95% 发生在妊娠期的后 4 个月。妊娠马流产前无前躯症状，胎衣也不滞留。妊娠后期流产马的乳房不见发育。流产后的病马能很快恢复正常，也不影响以后的配种。发病母马所产胎儿产出时即呈昏睡状，不能站立、吮乳，有黄疸和呼吸道症状，存活 1～2 d 即死亡。多数情况下，EHV-4 不会引发流产。

④ 嗜肺脏血管型：一种新型散发性 EHV-1 感染导致，病毒的靶细胞为肺脏的内皮细胞。严重感染的马匹，因呼吸道疾病而死亡。

（4）诊断与防治　在秋冬季节，马群中发生传播迅速、症状温和的上呼吸道感染时，首先应考虑到本病。根据妊娠马发生流产以及流产胎儿的变化，不难做出诊断。诊断中应注意同病毒性动脉炎、马鼻疽、马流行性感冒、马腺疫等病的鉴别。用 PCR 方法检测，可做出快速诊断。

加强饲养管理，育成马和母马隔开饲养，发病后要立即隔离患畜。对被污染的垫草、饲料及流产排出物彻底消毒，对流产母马的消毒护理措施到位。对出现神经症状的马匹定期导尿和排粪，可用含抗生素洗液对膀胱进行冲洗防止继发膀胱炎，并防止褥疮的发生。对于仅发生温和上呼吸道症状的马匹，可不进行处置。

3. 马传染性支气管炎（equine infectious bronchitis）　又名马传染性咳嗽，是由病毒引起马的一种以咳嗽为特征的传染性极强、传播迅速的传染病。世界各地均有发生，我国已多次发现本病。

（1）病原　已证实该病病原为一种亲细胞性病毒，但其病毒特性及分类尚未明确。

（2）流行病学　该病原主要感染马，也可能感染牛。病马是本病主要的传染源，主要通过患马咳嗽喷出的气溶胶经呼吸道感染，尚不能确定能否通过污染的饲料和饮水经消化道途径感染，可通过直接接触和间接接触传播。本病多发生于晚秋，传播迅速，2～3 d 可感染全群马匹。马感染后多在 2～3 周内恢复健康，康复马无带毒现象。自然条件下，本病每隔几年暴发 1 次。

（3）临床症状与病理变化　本病潜伏期为 1～6 d。病初呈现结膜炎和鼻卡他。鼻黏膜潮红，流出少量浆液性鼻液，咽喉部感觉敏感。体温短期轻度升高，约 1 d 后下降至正常，继而发生干沉、较粗的痛性咳嗽，经 2～3 周可完全恢复。可继发细菌感染导致支气管性肺炎，有些病例由于发生慢性支气管炎、肺膨胀不全、肺硬化及肺气肿而转为哮喘症。单纯病毒所致的病变只有支气管卡他性炎，可见支气管周围有淋巴细胞及大单核细胞浸润。继发感染的病例多呈化脓性支气管肺炎和实质器官的变化，偶尔可见败血症。

（4）诊断与防治　根据本病的流行病学和临床症状特点，可做出初步诊断。X 线检查时，肺部有较粗带纹理的支气管阴影，但无炎症病灶。采集急性发病期和恢复期的双份血清做中和抗体增高试验，具有回顾性诊断意义。本病应与马流感、马传染性鼻肺炎和马病毒性动脉炎相鉴别。目前对本病尚无有效的疫苗可用，只能采取综合性防控措施。发现有并发症时，可用抗生素或磺胺类药物进行治疗。

4. 流行性乙型脑炎　又称日本乙型脑炎（Japanese encephalitis，JE），简称乙脑。由流行性乙型脑炎病毒（Japanese encephalitis virus，JEV）引起的一种中枢神经系统的急性蚊媒性人畜共患传染病，被世界动物卫生组织 WOAH 列为二类动物疫病，被我国卫生部列为乙类传染病。人和各种家畜及野生动物均能感染，马感染后呈急性经过。

（1）病原　JEV属于黄病毒科（*Flaviviridae*）、黄病毒属（*Flavivirus*）。基因组为单股正链RNA，有囊膜。只有1个血清型，但有5个基因型。我国流行的毒株多为基因Ⅰ型和基因Ⅲ型，基因Ⅴ型报道的仅有1株。病毒在环境中极其不稳定，对环境抵抗力差。

（2）流行病学　该病属于自然疫源性传染病，猪最易感，人是终末宿主，包括马在内的多种动物易感。4岁以下幼马发病率高，成年马多为隐性感染。本病主要通过带毒的蚊虫叮咬传播，已知库蚊、伊蚊、按蚊属中的很多蚊种，以及库蠓等均能传播本病。其中，三带喙库蚊和淡色库蚊则是乙脑传播的主要媒介，它们能终生带毒并保持其传播能力。这两种蚊子在自然界中数量很多，带毒比率也较高，而且喜欢吸家畜和人的血，因此，乙脑的流行和这两种蚊子的活动密不可分。在热带地区，本病全年均可发生。在亚热带和温带地区本病有明显的季节性，主要在7—9月流行。

（3）临床症状与病理变化　主要侵害马、骡，驴发病较少，年龄、性别无差异，2岁以内骡驹死亡率高，潜伏期一般不易发现。病马可视黏膜潮红或黄染，结膜充血。口色鲜红，时打呵欠，肠音弱，粪便少而干，小便短赤。初期有高热或中等热。病程在1～7d，多数病马表现沉郁型神经症状；有的头抵障碍物经久不动或做转圈运动；视力减退，唇舌麻痹，咀嚼、吞咽困难，草料从口角溢出，采食缓慢，食欲减退或废绝，多有空嚼、流涎。重病马后躯麻痹，伏卧不起，感觉机能丧失，四肢呈游泳状前后滑动，个别突然倒地窒息而死。病马脑脊液增量，脑膜和脑实质充血、出血、水肿；肺水肿，肝、肾浑浊，心内、外膜出血，胃肠有急性卡他性炎症；脑组织学检查，可见非化脓性脑炎变化。

（4）诊断与防治　注意与脑脊髓丝状虫病、脑脊髓膜炎等类症鉴别开来，确诊需要实验室进行病原分离或血清学特异性诊断。ELISA、血凝抑制试验、中和试验和间接荧光抗体技术，是本病常用的实验室诊断方法。由于本病毒抗体在发病的初期效价较低，且隐性感染或免疫接种过马匹血清中都可出现抗体，因此，均以双份血清抗体效价升高4倍以上作为诊断标准。

预防马流行性乙型脑炎，应从控制传播媒介和免疫接种这两个方面采取综合措施。控制传播媒介应以灭蚊、防蚊为主。我国研制的流行性乙型脑炎减毒活疫苗种毒为JEV SA14-14-2株，安全性和免疫性都很好，用于马匹的保护率也比较高。但应注意初次免疫的时间，尤其应避免母源抗体的干扰。

5. 马流行性感冒　马流行性感冒简称马流感，是指因感染A型流感病毒导致的一类急性、高度接触性感染的呼吸道疾病。以发热、咳嗽和呈浆液性的鼻液为临床表现，可引起母马的流产。

（1）病原　该病的病原为A型流感病毒的H7N7和H3N8两种亚型。属于正黏病毒科，目前认为，主要流行的毒株为H3N8。该病毒对高热、低pH及非等渗、干燥环境敏感。

（2）流行病学　一般认为，A型流感病毒H7N7和H3N8以马为终末宿主，各种年龄、性别和品种的马均易感。经空气飞沫传播为主要途径，在康复马的精液中可长期检测到病毒。在阴冷且多变的季节，尤其是秋末、春初常发。但运输应激、饲养管理差，导致马厩拥挤、马群营养不良也可诱发。潜伏期2～10d。

（3）临床症状与病理变化　病马表现为精神萎靡，食欲减退，呼吸频率和脉搏加快，眼结膜充血水肿且大量流泪。由 H3N8 感染引起的典型症状为稽留热伴发经常性的干咳，后转湿咳。在发热期，因肌肉酸疼而表现出肌肉震颤（肩部最明显）、不爱活动，可继发细菌感染引起肺炎。H7N7 感染引起的症状温和。下引起呼吸道病变为主，如细支气管炎、支气管炎、肺炎或肺水肿。

（4）诊断与防治　可采集鼻咽拭子，应用 PCR 技术或血清学技术进行确诊，与其他常见的马呼吸道性传染病进行鉴别诊断。可用解热镇痛药进行对症治疗，用抗生素类药物控制或避免继发严重的细菌感染引起肺炎，可用 H3N8 和 H7N7 双价灭活疫苗进行免疫接种保护。

6. 马腺疫　由马腺疫链球菌引起的一种急、热性传染病，俗称"喷喉"。在中兽医学中称为"槽结"或"喉骨胀"。典型的马腺疫特征性临床表现包括难以进食或饮水，伸头直颈，咳嗽或喷嚏伴有大量鼻液流出，咽喉、槽口热痛，且患处肿胀化脓。

（1）病原　致病原为马腺疫链球菌，革兰氏阳性菌。形状为球形或椭圆形，以相等间隔排列，无芽孢，有荚膜。

（2）流行病学　马对该病最易感，驴、骡次之。可通过被病菌污染的饲料、饮水和用具等经消化道感染，也可经飞沫传播引起呼吸道感染。此外，外伤、交配也可感染马腺疫。由于该菌可在健康马的上呼吸道以及扁桃体中存在，因此作为一种条件性致病菌，在气候突变、饲养管理差、突然断奶等条件下可诱发该病。春秋两季多发，呈地方性流行为主。

（3）临床症状与病理变化

① 一过型腺疫：以鼻黏膜卡他性炎症为主。流浆液性或黏液性鼻液，颌下淋巴结轻度肿胀。加强饲养管理以及营养水平，很快自愈。

② 典型腺疫：发热（39～41℃），精神沉郁，食欲下降，有时在采食或饮水时从鼻腔逆流而出。结膜潮红黄染，呼吸、脉搏和心率变快。发病 3～4 d 后鼻液由清转脓，咳嗽或喷嚏伴有大量鼻液流出。颌下淋巴结以及周围咽后淋巴结部位肿胀明显，可似鸡蛋大小。该区域中存在触诊有波动感的部位，后期该处皮肤变薄，脓肿破溃，大量黄白色脓液流出后体温下降，状态逐渐恢复。如处置得当，且脓肿灶未发生转移，正常情况下患马会在感染后 2～3 周内逐渐恢复。

③ 恶性型腺疫：如果患马本身免疫力低下或恶病质，或处置不当，会导致病菌感染进一步扩散至其他淋巴结，或肺、脑等器官，造成深部脓肿。如扩散至咽部淋巴结，会继发喉囊炎，患马低头时会有大量脓液由双侧鼻孔流出，咽鼓管囊处化脓破溃；若感染颈前淋巴结，会造成皮下和肌间蓄脓，导致皮下组织继发弥漫性化脓性炎症；肠系膜淋巴结感染后，会导致消化不良和轻度腹泻。如治疗不及时，可继发脓毒性败血症，则预后不良，死亡率高。

（4）诊断与防治　可通过对鼻液或其他脓性分泌物采样，染色镜检后做出初步判断。在血培养基上培养，菌落周围形成黏液样，呈蜜色的 β 溶血圈。显微镜下成对或呈串珠状。也可利用 PCR 技术进行确诊。在引入马匹以及混群前，对马腺链球菌的检疫与筛查，对于该病的防控十分重要。对患马应进行隔离治疗，单独饲养且对马场环境彻底消毒。在治疗方面，对于感染早期未出现脓肿等病灶时，可采用磺胺类或青霉素类抗生素治疗。仅表现为淋巴结脓肿尚未破溃的患马，以促进脓肿成熟破溃为主，可用鱼石脂或热敷等方法促进脓肿成熟，也可做手术引流。同时，使用非甾体消炎药缓解局部疼痛和炎性渗出。可通过疫苗免疫进行预防，或对处于感染高风险期的健康马匹进行预防性抗生素给药。在抗生素选用过程中，应结合体外药敏试验的结果进行。

7. 流行性淋巴管炎　由假皮疽组织胞浆菌感染马属动物后引起的一种慢性炎症性传染病，又称假皮疽或假鼻疽。临床特征性表现为皮下淋巴管以及周围淋巴结肿胀、发炎和皮肤破溃，有时可在肺部、鼻黏膜以及眼结膜发生感染。

（1）病原　假皮疽组织胞浆菌为双相型真菌，对各类理化因素抵抗性强。其腐生寄生期于土壤中生存，在土壤或人工培养基上呈菌丝状；在脓液或病料中，为双层细胞膜的酵母样细胞形态。

（2）流行病学　在自然条件下，马和骡是易感动物，其中，2～6岁的马较易感。但骆驼、水牛、猪、犬甚至人偶发感染。主要通过患病动物与健康动物的直接接触，以及被病原污染的垫料、土壤、工具、医疗器械以及料槽等间接接触进行传播。而外伤等造成皮肤黏膜损伤因素，常诱发该病。无季节性，以散发为主，潮湿低洼以及雨季频发的地区发病率高。

（3）临床症状与病理变化　局部感染的病例常于四肢（后肢下部常发）、头、胸以及颈部皮肤出现皮肤结节与溃疡，痊愈后常留瘢痕。而全身性感染的动物，多在鼻腔、口唇、眼结膜和生殖器官黏膜处出现大小不等的脓性结节和溃疡。在感染鼻黏膜时，同侧的颌下淋巴结可肿大化脓。当细菌侵入淋巴管后会引起淋巴管炎，使其肿胀呈绳索状；若细菌定殖于淋巴管处，则导致病灶处呈串珠样。严重者发生菌血症，导致感染区域形成较大的结节和溃疡，从而易继发其他细菌性感染而迅速死亡。剖检可见皮下组织有大小不等的化脓灶，并且在部分淋巴管内充满炎性分泌物和纤维蛋白性凝块。结节由肉芽组织构成，质地柔软呈灰白色。

（4）诊断与防治　可应用假皮疽组织胞浆菌素进行变态反应诊断，特异性较强。而PCR诊断技术，也可用于该病的确诊。

早期诊断筛查以及及时隔离治疗，是预防该病的重要手段。患马痊愈后可获得终生免疫，而灭活苗以及弱毒疫苗的使用可提供保护力。加强饲养管理，尽量减少外伤的发生，注重马的体外清洁与消毒，可助于该病的防控。对于患马多以手术摘除结节和脓肿，加以两性霉素B、新胂凡纳明等进行全身性用药治疗。冰敷和水疗有助于症状的缓解。局部注射高免血清也被证实有疗效。

二、马的常见寄生虫病

1. 马胃蝇蛆病

（1）病原学　胃蝇属的各种胃蝇幼虫寄生于马属动物胃肠内引起的一种慢性寄生虫病。普遍发生于马、骡、驴，偶尔也发生于兔、犬、猪和人。肠胃蝇、红尾胃蝇、兽胃蝇和鼻胃蝇是4种常见胃蝇。马胃蝇成虫全身密布绒毛，形似蜜蜂，体长12～16 mm，翅透明或有斑纹，或不透明呈烟雾色。成熟的幼虫呈红色或黄色，分节明显，前端稍尖。虫卵淡黄色，呈纺锤状。

（2）生活史　马胃蝇昆虫属完全变态。每年完成一个生活周期。以肠胃蝇为例，雌虫产卵于背部、胸、腹及腿部的被毛上，卵多粘在毛的上半部，约经 5 d 孵化为幼虫；幼虫在外力的作用下（如摩擦、啃咬等）逸出，在皮肤上爬行，引起痒感，马啃咬时食入，第一期幼虫在口腔黏膜下或舌的表层组织内寄生 3～4 周，蜕化为第二期幼虫，移行入胃内，发育为第三期幼虫。至翌年春季，幼虫发育成熟，随粪便排到外界落入土中化蛹，后羽化为成蝇。成蝇活动季节多在 5—9 月，以 8—9 月最盛。

各种胃蝇产卵的部位不同。肠胃蝇产卵于前肢上部、肩等处；鼻胃蝇产卵于下颌间隙；红尾胃蝇产卵于口唇周围和颊部。

（3）致病作用 病马高度贫血，消瘦，中毒，使役能力降低，严重时因极度衰竭死亡。幼虫叮着的胃黏膜呈火山口状，甚至胃穿孔或堵塞胃幽门和十二指肠。有的种，其幼虫排出附着直肠黏膜，引起充血发炎和频频排粪摩擦尾根。

（4）临床症状 早期幼虫在口腔、舌或咽部黏膜下移行时，可损伤黏膜，引起炎症、水肿和溃疡等症状。患马发生口炎、咽炎，出现吞咽困难、咳嗽等症状；有时饮水自鼻孔流出。幼虫寄生于胃和十二指肠后，引起慢性或出血性胃肠炎。幼虫吸血，加之虫体毒素作用，使马匹出现营养障碍为主要症状，如食欲减退、消化不良、贫血、消瘦、腹痛等，甚至逐渐衰竭死亡。

（5）病理变化 喉头、食道水肿，有马胃蝇幼虫附着。胃内、幽门、十二指肠有大量的马胃蝇蛆堆积，虫体长 8～12 mm、宽 6～8 mm，足有 2 000～3 000 只；幽门、十二指肠黏膜充血，发炎，肠壁变薄，病变似火山喷口状，肠系膜淋巴结肿胀。

（6）诊断与治疗 本病寄生时以消化障碍与消瘦为主要症状，很难与其他消化道疾病相区别。因此，在诊断本病时，除根据临床表现外，必须考虑流行病的情况，如当地是否有本虫的流行，马匹是否引自流行区，马的体表是否有蝇卵等。在感染早期可打开口腔，直接检查口腔及咽部是否有虫体寄生；春季观察马粪中有无幼虫，必要时还可进行诊断性驱虫。详细检查肛门和直肠上有无幼虫寄生，可以确诊。尸体剖检时，在胃、十二指肠等部位找到幼虫，可以做出诊断。

① 精制敌百虫：内服，一次量，每千克体重 30～50 mg，配成 10%～20% 水溶液，用胃管投服，用药后 4 h 内禁饮。

② 伊维菌素：内服，一次量，每千克体重 0.2 mg；皮下注射，每千克体重 0.2～0.5 mg。

③ 敌敌畏：内服，一次量，每千克体重 40 mg，对马胃蝇蛆有高效。预防：流行地区每年秋冬两季，可以用敌敌畏进行预防性驱虫，这样既可保证马匹安全过冬，又能消灭幼虫，可达到消灭病原的目的。

2. 马梨形虫病

（1）病原学 马梨形虫病通常叫胆管热，是寄生于红细胞内的马巴贝斯虫和驽巴贝斯虫引起的马属动物（马、驴、骡和斑马）一种急性、亚急性或慢性寄生性原虫病。其传播媒介是蜱。

（2）生活史 马梨形虫的发育史与牛巴贝斯虫及泰勒虫的发育过程十分相似。其发育史参照牛巴贝斯虫及泰勒虫的发育史。

致病作用：引起马匹迅速消瘦、体虚，呼吸困难。食欲减退，精神沉闷忧郁，心律亢奋增进，流泪，眼睑红肿，甚至出现明显贫血、黄疸和血红蛋白尿等现象。

（3）临床症状　感染马巴贝斯虫潜伏期为 12～19 d，驽巴贝斯虫为 10～30 d。两种梨形虫感染不表现明显症状，很少引起严重贫血，但是有发热（有时呈周期性）、黄疸、肝脾肿大的特点，病后期常出现胆红素尿和血红蛋白尿。发热时体温在 40 ℃以上，不同程度地食欲减退，精神不振和呼吸、心律数增多，心搏过速，心音亢进，亚急性病例表现不同程度贫血，体温升高或正常，体重下降。有时马巴贝斯虫感染引起的热型与驽巴贝斯虫相似，但多为间歇热。黏膜从粉白或黄白到深黄色，可见出血瘀点或瘀斑。动物表现踢腹、回头看腹、卧地等腹痛症状。便秘继发腹泻。尿呈黑黄到赤黄色甚至是褐色，但有些病例由于血红蛋白和胆色素影响，使尿呈微红色。脾通常肿大。未经治疗或被忽视的病例会导致严重贫血，全身虚弱，四肢末梢部分发生轻度水肿。慢性病例表现轻度食欲不振，体重减轻等非特征性病状。马梨形虫病等各种并发症有急性肾衰竭、肾绞痛与肠炎。种马会有部分或全部丧失生育能力。全身性疾病或发热，会导致母马流产。新生幼驹感染马梨形虫的特点是，出生时虚弱，之后变为精神沉郁，继而贫血，严重黄疸，随后不能吃初乳。可导致幼驹昏睡，不能站立和哺乳。常常伴有发热，可视黏膜有淤血。另有报道称血浆中纤维蛋白、血清铁和磷减少，胆红素浓度升高，一些病例中可观察到不同程度的血红蛋白尿。

（4）病理变化　组织病理学检查，肺充血和水肿，胆汁淤积，肝小叶坏死，肾皮质与髓质小管形成蛋白和血红蛋白管型。管状上皮水肿和脂肪变性。肝、肾、肺和淋巴结网状内皮细胞系统也明显增生，或肝、肺血管出现血栓。

（5）诊断与治疗　马梨形虫病的诊断，以临床症状和血液涂片检查为基础。不典型的临床症状易与马流感、器质性脑病毒感染、马传染性贫血和锥虫病等不同疾病混淆。以临床特征也不能鉴别出是马巴贝斯虫还是驽巴贝斯虫感染。

显微镜检查：用 1‰吉姆萨染液、血液涂片染色检查，是诊断的最好方法。但由于血内寄生率很低，不高于 0.1‰，即使急性病例也很困难。急性驽巴贝斯虫病例血内虫体相对较高，达 10‰；驽巴贝斯虫感染，血内虫体可超过 20‰，普遍为 1‰～5‰。

最常用的治疗药物有三氮脒、血虫净，每日以每千克体重 11 mg 深部肌内注射，连续 2 d，能有效驱除驽巴贝斯虫，但不能消除驽巴贝斯虫。咪唑苯脲、咪唑林卡普按每千克体重 2～3 mg 的剂量肌内注射，对驽巴贝斯虫临床病例需间隔 24 h，再行第二次治疗，重复注射按每千克体重 2.2 mg 的剂量，也可迅速控制驽巴贝斯虫的感染。以每千克体重 4 mg 间隔 72 h 连续 4 次治疗，能部分消除驽巴贝斯虫的感染，但对动物能产生损害。脒碳苯胺按每千克体重 9～10 mg 肌内注射，一般可使感染马梨形虫的患畜临床康复。间隔 24 h 行 2 次每千克注射 8.8 mg 的剂量能杀灭驽巴贝斯虫，而每间隔 24 h 行 4 次治疗后，对驽巴贝斯虫能产生抗药性，需将剂量每千克体重增加到 11 mg。吖啶类染料，尽管已有对马梨形虫抗药性的报道，但以 5‰的溶液按每 100 kg 体重 4～8 mg 剂量（极限量 10 mL）静脉注射，可有效控制马梨形虫病。

（6）预防　加强饲养管理，注意圈舍通风换气和防寒保暖，做好圈舍消毒工作，不饲喂霉变饲料，精料、草料等存放地点应做到阳光充裕、干净卫生，同时，饲料存放点做好灭鼠措施。定期做好驱虫工作，每年春秋两季，每千克体重集中注射盐酸左旋咪 0.02 mL/kg，或在发病季节前每千克体重注射高免热毒血清 0.1 mL，可起到一定的预防作用。定期灭蜱，切断其传播途径，做到杀蜱灭源，群防群控，可用 10 g/L 的敌百虫进行喷洒圈舍、草场等。定期清理马匹体表，勤刷、勤洗，做到马匹体表清洁，降低蜱虫寄生的概率。

3. 马痒螨病

（1）病原学　病原为痒螨科、痒螨属的马痒螨，是寄生于家畜皮肤表面的一类永久性寄生虫。多寄生于绵羊、牛、马、水牛、山羊和兔等家畜，以绵羊、牛、兔最为常见。多种动物均有感染，且以寄生动物种类的不同来命名之。它们形态上很相似，但彼此不易交互感染，有严格的宿主特异性。本属内也认为仅有马痒螨一种，但多主张根据宿主不同而分为痒螨的不同亚种，如绵羊痒螨、牛痒螨、马痒螨、水牛痒螨、山羊痒螨和兔痒螨等。痒螨对绵羊的危害性特别严重。另外，各种痒螨都被称为马痒螨的亚种。

（2）生活史　虫体卵生，卵经幼虫和若虫阶段变为成虫，发育的全过程均在家畜体表完成。以吸取体液为营养。直接接触或通过管理用具间接接触而传播。

（3）致病作用　首先皮肤奇痒，进而出现针头大到米粒大的结节，然后形成水疱和脓疱。由于擦痒而引起表皮损伤，被毛脱落。患部渗出液增多，最后形成浅黄色痂皮，痂皮柔软，黄色脂肪样，且易脱落。

（4）临床症状　病畜营养障碍，消瘦贫血，全身被毛脱光，最后死亡。各种家畜体表寄生的痒螨虽形态相似，但有宿主特异性，不相互传染。

（5）诊断与治疗　一般可根据症状在患部刮去皮屑，在显微镜下发现螨虫而确诊。常见于肛门周、阴囊、包皮、胸骨处、角基、耳朵及眼眶下窝。用溴氰菊酯、双甲脒治疗较为显著。

（6）预防　马痒螨病的治疗必须采取综合防治措施。一方面对病畜进行治疗；另一方面对健康家畜进行预防，同时，还要消灭体外自然界存在着的所有螨。为了很好地达到治疗目的，治疗之前必须做好卫生处理工作并注意防止散播病原。治疗前要做好剪毛、除痂工作。剪毛是要剪去患部及其周围3～5 cm的毛，用温肥皂水刷洗，以便除去患部表面的泥垢、鳞屑及痂皮，或以温草木灰水代用。医务人员的手、工作服及治疗用具等要做到彻底消毒，防止人为地散播病原。

4. 马媾疫

（1）病原学　由锥虫科锥虫属的马媾疫锥虫寄生于马属动物的生殖器官而引起的疾病。马媾疫锥虫是一种单形性虫体，长18～34 μm、宽1～2 μm。呈卷曲的柳叶状，前端尖锐、后端稍钝，虫体中央有1个椭圆形的核，并有由后向前延伸的鞭毛和波动膜。锥虫在宿主体内进行分裂增殖，一般沿体长轴纵分裂，由1个分裂为2个虫体。马媾疫锥虫在形态上与伊氏锥虫基本相同，但马媾疫锥虫只感染马属动物，病原体在病马与健康马交配时，通过生殖器官黏膜的直接接触而感染健康马。也可在人工授精时，因所用器械消毒不严或利用了含媾疫锥虫的精液而造成感染。

（2）生活史　马媾疫锥虫在马的生殖器官黏膜组织内，以二分裂方式进行繁殖。

（3）致病作用　公马尿道或母马阴道黏膜被感染后，在局部繁殖引起炎症，少数虫体周期性地侵入病畜血液和其他器官。产生毒素，引起多发性神经炎，潜伏期一般8～28 d，少数可长达3个月。

（4）临床症状　本病的潜伏期一般为2～3个月。病初体温常呈中度升高，以后逐渐恢复正常。典型的症状可分为三期：

第一期：即水肿期。公马阴茎肿胀，逐渐蔓延到包皮、阴囊、腹下及后肢内侧等部位，在水肿部位上的黏膜或皮肤上发生如豌豆大小的黄红色结节和溃疡。这种结节和溃疡可以自愈，愈后留下无色素的白斑。尿道黏膜潮红、肿胀，常排黄色黏液。母马生殖器官也发生相同的病状。病马性欲亢进，发情不正常。此期症状约持续1个月。

第二期：即发肤病变期。病马在身体各部，特别是胸腹、臀部的皮肤陆续发生圆形或椭圆形的扁平肿块，直径为4～20 cm，内含浆液，时现时隐的"丘疹"。此为马媾疫所特有的症状之一。

第三期：即麻痹期。随着全身症状的逐渐恶化，病马某些运动神经出现不同程度的麻痹现象。常见的是颜面神经麻痹，表现为嘴唇歪斜，耳及眼睑下垂。若病情进一步恶化，则呈现后躯部位肌肉萎缩，共济失调，体质衰弱，迅速消瘦，以致卧地不起，极度衰竭而死。但土种马的症状往往不十分明显。

（5）病理变化

① 生殖器症状：病初为公马的包皮前端发生水肿，逐步蔓延到阴囊、包皮、腹下及股沟内侧。尿道黏膜潮红肿胀，尿道口外翻，尿频，排出少量混浊的黄色液体。阴茎、阴囊、会阴部皮肤出现结节、水疱、溃疡和缺乏色素的白斑。性欲亢进，精液品质降低。母马阴唇水肿，阴道黏膜潮红、肿胀、外翻，排出黏性脓性分泌物，频频排尿，呈发情状态。在阴门、阴道黏膜上不断出现结节和溃疡。消失后在外阴部形成无色素的白色斑点，永不消逝。病畜屡配不孕，或妊娠之后容易流产。

② 皮肤轮状丘疹：在生殖器官出现症状后1个月，在颈、胸、背部及臀部和腹下的皮肤反复出现无热、无痛的轮状丘疹，呈中央稍凹陷，周边隆起，界限明显，突然出现，迅速消失（数小时至一昼夜）。

③ 神经症状：在病的后期出现，主要特征是某些运动神经呈现不同程度的不完全麻痹和完全麻痹。常见腰部、后肢麻痹，表现后躯无力，臀部及后肢肌肉萎缩，后肢摇晃和跛行，或面部神经麻痹，表现鼻、唇歪斜，耳、眼睑或下唇下垂。

（6）诊断与治疗　根据病状，血清学和动物接种试验确诊。血清学检查可用琼脂扩散试验，或间接血凝试验，或补体结合反应。同伊氏锥虫病。可用贝尼尔，每千克体重3.5 mg，配成5%的溶液，深部肌内注射。每天1次，连用3 d。

（7）预防　在疫区，于配种季节前对公马和繁殖母马进行一次检疫，包括临床检查和血清学试验。对阳性或可疑马进行隔离治疗，病公马一律阉割，不作种用。对健康母马和作采精用的种马，在配种前用安锥赛预防盐进行预防注射。大力开展人工授精工作，减少或杜绝感染机会，配种人员的手及用具等应注意消毒。公马的生殖器应用10%的碳酸氢钠溶液或0.5%氢氧化钠溶液冲洗。对新引入的种公马或母马，要严格进行隔离检疫，每隔1个月1次，共进行3次。1岁以上的公马和阉割不久的公马，应与母马分开饲养。没有育种价值的公马，应进行阉割。

5. 马蠓咬性皮炎

（1）病原学　蠓为双翅目、蠓科（Ceratopogouidae）。口器为刺吸式，种类繁多，全世界已知4 000种左右，中国报道近320种。其中，主要为台湾铗蠓［*Forcipomyia tai-wana*（Shiraki）］和同体库蠓（*Culicoides homotomus*）。蠛蠓、细蠓与人的关系较大。

（2）生活史　蠓是全变态昆虫，生活史包括卵、幼虫、蛹和成虫4个阶段。蠓生活史所需的时间与温度关系密切。在夏季约需 1 个月，通常每年可繁殖 2～4 代，视种类与地区不同而异。雄螨交配后 1～2 d 便死亡，雌螨的寿命约 1 个月。一般以幼虫或卵越冬。

（3）致病作用　患部剧痒，患马不断地啃咬摩擦，甚至打滚，被毛和上皮脱落露出红色真皮组织的创面，并附有淡黄色渗出液。多年的陈旧病例皮肤变为肥厚、干燥、粗糙、斑状脱皮和形成褶皱，鬐甲部尤为明显。易感马体表各部都能发病，但以皮薄毛稀的前胸、颈侧、胸腹下、颌凹、股内侧及阴茎的周围多发，且病势也重。幼龄马匹病变局限于尾根和耳部，耳边缘脱毛和鳞屑，尾部毛粗乱呈鼠尾状；老龄马匹由于持续地被叮咬，在鬐甲部、臀部也可见到病变。严重的病例，在体侧、颈部、颜面部和腿部也可出现病变。食欲不减，除继发细菌感染外，体温保持正常，病马全身症状不明显。但由于剧痒，影响采食和休息，病马逐渐消瘦，作业能力降低。

（4）临床症状　马匹被螨叮咬后，皮肤发生丘疹，其上部被毛逆立。丘疹顶端有一针尖大的小孔，用手挤压可流出一小滴露珠状液体。丘疹多半在 1～3 d 内消失，较大的丘疹经 1～2 d 后体积缩小至绿豆大、粟粒大小结节，有的形成绿豆大干痂，2～3 d 后干痂脱落形成麦粒至黄豆大的脱毛斑，覆盖白色鳞屑，以后慢慢生毛自愈。

（5）病理变化　早期变化是真皮内小血管的扩张和充血。伴有粒细胞浸润的（特别是嗜酸性粒细胞）各种程度的浆液渗出，引起胶原纤维的分离。细胞反应，首先是嗜酸性粒细胞周围真皮内部的小血管猬集，随之扩展到整个组织，但不蔓延到邻侧组织。继早期丘疹期后，上皮细胞增生显著，角化层变厚，主要由异常角化细胞组成。伴随大量上皮细胞脱落的浆液渗出，被毛也发生了脱落。随着病变的进展，细胞浸润和水肿减轻，而转为轻度的纤维化。慢性病例，由于广范围的纤维化，上皮细胞肥大和典型的过度角化造成了鬃、鬐甲和尻部等部位明显的皮肤褶皱。组织病理变化往往由于外伤和继发细菌感染而复杂化，在某些病例上皮细胞表面典型的炎症反应和溃脓掩盖了早期的细胞反应。镜检病马的肺、肾、肝、脾，一般很难发现病理变化。

（6）诊断与治疗　盐卤煤油：取盐卤 1 kg 熬至沸腾，加入煤油 500 g，混合备用。治疗时，先将患部用清水洗净，然后涂药，每天涂擦 1 次。重症病马应分片治疗，避免全身涂擦。一般治疗 7～8 d 后即可见患部长出新毛。如无盐卤，单用煤油或废机油治疗也有效。苦楝树胶：取 100 g 苦楝树胶，加 500 g 水，加温溶解，每天涂擦于患部。桃树叶等煎剂：取桃树叶、松树叶、苦楝树叶、布荆叶（五指柑叶）和辣蓼等混合一起煎煮，还可以加入少量硫黄，涂擦患部。此外，硫黄、草木灰水、芭蕉叶水、敌百虫水杨酸酒精（水杨酸 10 g、敌百虫 5 g、甘油 25 g、石炭酸 1 g、酒精 75 mL）对本病也有一定的疗效。

重症病马还可以每天静脉注射 10% 葡萄糖酸钙 100～200 mL，维生素 B₁ 10 mL，7 d 为一个疗程。应用一种植物油膏对 26 匹患过敏性皮炎的马匹治疗 3 周，收到了很好的效果。已有研究表明，应用 20 mL 3.6% 的苄氯菊酯溶液浇注在马背部，可以减少库螨的叮咬次数，但是减少的数量不显著；同时证明，在马身上应用 3.6% 的苄氯菊酯溶液是安全的，不会引起不良反应。

（7）预防　防治本病必须认真贯彻预防为主的方针，落实以下各项措施：消灭蚊螨滋生地。防止蚊螨等吸血昆虫叮咬马匹。保持马厩清洁和马体卫生。坚持经常喷洒杀虫药，减少马厩内蚊螨数量。每年 5—10 月，室内每天喷洒 0.1% 敌敌畏溶液或 0.5% 的二溴磷溶液。也可用乙酰基四氢喹啉对马匹进行驱螨喷雾，每匹马用 30 mL，6 h 内驱避效果为

100％。因此，每天喷药 2 次更能取得较好的效果，第一次 04:00 时，第二次 16:00 时。

6. 马浑睛虫病

（1）病原学 马浑睛虫病的病原体有指形丝状线虫、鹿丝状线虫及马丝状线虫。马浑睛虫虫体呈灰白色，虫体长 1～5 cm。

（2）临床症状 马浑睛虫寄生于眼前房内，不断地刺激眼前房，引起角膜炎、虹膜炎和白内障。病马表现为畏光、流泪，角膜和眼前房液轻度浑浊，视力减弱，眼睑肿胀，结膜和巩膜充血。病马频频摇头，或在马槽或木桩上摩擦患眼，严重时可致失明。

（3）诊断与治疗 将患畜牵至光亮处，左手食指固定患畜上眼睑、拇指固定下眼睑，观察眼房，如见一丝状虫体在眼内游动，即可确诊为浑睛虫病。该病主要采用手术治疗，手术时，使病畜作横卧或站立保定，牢牢固定住头部，先进行常规外科手术消毒处理。当虫体在眼前房内游动时，立即用 3‰毛果芸香碱液点眼，使瞳孔缩小，以防止虫体隐入后房。再用 5‰普鲁卡因注射液点眼麻醉，使眼睑开张，固定眼球。待虫体向术者方向游来时，用 12 号针头（须使斜面向内）迅速刺入眼房内 0.3～0.4 cm，此时虫体可随眼房液流出。术后将病畜静养于暗厩内，或用纱布包住患眼，穿刺的伤口一般可在 1 周左右愈合；如分泌物过多，可用硼酸液清洗，并涂抗生素软膏。

7. 马球虫病

（1）病原学 球虫常寄生于马属动物肠上皮细胞内。目前，引起马球虫病的球虫主要有鲁氏艾美耳球虫（*E. leuckarti*）、单指兽艾美耳球虫（*E. solipedum*）和单蹄兽艾美耳球虫（*E. uniungulati*）3 种。

（2）诊断与治疗 抗球虫药物的应用一般为预防性用药。为达到理想的驱虫效果，对彼此间不发生交叉抗药性的药物，可以交替使用或结合使用，以延长和增强抗球虫药的驱虫能力。应用磺胺药（如磺胺二甲基嘧啶、磺胺六甲氧嘧啶等）可减轻症状，抑制球虫病的发展。口服氨丙啉（每千克体重 20～25 mg，连用 4～5 d）可抑制球虫的繁殖和发育。贫血严重时，应考虑输血，并结合应用止泻、强心和补液等对症疗法。

三、马的常见内科病

1. 口炎 口炎又名口疮，是口腔黏膜及其深层组织炎症的统称。其类型较多，以卡他性、水疱性和溃疡性口炎多见。各型口炎均以流涎、拒食或采食、咀嚼障碍、口腔黏膜潮红、肿胀为特征。

（1）病因 最常见的原因是机械性刺激，如粗硬的饲料（麦芒、草茎），尖锐的牙齿、异物（钉子、铁丝等）或粗暴地使用口嚼与整牙器械等。其次是化学性刺激，如误用或误食有腐蚀作用的强酸、强碱、消毒药（生石灰，误饮氨水）或经口投服刺激性药物时浓度过大等伤害口腔黏膜，或喂给霉败饲料（锈病菌、黑穗病菌、发芽的马铃薯）。另外，口炎也见于舌伤、咽炎、胃肠炎和维生素 A 缺乏，某些中毒病（铜、汞、铅、氯中毒），寄生虫病及传染病的过程中。

（2）症状 病畜表现为采食小心，拒食粗硬饲料，咀嚼缓慢，甚至咀嚼几下又将食团吐出。口腔湿润，唾液或呈白色泡沫状附于口唇边缘，或呈牵丝状流出，重症口炎则唾液大量流出，可污染饲槽或厩床、畜舍。进行口腔检查时，病畜抗拒，并见口腔黏膜潮红、肿胀，口温增高，舌面被覆多量有黄或白色舌苔，有腐败臭味，有的唇、颊、腭及舌等处有损伤或烂斑。水疱性口炎，口腔黏膜上有大小不等的水疱，内含透明或黄色浆液性液体；溃疡性口炎，口腔黏膜发生糜烂、坏死或溃疡，流出灰色不洁而有恶臭味的唾液。除传染性因素引起的口炎外，一般均体温正常。

（3）治疗　应排除病因，如拔去刺在口腔黏膜上的异物、修整锐齿等；加强护理，喂给优质柔软易消化的饲料，如青干草、青绿饲料等，经常饮清水，喂饲后最好用清水冲洗口腔。注意畜舍卫生，防止继发感染，增进疗效。

药物疗法主要是根据病情变化，选用适当的药液净化口腔，消炎、收敛用1%的食盐水或2%～3%的硼酸溶液或碳酸氢钠液，或0.1%的百毒杀消毒液冲洗口腔，每天2～3次。不断流涎时，用1%的明矾溶液或鞣酸溶液洗涤口腔。口腔恶臭时，用0.1%的高锰酸钾液洗口腔；溃疡性口炎，冲洗后涂碘甘油（碘酊1份、甘油9份配成）或0.2%的龙胆紫溶液，也可涂1%的磺胺甘油混悬液；重剧性口炎，可用磺胺类药物加明矾，或用中药青黛散（青黛、黄柏、薄荷、桔梗、儿茶各等分，研细末）装入布袋内，衔于口中，饲喂时取出，每天换药1～2次。另外，针刺玉堂、通关等穴，也有一定效果。重症者，可肌注维生素C、维生素B$_6$，必要时可用抗生素、抗病毒药或抗真菌药。

（4）预防　改善饲养管理，合理调配饲料，防止物理、化学性因素或有毒物质的刺激。如清除饲料中尖锐异物；及时修理病牙；合理调制饲料，注意饲料粗硬度和温度，不喂霉变饲料；安全保管和正确使用腐蚀性化学物品和消毒药品。灌药时，注意药物不能太烫，动作要轻。检查口腔使用开口器时，避免损伤黏膜。加强兽医防疫工作，防止某些传染病的发生。

2. 咽炎　咽炎是咽黏膜、软腭、扁桃体及其深层组织炎症的总称。常与喉炎并发。咽炎按病性分为卡他性、蜂窝织性和纤维素性咽炎。临床上以吞咽障碍、咽部肿胀、触压时敏感、大量流涎、饮水及饲料从鼻孔逆出为特征。

（1）病因　原发性咽炎主要是机械性刺激，如粗硬饲草、尖锐异物、过热过冷饲料，以及兽医粗暴地插入胃管及马门蝇蛆寄生等；其次，应用浓度过高具有腐蚀性及刺激性的药物，如强酸、强碱、水合氯醛、氨水、甲醛、煤酚皂液、稀盐酸等；再如喂给霉败、发酵的饲料，或吸入刺激性气体，如毒气（氯气、芥子气及厩舍失火等）等。上述原因均可刺激咽部黏膜而引起咽炎。寒冷刺激和过度疲劳、长途运输等易发生本病，特别是早春晚秋季节气温多变时易发。继发性咽炎，多见于腺疫、血斑病、口炎、食管炎、传染性上呼吸道炎、流行性感冒及马的咽炭疽等病。

（2）症状　病马头颈伸展、运动不灵活、咽部肿胀、增温、咽部触诊时，病畜抗拒，表现为伸颈摇头，并发咳嗽。吞咽障碍和流涎是本病的特征，表现为食物通过咽部时，动物摇头不安，前肢刨地，甚至呻吟，常将食团吐出。在吞咽时，部分食物或饮水由鼻腔逆出，因而病马两侧鼻孔常被混有食物和唾液的鼻液所污染，口腔内往往蓄积多量黏稠唾液，呈牵丝状流出，或于开口时大量流出。全身症状一般不明显，因采食减少、吞咽障碍，病马常迅速消瘦。重症病例，特别是继发性咽炎，常出现体温升高，脉搏、呼吸增数，下颌淋巴结肿大。炎症常蔓延到喉部，因而呼吸促迫，频发咳嗽。

慢性咽炎，黏膜增厚，间有咽部肌肉结缔组织增生，致使咽腔狭窄、吞咽困难，局部无热痛，肿胀不明显，体温正常。

（3）治疗　加强护理、消除炎症，是本病的主要治疗原则。将病畜拴在温暖、干燥、通风良好的畜舍内护理。对轻症病畜，可给予柔软易消化的草料，并勤给饮水；对重症病畜，为防止误咽，禁止经口、鼻灌服营养物质及药物。可静脉注射 10%～25%的葡萄糖液或营养灌肠，以维持营养。

用温水或白酒温敷消除炎症局部，以促进炎性渗出物的吸收，每次 20～30 min，每天 2～3 次；或在咽部涂擦刺激剂，如 10%樟脑乙醇、鱼石脂软膏或复方醋酸铅散，用醋调成糊剂，局部外敷；也可口衔磺胺明矾合剂。有条件的，还可进行蒸汽吸入。

重症病例，可应用抗生素和磺胺类药物，如青霉素 80 万～100 万 IU，肌内注射，每天 3 次；或 20%的磺胺嘧啶钠液 50 mL 和 10%的水杨酸钠液 100 mL，分别静脉注射，每天 2 次。

中药可用六神丸 50～100 粒，研末加入食物中喂服，每天 2 次，连用 5～6 d。也可用牛黄解毒片 20～40 片，研末加入食物中喂服，每天 1～2 次，连用 5～6 d。或青黛散适量，包于布袋中，衔于口中也有较好效果。或雄黄散（雄黄、白及、白蔹、龙骨、大黄各等份，共为细末），醋调外敷。

（4）预防　加强饲养管理，防止受寒感冒、过劳，及时治疗原发病。兽医工作者用胃管投药时，应特别细心，防止损伤咽黏膜。

3. 食管梗塞　因食管被草料团块或异物所堵塞的疾病。临床上以突然发生咽下障碍为特征。

（1）病因　常因过度饥饿、采食过急、狼吞虎咽，是食管梗塞发生的主要原因。马常因吞食未泡软的豆饼和大的块根类饲料（如薯类、萝卜、甜菜、玉米棒等）而发病。或偶然抢食此类饲料或在采食时突然受到惊扰，扬头吞咽，饲料未经咀嚼就咽下，均容易发生食管梗塞。有时于全身麻醉苏醒后不久即行采食，也易发生本病。继发性食管梗塞，常继发于食管狭窄、食管痉挛、食管麻痹或邻近部位机械性挤压等。

（2）症状　病马于采食中突然停止采食，惊恐不安，摇头缩颈，不断地做吞咽动作。由于食管梗塞后送障碍，积聚在梗塞部前面的饲料和唾液不断从口鼻逆出，之后逆出的则为鸡蛋清样液体，并常伴有咳嗽。喝水时，水也从鼻腔逆出，地面常被大量混有饲料的唾液所污染。颈部食管梗塞时，常可在左侧颈静脉沟处看到膨大的梗塞部，食管触诊时，可摸到梗塞物，并有疼痛反应。胸部食管梗塞时，如有多量唾液蓄积于梗塞物前方食管内，则触诊颈部食管有波动感，如以手顺次向上推压，则有大量的泡沫状唾液由口鼻流出。插入胃管时，可由于食管狭窄而被阻。

（3）治疗　治疗食管梗塞，主要在于除去食管内的阻塞物。常采取肌内注射静松灵的方法治疗，使食管壁弛缓，多数可获治愈。经 1～2 h 尚不见效时，可插入胃管先导出梗塞部上方的液体，然后灌入液状石蜡 200～300 mL，用胃管小心地将异物向胃内推送，或在胃管上连接打气筒，有节奏地打气，趁食管扩张时，将胃管缓缓推进，有时可将阻塞物送入胃内。

中兽医采用游缰系前蹄治疗食管梗塞，效果较好。其方法是把缰绳拴在病马左前肢的系凹部，尽量使头下垂，然后驱赶病马快速前进，往返运动 20～30 min，借助颈肌的收缩，往往可将阻塞物送入胃内而治愈；另一种方法是先灌油水，滑润食管，然后令病马快速跳越 70 cm 高的障碍物，反复几次，有时可望治愈。

也可以先灌服液状石蜡或植物油 100～200 mL，然后皮下注射 3%的盐酸毛果芸香碱液 3 mL，经 3～4 h，部分可以治愈。

若为颗粒性饲料阻塞食管，可经胃管灌入适量温水，再将胃管前后轻轻移动，随即放低马头，反复多次，有时梗塞物可被洗出而治愈。

如上述疗法无效，对颈部食管梗塞可行手术疗法，切开食管，取出梗塞物。对食管梗塞病畜，要有专人护理。病程较长的，要注意人工营养，如静脉注射葡萄糖盐水加 5% 的碳酸氢钠液 300～500 mL，或行营养灌肠等。为了补充水分，也可反复用食盐水深部灌肠。

（4）预防　预防本病主要是饲喂要定时、定量，勿使马骡过度饥饿，防止采食过急。长途使役饥饿归来时，应使之休息片刻，先给予少量干草充饥，再逐渐给料；其次要合理调制饲料，如豆饼要粉碎泡透方可饲喂，块根类饲料要适当切碎等。

4. 食管炎　食管黏膜的表层及深层组织的炎症。其临床特征是，明显的吞咽障碍和食管探诊时有剧烈疼痛。

（1）病因　常由于机械性和化学性刺激而引起。主要的机械性刺激有粗硬的饲料、锐利的异物、粗暴地插入胃管、颈部外伤以及马胃蝇蛆寄生等；常见的化学性刺激有酒石酸锑钾、酸、碱、氨水及其他具有腐性的药物，当浓度过高经口内服时，可刺激食管黏膜引起发生食管炎，也可继发于口炎、咽炎、马痘等疾病。

（2）症状　食管黏膜表层炎症，通常无明显的临床症状，较重的病例主要症状为疼痛和吞咽困难。因吞咽时引起疼痛，病马拒绝饮食，故病马表现想吃而又不能吃。病马头颈伸直，吞咽食物时表现紧张，食团有时停滞于食管中或经口鼻逆流，同时病马不安、前肢刨地。颈部食管有时可见显著的肿胀，触诊敏感，并可引起逆蠕动或呕吐动作。呕吐物经鼻和口流出，其中，可混有黏液、血液及假膜，也常有流涎症状。

（3）治疗　在食管炎的经过中，应加强护理，给以柔软细碎的饲料。应先禁饲 2～3 d，然后给予人工营养，可静脉注射葡萄糖液。机体重症病例，病初在左侧颈沟食管部进行冷敷，以后行热敷，局部可用消毒收敛药，如 0.5%～1% 的鞣酸、0.1% 的硝酸银或高锰酸钾、1% 蛋白银等。为了减轻刺激性，可加入适量的黏浆剂，如阿拉伯胶。当有剧痛和高度吞咽障碍时，可给予镇痛药，如保定宁等。

（4）预防　改善饲养管理，合理调配饲料，防止物理、化学性因素或有毒物质的刺激。如清除饲料中尖锐异物；合理调制饲料，注意饲料粗硬度和温度，不喂霉变饲料；安全保管和正确使用腐蚀性化学物品和消毒药品。灌药时，注意药物不能太烫、浓度过高，避免粗暴地将胃管插入。

5. 胃肠炎　又称肠黄。马胃肠黏膜及黏膜下深层组织的重剧炎症。其可发生在不同的季节，有原发与继发之分。从病程来看，又有急性和慢性的区别。临床上以急性和继发性胃肠炎居多，其特点是发病经过急、胃肠功能障碍和自体中毒症状明显。

（1）病因

① 原发：饲喂管理不当：饲喂马匹，应保证定时、定量。饲喂量、饲喂草料和饲喂时间的突然改变，会对马匹产生应激，这些均会成为胃肠炎发生的诱因。饮食不洁：或因养殖成本问题，或因饲喂人员疏忽大意，给马喂了发霉变质的饲草料和不干净的饮水，霉菌分泌的毒素不断刺激胃肠黏膜，进而致使胃肠炎的发生。

② 继发：常见于马匹消化不良、肠便秘、肠变位和肠扭转，牙齿问题和胃肠道寄生

虫疾病等过程中,因为病程较长或治疗不当而继发。护理不当,结症刚好就给予精料和粗硬草料,都会继发胃肠炎。

(2) 症状 起初多消化不良,之后逐渐或迅速出现胃肠炎症状。病马常精神沉郁,闭目呆立,对周围刺激反应变弱,食欲废绝,饮欲增加,口腔干腻发臭;结膜暗红有黄染,耳和四肢末端发凉,同时伴有腹痛症状。持续加重腹泻是本病的主要症状,不断排稀软或水样粪,粪恶臭或腥臭,粪内往往混有大量黏液、血液和肠黏膜等坏死组织碎片;肠音初期增强,以后逐渐减弱。病末期多数肛门松弛,排粪失禁。炎症侵害胃和小肠时,肠音往往减弱或消失,排粪迟滞,粪球干硬,上附胶冻状黏液。大多病马体温升高到 40 ℃,少数病马末期见体温升高,心率增高至每分钟 100 次以上。随症状加重,病马体况逐渐虚弱,甚至出现抑制性的神经症状。重症病马脱水严重,皮肤弹性下降,眼球凹陷,尿少色浓,血液黏稠。

(3) 治疗 治疗原则是抑菌消炎、适当止泻和缓泻、补液解毒、维护心肾功能。

① 抑菌消炎:肌内注射有效浓度抗生素,最好根据粪中细菌的培养结果。可选择青霉素或者链霉素,青霉素肌内注射,链霉素内服。根据病马体重,保证用药剂量和疗程。

② 适当止泻与缓泻:选对时机很重要,时机不当会加重症状。早期症状出现排粪迟缓,可使用盐类容积性泻药,如硫酸镁;晚期迟缓,可用无刺激性的油类泻剂,如液状石蜡,同时配合乙酰胆碱皮下注射。肠内积粪排尽臭味变小时,可以使用鞣酸蛋白加水内服止泻。

③ 补液解毒:严重脱水病马极易死亡,体液的补充至关重要。补液时注意水盐同时补充,可选择乳酸林格氏液或等渗的糖盐水进行补充。出现酸中毒症状,应给予适量碳酸氢钠。补液应有 pH 监测指导。补液应尽可能在刚出现脱水症状时进行,防患于未然,及早处理,拖的时间越长,越难以下手。严重病马心脏虚弱,补液可通过胃管肠内补液。腹泻导致钾离子大量丢失,要适度补钾。

④ 维护心肾功能:可使用樟脑油 10~20 mL 皮下注射,每天 1~2 次。

(4) 预防 加强饲养管理,减少应激产生因素,循序渐进更换饲草,及时检查草料,定期驱虫和检查牙齿,及时治疗原发病。

6. 急性出血性盲结肠炎 急性出血性盲结肠炎是一种原因不明的超急性、高致死性疾病。临床上以重剧腹泻和速发进行性休克为特征,主要发生于青壮龄马。

(1) 病因 本病原因目前尚不清楚,多数认为与肠道菌群失调有关,是肠道菌群突然改变的应激反应。引起肠道菌群失调的原因,主要有应激因素的影响,如气候突变、草料骤变、手术、分娩、过度兴奋及过劳等;其次是滥用抗生素,尤其是内服广谱抗生素。某些病原菌连同肠道内某些常在菌由于对这种抗生素敏感,因而被抑制或消灭;另一些肠道菌则由于对这种抗生素不敏感或产生了耐药性,即乘隙大量繁殖,进而发生菌群失调。

(2) 症状 本病多数无先兆症状突然发病。疾病初期,体温即升高至 39~40 ℃。脉搏不同程度增数,每分钟 60~100 次以上,脉性初充实有力,迅即变为细弱无力乃至不感于手。呼吸加快,每分钟 30~40 次。病马精神沉郁,随病情发展,迅速变高度沉郁乃至昏睡状态。四肢末梢及耳鼻发凉。病马口腔干燥,口气恶臭,舌面被覆多量黄白色舌苔。食欲废绝,小肠音沉衰,大肠音多数出现流水样或金属性音,有的病马重剧腹泻,泻粪稀软或水样,呈黄褐色,腥臭难闻,潜血检查有的呈阳性反应。粪内的白细胞及革兰氏阴性小杆菌增多，而革兰氏阳性菌消失或偶见几个菌体。病马口腔黏膜尤其是齿龈黏膜和舌黏膜，由潮红迅速变为红紫色、紫色乃至蓝紫色，指压齿龈部黏膜，毛细血管再充盈时间延长数倍。血压显著下降，中心静脉压多降低甚至出现负值。心音初增强，很快减弱，或变浑浊，且多数病初即现第一心音减弱，以后两心音都减弱。心律初无变化，以后出现期前收缩、阵发性心动过速等变化。有的病马，两侧鼻腔流出几乎呈黑色、血样黏液性鼻液，肺泡音较粗，后期出现啰音，肺脏叩诊可出现浊音。

血尿常规检验可见血液高度浓稠紫黑，血细胞比容及血浆总蛋白升高，白细胞总数显著减少，白细胞分类计数中淋巴细胞相对增多。而中性粒细胞减少，中性粒细胞以杆状核为多，且胞核增大，核型多种多样，胞浆内出现数量不等、大小不一的中性颗粒。酸性粒细胞基本绝迹，血小板显著减少。同时尿液 pH 降低，量少色浓或无尿，尿中蛋白质、血液呈阳性反应，尿沉渣内见数量不等的白细胞、变性白细胞、肾上皮细胞、膀胱上皮细胞、尿路上皮细胞，血中尿素氮增多。血液生化检验显示血糖初升高，但以后降低。血钠、血钾降低。随着微循环障碍程度的不断增重，迅速发生重剧的酸血症，血液 pH < 7.3，血浆 CO_2 结合力急剧下降，尤其出现弥散性血管内凝血变化后常急速下降。

（3）治疗　基本的治疗原则是复容解痉，控制感染、制止过敏反应，解除酸中毒和维护心、肾功能。

① 复容解痉：本病病马，一般都显示血容量不足，补注液体，恢复血容量，改善组织微循环，是治疗本病的基础。

a. 补液复容。首先，补液的量要足，输液至血细胞比容值接近正常，表示血容量差重新恢复；其次，补液速度、补液种类，根据内毒素休克的特点，血糖初高后低，初期输含盐液体，后期加输葡萄糖液为宜。微循环瘀滞严重，宜适当输注低分子右旋糖酐液，以疏通微循环。腹泻脱水，选用等渗液如复方氯化钠液、生理盐水为宜。

b. 解痉。在补足液体的基础上用之，常用 0.25% 的盐酸氯丙嗪液、1% 的硫酸阿托品液。为了防止弥散性血管内凝血，可适当应用肝素。

② 控制感染、制止过敏反应：控制感染，一般多用对革兰氏阴性菌有效的抗生素；制止过敏反应，可用氢化可的松或地塞米松，或泼尼松琥珀酸钠盐。

③ 解除酸中毒：在本病的经过中，酸中毒的程度重，发展快，及时大量补碱，是十分必要的。本病的酸中毒是微循环瘀滞、组织缺血缺氧的结果。因此，补碱只是治标，要从根本上解除酸中毒，还必须着力于疏通微循环，改善组织的血液供应。

④ 维护心、肾功能：维护心脏功能的措施，可选用各种强心药，如洋地黄类强心药、安钠咖、樟脑、肾上腺素，以及三磷酸腺苷、辅酶 A、细胞色素 C、维生素 B 等；维护肾脏功能，除大量输液外，还须应用利尿剂，如氢氯噻嗪、呋塞米。

（4）预防　主要是加强饲养管理，防止气温骤变、草料骤变、过劳等应激因素的刺激。合理应用抗生素，以防肠道内某种菌群产生耐药性、过度繁殖而发生菌群失调。

7. 急性胃扩张　中兽医称其为大肚结，是由于采食过多和（或）胃后送功能障碍所引起胃急性膨胀的一种腹痛病。按其原因，可分为原发性胃扩张和继发性胃扩张；按内容物性状，可分为食滞性胃扩张、气胀性胃扩张和积液性胃扩张。原发性胃扩张多属气胀性或食滞性的，积液性的甚少；继发性胃扩张属积液性的。其临床特点是食后突然发病、中等度或剧烈腹痛，肚腹不大而呼吸迫促，胃排空障碍，插入胃导管即排出大量气体、液体或食糜，经过短急为特征。

（1）病因　原发性胃扩张，通常发生于下列情况：饲喂不及时，马骡过度饥饿，咀嚼不细，贪食过多。饱饲后突然剧役，致使血液重新分配，神经体液调节紊乱，胃消化和运动功能降低而发生胃扩张。突然改变饲养方式和程序，如由舍饲突然改变为放牧时，马骡容易采食过量的幼嫩青草或豆科植物；由放牧突然改变为舍饲时，马骡容易贪食过多的精料。贪食大量幼嫩青草容易发酵产气，贪食过多精料容易膨胀，均易引起急性胃扩张。

继发性胃扩张，通常继发于小肠便秘、小肠变位、小肠炎症、小肠蛔虫性阻塞，以及肠膨胀的经过中。这是由于肠腔阻塞，阻塞部前方分泌增加，以及肠黏膜炎性产物刺激，致使肠管的逆蠕动加强，大量肠内容物返回到胃，而使胃过度膨胀发生继发性胃扩张。个别的胃状膨大部便秘和小结肠等完全阻塞性大肠便秘的后期，也可继发胃扩张。前者可能是因为压迫十二指肠、后者可能是因为诱发反射性幽门痉挛，而使胃内容物的后送发生障碍所致。

个体内在因素，如素有咽气癖、慢性消化不良、肠蠕虫病、肠系膜动脉瘤的马匹，其胃肠道内感受器对内外刺激的敏感性增高。

（2）症状

① 原发性急性胃扩张：通常在采食后或经 3～5 h 后发病。其临床特点主要有 5 个方面的综合症状：

a. 腹痛。病初呈轻度或中等度间歇性腹痛，但很快（3～4 h 后）就转为持续性剧烈腹痛。病马急起急卧，倒地滚转，或快步急走，或直往前冲，愿前高后低站立，有的呈犬坐姿势。

b. 消化系统。病马饮食欲废绝，病初，口腔湿润而酸臭，肠音增强，频频排少量粪便，粪便多松软而不成形，以后随着病程的发展，口腔变得黏滑而恶臭，有的被有灰黄舌苔，肠音减弱乃至废绝，排粪减少或停止。不少病马有嗳气表现，嗳气时左侧颈沟部可看到食管逆蠕动波，听到含漱样食管逆蠕动音。个别重症病马发生呕吐或干呕（呕吐动作）。呕吐时，病马神情惊恐，低头伸颈，鼻孔阔开，腹肌阵缩，由口腔或鼻孔流出酸臭的食糜，且往往因腹肌强力收缩，胃内压急骤增高，胃壁更加紧张而造成胃破裂，故发生呕吐，多是危重的征兆。腹围一般不大，但有些病马（主要是气胀性胃扩张病马），仔细观察其左侧第 14～17 肋中部，即髂骨突水平线上下稍显突出。在该处叩诊，常发鼓音或金属音，听诊可闻及短促而高亢的胃蠕动音，如沙沙声、金属音、流水音等，3～5 次/min或更多，在导胃排出积聚的气液性内容物之后，这种声音就很快减少或消失。

c. 全身状态。有比较明显的变化。饮食欲废绝。结膜初期潮红，后期暗红。脉搏初期增数，以后疾速，可达 80～100 次/min，脉性由强转弱。腹围变化不大而呼吸迫促，可达 20～50 次/min，胸前、肘后、四肢内侧、眼周围或耳根部出汗，甚至全身出汗。体温改变不大，高者 39 ℃左右。局部乃至全身出汗。重症常伴有皮肤弹力减退、眼窝凹陷、血沉减慢、血细胞比容增高等脱水体征和血氯化物含量减少、血液碱储降低等碱中毒指征。

d. 胃管插入。感到食管松弛，阻力较小，插入胃内后，可排出大量酸臭气体及液状食糜，腹痛症状随即减轻，甚至消失，为原发性气胀性胃扩张；若排出少量气体及液状食糜甚至排不出食糜，而胃后送功能试验显示障碍，腹痛症状并不减轻，则为原发性食滞性胃扩张。抽出的胃内容物总酸度可达 60～100 滴定单位，游离盐酸大多缺乏，乳酸等有机酸呈阳性反应，而胆色素试验为阴性。

e. 直肠检查。在左肾前下方能摸到膨大的胃盲囊，随呼吸而前后移动，触之紧张并具有弹性（气胀性和积液性）或具捏粉样硬度乃至黏硬感（食滞性）。

胃扩张的病马，脾脏后移，后缘可达髋结节垂直线处。但须注意，不能单纯把脾脏后移作为胃扩张的诊断依据，因为有些马骡，特别是骡，在生理状态下，脾的后缘就在髋结节的下方。

② 继发性胃扩张：起病于原发病的经过中，先有原发病的表现，以后才逐渐出现呼吸促迫、腹痛加剧以及嗳气、呕吐、胃蠕动音等胃扩张所固有的症状。其特点是大多数病畜经鼻流出多量胃液。插入胃管时导出大量黄绿褐色液体（胆色素检查呈阳性反应）和少量气体；而且胃内容物排出后，腹痛暂时缓解，经数小时又会复发，为继发性胃扩张的重要特征之一。直肠检查时，除急性胃扩张的示病性所见外，还能发现小肠积食、小肠变位等原发病的变化。

③ 胃破裂：病畜腹痛突然停止，但全身症状则迅速恶化。呆立不动，若强使行走，步伐散乱，摇晃不稳，目光凝视；脉搏极弱，甚至摸不到，心搏次数可达 100～120 次/min 或更多；全身出冷黏汗；局部或全身肌肉震颤。病畜体温多迅速下降，很快死亡。

（3）治疗 治疗原则为加强护理和制酵减压、镇痛解痉、补液强心。

① 加强护理：适当保定，及时使用镇痛药物，防止撞伤。

② 制酵减压：制止胃内容物腐败发酵和降低胃内压，是缓和胃膨胀、防止胃破裂的急救措施，兼有消除腹痛和缓解幽门痉挛的作用。

a. 气胀性胃扩张。先导胃减压，再灌服适量的制酵剂，症状随即缓和乃至消失，如水合氯醛乙醇合剂，或用鱼石脂乙醇溶液，或灌服鱼石脂。

b. 食滞性胃扩张。导出的胃内容物极其有限，应行洗胃，插入单管或双管，反复灌吸，直至洗出胃内容物，腹痛减轻为止。在胃内容物排出困难时，可采用镇痛解痉药物治疗。食滞性胃扩张严禁使用大量盐类泻剂，否则会增加胃的容积，加剧机体脱水而使病情恶化。

c. 积液性胃扩张。因为多数是继发性的，导胃减压只是治标，应查明原发病并治疗。

③ 镇痛解痉：阻断疼痛性冲动，加强大脑皮质保护性抑制，调整自主神经功能，解除幽门痉挛，是解决胃后送障碍、消除胃膨胀的根本措施，应用于整个病程，通常在减压制酵后实施。

④ 补液强心：在脱水体征明显时采用之，多用于原发性胃扩张的后期和继发性胃扩张时，依据水盐失衡的状况，确定补液的种类和数量。

（4）预防 对急性胃扩张的预防，应从饲养管理方面入手，教育饲驭人员认真贯彻常规饲养，防止马骡暴饮暴食。在饲料方面，应注意勿过食，防止饲料突变，禁止饲喂霉败草料；饲喂易膨胀易发酵饲料后，不可立即大量饮水。在管理方面，重役后要休息片刻，再行饮喂，但不宜过早添加精料；饱饲后不立即重役或驱赶过急；不应使马骡过于疲劳和饥饿，应尽可能做到定时定量；长期休闲马骡应进行适当运动，增强胃肠消化功能，饲料库要严加管理，防止马骡吃马料。

8. 肠痉挛 由于肠壁平滑肌受到异常刺激发生痉挛性收缩，并以明显的间歇性腹痛为特征的一种常见的真性腹痛病。中兽医称为冷痛和伤水起卧、姜牙痛、脾气痛或痉挛疝。其临床特征是间歇性腹痛和肠音增强。

（1）病因　激发肠痉挛的外在因素主要是寒冷刺激，其次是化学性刺激。

① 寒冷刺激：如汗后淋雨、寒夜露宿、气温骤降、风雷侵袭等。饲养管理不善，如采食冰冻饲料、重剧劳役或大汗后贪饮大量冷水等。

② 化学性刺激：包括采食霉烂酸败饲料，以及在消化不良病程中胃肠内的异常分解产物等。由此致发的肠痉挛，多伴有胃肠卡他性炎症、特称卡他性肠痉挛或卡他性肠痛。

③ 内在因素：常见的内因是消化不良、胃肠的炎症或寄生虫（寄生性肠系膜动脉瘤、肠道寄生虫）及其毒素被吸收和神经系统的相对平衡发生紊乱，使迷走神经兴奋，从而引起肠平滑肌痉挛性收缩，是本病的根本原因。发情期具有神经体液明显变化的母畜，肠痉挛发病率高，也可以说明神经系统在本病发生上有着重要意义。

（2）症状　腹痛剧烈或中等度，间歇性发作。发作时，病马起卧不安，倒地滚转，持续 3～5 min。间歇期，病马外观似乎无病，往往照常采食和饮水，隔一段时间（10～30 min）腹痛再度发作。在通常情况下，腹痛表现越来越轻，间歇期越来越长，送诊途中不药而愈者屡见不鲜。肠音增强，两侧大、小肠音连绵高朗，侧耳可闻或远扬数步，有时带有金属音调。排粪较频，粪量不多，粪便稀软或松散带水，气味酸臭，含粗大纤维及未消化谷粒，有的混有黏液。全身症状轻微，除腹痛发作时呼吸疾速外，体温、脉搏、呼吸无明显改变，口腔多湿润，躯体局部出汗，有的耳鼻部发凉，口温偏低，舌色青白，出现心律失常（心音间歇）、第一心音分裂等迷走神经紧张性增高的表现。腹围一般正常，个别的因伴发轻度肠臌气而稍显膨大。直肠检查，可感到肛门紧缩，直肠壁紧压手臂，狭窄部较难入手，除有时局部气肠外，均无异常表现。

（3）治疗　肠痉挛的治疗原则是解痉镇痛和清肠制酵。

① 解痉镇痛：治疗肠痉挛的基本原则。因寒冷所致的肠痉挛，即所谓的冷痛，单纯实施解痉镇痛即可。下列各项解痉镇痛措施均有良效，腹痛约经 1 h 消失，如白酒 250～500 mL，经口灌服；30% 的安乃近注射液 20～40 mL，皮下或肌内注射；安溴注射液 80～120 mL，静脉注射；0.25% 的普鲁卡因溶液 200～300 mL，缓慢静脉注射。

② 清肠制酵：卡他性肠痉挛在缓解痉挛、制止疼痛后，还应清肠制酵，如人工盐（或硫酸钠）300 g、鱼石脂 10 g、乙醇 50 mL、温水 5 000 mL，胃管投服。

③ 中医疗法：以温中散寒、理气止痛为治法，可选用口服橘皮散或温脾散加减，或针刺分水、姜牙、三江、耳尖、关元腧等穴位。

（4）预防

① 马厩环境：马厩良好的防雨和保暖功能对于马匹十分重要，如果夏天马厩漏雨或者冬天有贼风窜入，会成为马匹肠痉挛的诱因，所以定期检查马厩的完整性很重要。

② 饲喂：突然改变饲草或者给予大量冷水，或是饲喂人员的突然改变，不熟悉马匹的饲喂情况，这些都会成为肠痉挛的诱因，所以要尽量避免突然改变稳定的饲喂状况。

③ 适宜的活动量：避免突然大量运动或高强度使役，如若有此情况，不要给予冷料或者冷水，将饮水适度加热，添加少量食盐。

9. 肠臌气　中兽医称"肚胀"或"气结"，是由于采食了大量易发酵的饲料，肠内产气过盛而排气不畅，使肠管过度膨胀的腹痛病。按病因，可分为原发性肠臌胀和继发性肠臌胀。临床上以经过短急、腹围急剧膨大而肷窝展平乃至隆突，剧烈而持续的腹痛为特征。

（1）病因

① 原发性肠臌胀：主要是采食了大量容易发酵的草料，如新鲜多汁、堆积发热、凋萎发蔫或雨露浸淋的青草、幼嫩苜蓿、青割燕麦，以及青稞、黑麦、谷米、豆饼、豌豆等豆谷类精料；或采食了发霉、冰冻、腐败等质量不良的饲料引起，特别是当马匹饥饿时，采食过急，咀嚼不充分，或由舍饲突然改为放牧、由冬春草场到夏秋草场等饲养环境突然变动的情况下，特别是又饮以大量冷水之后更易发生。

初到高原地区的骡马，多易发生肠臌气，其原因尚不十分清楚。一般认为，与气压低、氧不足及过劳应激有关。习惯于舍饲或平原草甸草场放牧的骡马，刚进入高寒荒漠草原时，机体处于应激状态，自主神经调节发生紊乱，以致胃肠的分泌和运动机能减弱，肠道内环境不稳定，微生物群落重新组合，消化动力定型遭到破坏，如果采食上述易发酵饲料，则更易发生肠臌气。当机体所处的外界气压降低时，机体内部的压强也必然降低，以保持体内外压强的平衡。海拔越高，大气压越低，体内压强降低的倾向也越显著，而胃肠道气体的膨胀体积越大。当马骡胃肠功能良好并且饲喂适当时，则表现为肠蠕动增强，放屁增多，经过一段时间即可适应；若马骡的胃肠功能减退，加上饲喂不当，则机体排气不良，就可发生急剧的肠臌胀；当氧不足和过劳时，整个有机体，尤其是对氧缺乏比较敏感的中枢神经系统发生明显障碍，消化道内唾液、胃液、胆汁、胰液和肠液分泌减少，胃肠蠕动力减弱等一系列变化，而促使肠臌胀的发生。

② 继发性肠臌胀：常见于完全阻塞性大肠便秘、结石性小结肠堵塞，以及完全闭塞性大肠变位的经过中。

（2）症状

① 原发性肠臌胀：通常于采食易发酵饲料后数小时发病。表现为以下典型症状：

a. 腹痛。轻度臌胀，几乎不表现腹痛。但多数病例，病初呈间歇性腹痛，并迅速转为持续而剧烈的腹痛，这是由于在痉挛性腹痛的基础上，很快又增加了膨胀性、牵引性疼痛的结果。病至末期，肠管过度伸张，神经敏感性降低而陷入麻痹，则腹痛也随之减轻，甚至消失。

b. 腹围。多数病例，腹围很快膨大，腹壁紧张，肷部展平或稍隆突，并以右肷部隆突较明显。少数病例，腹围膨大并不十分明显而腹痛很重，这多半是大肠的假性变位造成局部性肠臌胀的结果。

c. 消化系统变化。病初口腔湿润，肠音增强，甚至连绵不断，带金属音，排粪频数增加，每次排出少量稀软的粪便，并有气体排出。随着病情加重，口腔变为干燥，肠音逐渐减弱，以至消失，排粪排气也停止。

d. 全身状态。体温一般无大变化，结膜潮红或暗红，脉搏增数，呼吸困难，呼吸数可增加 2～3 倍，严重的可引起窒息而死亡。局部或全身出汗，前肢肌肉常常颤抖。病至末期，精神萎靡，反射迟钝，四肢末梢及唇鼻端发凉。

直肠检查：除直肠和小结肠外，全部肠管均充满气体而高度臌胀，腹压增高，检手活动困难，触摸充满气体的肠管，感到肠管紧张而有弹性，肠管位置也多少发生改变。

② 继发性肠臌胀：先有原发病的症状，通常是经过 4～6 h 后，逐渐出现腹围膨大、

呼吸促迫等肠膨胀症状。原病不除，即使穿肠放气，于短时间后又复发，解除原发病则症状迅速消失。

（3）治疗　通常采取减气排压、镇痛解痉和清肠制酵等综合治疗原则，并加强护理。

① 排气减压：为促进肠内气体排出，应根据肠臌胀的程度进行处置。在疾病初期，肠臌胀不太严重时，可针刺后海、大肠俞等穴。当肠管互相挤压、进而发生肠管移位、阻碍积气排出时，可通过直肠检查，用检手轻轻晃动肠管，往往能促进肠内积气排出。也可用1%的温盐水，多次少量灌肠，以缓解肠痉挛，有利气体排出。当病马腹围显著膨大、呼吸高度困难时，应尽快穿肠放气，放气后可由穿刺针头注入适量制酵剂，防止继续发酵。

② 镇痛解痉：肠臌胀的病马，腹痛急剧，应尽早使用镇痛解痉药物。常用的有安乃近液或盐酸普鲁卡因等，上述药物不仅能够镇痛，而且通过解除肠管痉挛的作用，往往可达到排除积气、疏通肠道的功效。

③ 清肠制酵：清理胃肠和制止发酵是密切相关的，临床经常并用，即在应用缓泻剂的同时，加入适量的制酵剂，也可以先灌服制酵剂，待肠臌胀基本解除后，再灌适量的缓泻剂，以清理胃肠。常用的有人工盐、鱼石脂、福尔马林、薄荷脑、松节油等，上述药物兼有缓泻、镇痛和制酵作用。

④ 对症处置：重症肠臌胀病马后期，当出现微循环障碍、酸中毒和心力衰竭时，则应补充有效循环血量，纠正酸中毒和维护心脏。并发或继发胃扩张时，须插入胃管，排出胃内积气和内容物。对继发性肠臌胀，上述治疗仅是治标，关键在于治疗原发病，解除了原发病，肠臌胀也就迎刃而解了。

⑤ 护理：专人护理，注意防止病马滚转造成肠、膈破裂。治愈后1~2 d内适当减少饲喂量，以后再逐渐转为正常饲养。

（4）预防　本病的预防，可参照急性胃扩张的预防。

10. 肠变位　由于肠管自然位置发生改变，致使肠系膜或肠间膜受到挤压，肠管血液循环发生障碍，肠腔陷于部分或完全闭塞的一组重剧性腹痛病，又称机械性肠阻塞、变位疝。其临床特征是，腹痛由剧烈狂暴转为沉重稳静，全身症状渐进增重，腹腔穿刺液量多、红色、混浊，直肠检查变位肠段有特征性改变。肠变位病势急，发展快，病期短，死亡率高。肠变位包括 20 多种病，可归纳为肠扭转、肠缠结、肠嵌闭和肠套叠 4 种类型：

肠扭转　即肠管沿自身的纵轴或以肠系膜基部为轴而做不同程度的扭转，使肠腔发生闭塞、肠壁血液循环发生障碍的疾病。比较常见的是左侧大结肠扭转，左上行大结肠和左下行大结肠一起沿纵轴向左或向右做 180°~720°偏转；其次是小肠系膜根部的扭转，整个空肠连同肠系膜以前肠系膜根部为轴向左或向右做 360°~720°偏转；再次为盲肠扭转，整个盲肠以其基底部为轴向左或向右做 360°偏转。肠管沿自身的横轴而折转的则称为折叠，如左侧大结肠向前内方折叠、盲肠尖部向后上方折叠等。

肠缠结　又名肠缠络，即一段肠管以其他肠管、肠系膜基部、精索、韧带、腹腔肿瘤的根蒂等为轴心进行缠绕而形成络结，使肠腔发生闭塞、肠壁血液循环发生障碍的疾病。比较常见的是空肠缠结，其次是小结肠缠结。

肠嵌闭　又名肠嵌顿、疝气，即一段肠管连同其肠系膜坠入与腹腔相通的天然孔或破裂口内，使肠腔发生闭塞、肠壁血液循环发生障碍的疾病。比较常见的是小肠嵌闭，其次是小结肠嵌闭。如小肠或小结肠嵌入大网膜孔、腹股沟管乃至阴囊、肠系膜破裂口、肠间膜破裂口、胃肠韧带破裂口及腹壁疝环内，如果肠管膜坠入天然孔不深或裂口宽大，肠腔不闭塞，肠壁血液循环正常，则不能称为肠嵌闭，只能称为"疝"，即只是肠移位而不是肠变位。

肠套叠 即一段肠管套入其邻接的肠管内，使肠腔发生闭塞、肠壁血液循环发生障碍的疾病。套叠的肠管分为鞘部（被套的）和套入部（套入的）。依据套入的层次，分为一级套叠、二级套叠和三级套叠。一级套叠，如空肠套入空肠、空肠套入回肠、回肠套入盲肠、盲肠尖套入盲肠体、小结肠套入胃状膨大部、小结肠套入小结肠等；二级套叠，如空肠套入空肠再套入回肠、小结肠套入小结肠再套入小结肠等；三级套叠，如空肠套入空肠又套入回肠再套入盲肠等。幼驹比较多发。

（1）病因

① 导致肠管功能改变的因素：如突然受凉，冰冷的饮水和饲料，肠卡他、肠炎、肠内容物性状的改变、肠道寄生虫、全身麻醉，以及肠痉挛、肠臌气、肠阻塞和肠系膜动脉血栓和（或）栓塞等腹痛病的经过之中。肠管运动功能紊乱，有的肠段张力和运动性增强乃至痉挛性收缩，有的肠段张力和运动性减弱乃至弛缓性麻痹，致使肠管失去固有的运动协调性。如某段肠管蠕动增强，而与其相邻的另一段处于正常或弛缓状态的肠管，加之肠内容物稀薄或较空虚的情况下，容易发生肠套叠。当肠管充盈，肠蠕动功能增强，甚至呈持续性痉挛性收缩，使肠相互挤压，往往可以成为肠扭转的重要因素。

② 机械性因素：在跳跃、奔跑、难产、交配等腹内压急剧增大的条件下，小肠或小结肠有时可被挤入某孔穴而发生嵌闭。起卧滚转、体位急促变换情况下，促使各段肠管的相对位置发生改变，如小肠或小结肠沿其系膜根的纵轴扭转，上行结肠和下行结肠沿其纵轴扭转。

（2）症状

① 腹痛：肠管完全闭塞的肠变位，腹痛剧烈，呈持续性，或只有短暂的间歇期，病马急起急卧，左右滚转，前冲后撞，极度不安，吰喝难以控制，往往将头部皮肤摔伤。即使应用大剂量的镇痛剂，腹痛也不见明显减弱；采取仰卧姿势，让其四肢朝天安然不动，意在缓解肠系膜牵引性疼痛。后期若继发腹膜炎，虽有腹痛，但病马表现欲卧又不敢卧，卧地之后也不敢滚转，往往拱背呆立，不愿行动。若强使行走，则小心谨慎地细步轻移拐大弯前进。肠腔未完全闭塞的肠变位，如骨盆曲的轻度折转，或肠管坠入较宽大的破裂孔内，肠管遭受挤压较轻，腹痛的剧烈程度也轻。

② 消化系统症状：食欲废绝，口腔干燥，肠音减弱或消失，排粪停止，常继发胃扩张和（或）肠膨气。出现肠臌气时，病畜腹围明显增大。不完全闭塞的肠套叠，肠音有时增强，排粪呈液状，恶臭，混有多量的黏液或少量血液。病至后期，由于严重脱水，可能出现饮欲。

③ 全身症状：肠腔完全闭塞的肠变位病势猛烈，全身症状多在数小时内急转直下而迅速增重，表现全身或局部出汗，脱水体征明显，肌肉震颤，脉搏细数，可达 $100\sim120$ 次/min，心悸，呼吸促迫，结膜潮红或暗红，体温大多升高至 39 ℃以上。后期病畜表现紧张、痛苦，呆立或卧地不起，舌色青紫或灰白，四肢及耳鼻发凉，脉搏细数或不感于手，毛细血管再充盈时间明显延长，血液暗红而黏滞，呈现休克危象。

④ 腹腔穿刺：在发病后的短时间（2～4 h）内，腹腔穿刺液即明显增多，初为淡红黄色，以后则逐渐变为血水样乃至稀血样，含多量红细胞、白细胞及蛋白质。在某些肠变位，如有的腹股沟管嵌闭和肠套叠，腹腔穿刺液可能始终不红。

⑤ 直肠检查：完全闭塞性肠变位，直肠检查时有下列共同特点：直肠空虚，蓄有较多黏液，腹压较大，检手前伸困难，可摸到局部气肠，肠系膜紧张而不松弛，呈索条状朝一定方向倾斜而拽拉不动，某段肠管的位置、形状及走向发生改变，加以触压或牵引病马则剧痛不安，排气减压后触摸，仍一如既往。各型肠变位还另具特点：

前肠系膜扭转时，胃充满积液，空肠均匀膨胀，粗同小臂，充塞腹腔，前肠系膜根部呈螺旋索状，触之即剧痛不安。a. 左侧大结肠扭转时，盲肠臌气，骨盆曲及相邻的一段左侧上、下行结肠膨胀而形成球囊状，有肠带及纵带的左侧下行结肠和光滑的左侧上行结肠位置颠倒或者平行并列，沿此肠段前伸，常可感到螺旋状窄细的扭转处，刚一触及病马即剧痛不安。b. 小肠或小结肠腹股沟管嵌闭时，胃积液胀满及部分空肠膨胀或盲肠及大结肠均匀膨胀，前肠系膜或后肠系膜向后下方腹股沟管口斜，平行的小肠或小结肠肠袢走向并套入腹股沟管内，拽之则病马剧痛不安，令助手从阴囊部或精索处触诊常能感到套入的肠管。c. 小肠缠结于前肠系膜根处，具有明显局限性气肠。当触摸到变位肠管或紧张呈索状的前肠系膜时，则病马表现剧痛，仔细触摸，常可摸到肉样柔软缠结的肠管，或肠系膜呈螺旋状。d. 肠套叠时，多感受不到局限性气肠，但可摸到圆柱形肉样、肠段如小臂或大臂粗、触压鞘部肠管或仅触及鞘口处套入肠管的肠系膜，病马剧痛不安。e. 骨盆曲轻度折转，多位于骨盆腔前口或盲肠后外侧方，直肠检查可发现左下大结肠有中等量积粪并积气，顺着左下大结肠向后摸，可确认骨盆曲折转压在左下大结肠下面，或压在盲肠后外侧方。

（3）治疗　治疗原则为镇痛、减压、补液、强心、应用抗生素、手术整复。

① 镇痛：30％的安乃近注射液 20～40 mL，肌内注射；安溴注射液 50～100 mL，静脉注射；0.5％的普鲁卡因 100 mL、10％的氯化钠 200～300 mL、20％的安钠咖 20～40 mL，混合一次静脉注射。

② 减压：常在右侧肷窝部穿刺盲肠，在左侧腹肋部穿刺左侧大结肠，或用注射针头在直肠内穿肠放气。伴发气胀性胃扩张的，可插入胃管放液排气。

③ 补液：补充等渗液体，低分子右旋糖酐，避免休克危象。

④ 强心：可静脉滴注毛花苷 C（西地兰注射液）1.6～3.2 mg，4～6 h 后再注射 0.8～1.6 mg，也可注射毒毛花苷 K 注射液 1.5～3.7 mg。

⑤ 应用抗生素：投服新霉素或链霉素，制止肠道菌群紊乱，减少内毒素的生成。

⑥ 手术整复：肠变位的根本治疗措施，在于整复肠管，使其恢复自然位置。有效的整复方式是行剖腹术。为提高整复手术的疗效，可在手术前采取相应的对症疗法，以缓和病情。为解除和防止脱水及自体中毒，可静脉注射 5％的葡萄糖盐水，并适当应用安钠咖等强心剂；有继发性胃扩张时，要导胃减压；继发肠膨胀时，要穿肠放气，发生内毒素休克时，按内毒素休克进行治疗。整复后为清除胃肠内容物可用缓泻剂，但在变位肠管未整复之前，泻剂有害无益，一律禁用。

（4）预防　肠变位发展急剧，目前还无有效的药物疗法，故预防本病的发生是非常重要的。应着重于改善饲养管理，合理使役，定期驱虫，防止胃肠功能紊乱，及时治疗肠痉挛等发病，抑制过强的肠蠕动；在其他腹痛病经过中加强护理，防止剧烈滚转造成肠变位。

11. 肠便秘 又称便秘疝、肠阻塞，中兽医称结症。由于肠管运动和分泌机能减退、粪便停滞引起某段肠管完全阻塞或不完全阻塞的疾病。按阻塞的部位，可分为小肠便秘和大肠便秘；按阻塞的程度，可分为完全阻塞性便秘和不全阻塞性便秘。为马、骡、驴常发的胃肠病，发病快、死亡率高。易发部位为小结肠，其次是骨盆曲、胃状膨大部。肠便秘的临床特征是食欲减退或废绝，口腔稍干或干燥，肠音减弱或消失，排粪减少或停止，伴有不同程度的腹痛，直肠检查某段有秘结的粪块。

（1）病因 肠阻塞的病因极其复杂，既有外在因素，也有内在因素和诱发因素。

① 饲草品质不良：小麦秸、蚕豆秸、花生藤、甘薯蔓、谷草和麋草等粗硬饲草，含粗纤维、木质素等较多，特别在受潮霉败、湿而且韧时，难以咀嚼，不易消化，是致发病马肠阻塞的基本因素。马肠阻塞往往发生于饲喂上述各种粗硬饲草，且存在某些诱发阻塞的因素时。

② 饮水不足：马大肠搅拌运动和推进运动以及草料的消化、吸收、运动以及粪便的排出，无不需要水分。当各种原因造成饮水不足时，可致肠运动功能减退，内容物逐渐停滞、干涸而造成的大肠阻塞。

③ 喂盐不足：摄入食盐，刺激口腔黏膜味蕾，能反射地引起消化液分泌增多和胃肠蠕动增强；再者，多喂盐就促使马、骡多饮水，从而使大肠内保持一定的渗透压和含水量，适应纤维素的微生物消化，同时保持体液充沛，血浆水分向肠腔渗漏和回收趋向平衡，维持正常的肠运动功能。喂盐不足时，消化液分泌不足，大肠内含水量减少，肠肌弛缓，常激发各种不全阻塞性大肠阻塞。

④ 饲养突变：草料种类、日粮组分、饲喂方法、饮喂程序及饲养环境的突然变化，特别是由放牧转为舍饲，由饲喂青干草、稻草而转为霉草、谷草、麦秸等粗硬饲草，可使马、骡长期形成的规律性消化活动遭到破坏，肠道内环境急剧变动，胃肠的自主神经控制失去平衡，肠内容物停滞而发生阻塞。

⑤ 天气骤变：气温、空气湿度、气压等气象参数发生骤变，如降温、降雨、降霜前后，马、骡胃肠性腹痛病，特别是肠阻塞的发生确实显著增多，可能是这些突变的气象因素，使马、骡处于应激状态。

⑥ 内在因素：a. 抢食或吞食：有些马、骡采食过急，咀嚼不细，混唾不均，胃肠反射性分泌不足，食团囫囵吞下，妨碍消化，易发阻塞。这样的马、骡如吞食粉碎的、过细的粗硬饲草，常容易造成小肠阻塞。b. 长期休闲，运动不足造成平滑肌紧张性降低，消化腺兴奋性减退，胃肠运动缓慢无力，消化液分泌减少。这样的马、骡一旦转为使役，采食量激增，胃肠功能难以适应，常容易发生阻塞。

（2）症状 根据阻塞部位，分为小肠阻塞和大肠阻塞。小肠阻塞多在采食中或采食后数小时突然发病。腹痛较重剧，肠音减弱并很快消失。患畜频频起卧，左右滚转，腹痛间隔时间很短，排粪较少，排零散粪球，粪干小或松散并附有黏液，以后停止排粪，常继发胃扩张。大肠阻塞发生较缓慢，肠音逐渐消失。有的 1~2 d 或 2~3 d 排粪完全停止，食欲废绝。腹痛不太剧烈，但很沉重。患畜回头观腹，不断卧地，伸腰展背，结膜潮红，口腔干燥、口臭，中期以后易继发肠臌气。

（3）治疗

① 一般疗法：治疗小肠阻塞，首先要消除继发性胃扩张，以免病畜胃破裂而死亡，然后消除肠阻塞。可先用胃管排气后，灌入液状石蜡或植物油 1 000～1 500 mL，松节油 30～40 g 或消气灵 20 mL。6 h 后可皮下注射卡巴胆碱，也可静脉注射 10% 的氯化钠液 300～500 mL，10% 的安钠咖液 10～20 mL。治疗大肠阻塞，首先是排除肠内积滞，然后要加强神经系统的机能，恢复肠蠕动。在患病早期，可用硫酸钠 300～500 g、大黄末 60～100 g、松节油 20～40 g、温水 1 500～3 000 mL，一次胃管投服，皮下注射卡巴胆碱。

② 对症疗法：包括镇痛、减压、补液、强心。镇痛的作用在于恢复大脑皮层对全身机能，特别是对胃肠的调节作用。可用 30% 的安乃近注射液 30～50 mL 肌内注射，安溴注射液 100～200 mL 静脉注射。减压的作用在于消除胃肠臌胀，当继发胃扩张时，应及时导胃；当继发肠臌气时，可行穿肠放气，但须配合鱼石脂或松节油等制酵剂。强心补液在于维持心脏机能，缓解脱水和解除自体中毒。主要用于重症肠便秘，以复方氯化钠、5% 的葡萄糖生理盐水、10% 的安钠咖注射液，依据病畜的脱水程度和心脏机能适量静脉注射。

③ 手术疗法：采取通过腹壁进行阻塞部位注射法和剖腹取结术进行治疗。

④ 中兽医疗法：按病因病理分为热结、寒结、虚结 3 种类型。热结表现腹痛起卧、口燥、味臭、舌苔黄厚、身热舌赤、尿短赤，治则消积破气，清热通便，方用加味承气汤；寒结表现为腹痛较剧烈，恶寒战栗，耳鼻及四肢发凉，口色青白，苔白、脉沉迟，治则温阳健脾、通肠散寒，方用加味温脾汤；虚结表现衰老体瘦，气血两虚者多患之。腹痛起卧症状较壮畜稍轻，舌质绵软无力，口色淡白，脉沉细无力，身瘦乏力，粪便干硬，努责无力。治则攻补兼施，润肠通便，方用黄龙汤或当归苁蓉汤。

除用上述疗法外，还可用针灸疗法。针刺三江、分水、姜牙、蹄头、后海等穴位，或电针关元俞，以及直肠入手隔肠破结法（捶结法）。

（4）预防 避免突然更换饲料。尤其在夏天，应给予充足的饮水，每天饲料与饮水中加入足够的盐分。粗料应有所选择，不可给予粗硬且较长的草料。积极治疗肠变位、扭转等原发疾病，病情拖延可能会继发肠便秘。

12. 胃肠破裂 马的胃肠因受到突然的、强烈的外力撞击或者继发于胃扩张、肠臌气等腹痛疾病而导致的器官破裂，进而病马出现腹痛减轻或消失，全身情况迅速恶化，两眼凝视，全身出黏冷汗，口唇下垂，末梢厥冷，迅速死亡。

（1）病因 胃肠破裂多继发于胃扩张和肠臌胀等腹痛病经过中。由于胃或肠内压增大，加之病马腹痛滚转冲撞，特别是突然摔倒，均易造成胃或肠破裂。饱食后立即重役或倒畜，灌药加水量太多或投药后向胃管内吹气等也可引起。也有因胃肠寄生虫、溃疡而发生本病的。特别是在胃扩张时，因呕吐可使胃壁挛缩或贲门紧缩而妨碍呕吐，是发生胃破裂常见的原因。也有因外伤引起。直检或配种不慎公畜阴茎误入肛门，均可引起直肠破裂。

（2）症状 胃肠破裂前，常具有胃扩张和肠膨胀的症状。胃肠破裂后，腹痛突然减轻或消失，而全身症状迅速恶化，呈中毒性休克症状。病马貌似惊恐，两眼凝视，全身出冷黏汗，体温低下（初期有的上升），肌肉震颤，口唇松弛下垂，四肢集于腹下，呆立不动。若强使行走，则运步不稳，体躯摇晃，有的卧地不起。四肢及耳端厥冷。有的胃破裂病马

（胃不全破裂、只是部分破裂，大网膜没有破裂时），鼻流粪水，脉搏细弱，甚至不感于手，心跳加快，一般在 100 次/min 以上，口色似枯骨，腹腔穿刺液有草渣或粪臭味。在肠破裂时，"气腹穿刺试验"阳性。

血液检查，血沉减慢，红细胞数增加，白细胞数减少至 4 000 以下，中性粒细胞减少，淋巴细胞相对增多。

（3）治疗　胃扩张和结症引起的胃肠破裂多无法治疗。尖物刺透腹壁伤及肠壁时，可见伤口处流出粪水。如有心跳逐渐加快、呼吸困难、阴茎脱出、时有挤尿、板状腹壁等症状时，或见到肠壁上的破口时，应立即进行手术。对破裂处进行缝合，用生理盐水冲洗并用纱布擦去肠壁或腹腔内的粪渣等异物，倒入青、链霉素各 400 万 U 和樟脑油 20 mL 后关闭腹腔。直肠穿孔，可在腹股沟外环与白线之间的耻骨部做一与白线平行的 10 cm 长的切口，拉出破裂处缝合或肌内注射静松灵，5 min 后，伸手入直肠将破裂孔全部用手握住，然后慢慢牵引到肛门处，助手很快抓住破裂口两缘进行固定（或用舌钳或肠钳固定）；另一助手将肛门周围组织向前推并尽量扩张肛门，术者用弯圆针穿 7 号缝线全层连续螺旋形缝合破口处，涂上适量白及糊，术后口服轻泻剂。也可用双手直肠内缝合直肠破裂。

（4）预防　平时注意预防原发病，在腹痛病过程中，要有专人看护，精心护理，避免滚转，防止突然摔倒。

13. 急性实质性肝炎　肝脏发生以肝细胞变性、坏死为主要特征的一种炎症。临床特征是可视黏膜黄染，粪便色淡，肝大，触诊敏感。

（1）病因

① 病原微生物感染：见于马传染性贫血、禽弯曲杆菌（G）、链球菌、葡萄球菌、坏死杆菌、沙门氏菌、结核分枝杆菌、化脓棒状杆菌、肺炎弯曲杆菌及钩端螺旋体等细菌性疾病。

② 寄生虫侵袭：见于弓形虫、球虫、鸡组织滴虫、肝片吸虫和血吸虫等寄生虫病。

③ 毒物损伤：a. 真菌毒素：黄曲霉毒素等真菌毒素可造成肝损伤，因此，长期饲喂霉败饲料可发生肝炎；b. 植物毒素：采食羽扇豆、蕨类、天芥菜等有毒植物可引起肝炎；c. 化学毒物：砷、磷、锑、汞、铜、四氯化碳、六氯乙烷、棉酚、煤酚、氯仿、萘、甲酚等化学物质可使肝受到损害，引起肝炎；d. 代谢产物：由于机体物质代谢障碍，使大量中间代谢产物蓄积，引起自体中毒，常常导致肝炎的发生。

④ 营养性不良：主要见于硒、维生素 E、氨基酸等缺乏。充血性心力衰竭时，肝实质受压缺氧，导致肝小叶中心变性和坏死。

（2）症状　急性实质性肝炎见食欲减退，精神沉郁，体温升高，可视黏膜黄染，皮肤瘙痒，脉率减慢。呕吐、腹痛；初便秘、后腹泻，或便秘与腹泻交替出现，粪便恶臭，呈灰绿色或淡褐色。尿色发暗，有时似油状，叩诊肝，肝浊音区扩大，触诊敏感。后躯无力，步态蹒跚，共济失调；狂躁不安，痉挛，或者昏睡、昏迷。

当急性肝炎转为慢性肝炎时，则表现为长期消化功能紊乱，异嗜，营养不良，消瘦，颌下、腹下与四肢下端浮肿。如果继发肝硬化，则呈现肝脾综合征，发生腹水。

（3）治疗　治疗原则：排除病因，加强护理，保肝利胆，清肠止酵，促进消化功能。

① 排除病因：停止饲喂发霉变质的饲料或含有毒物的饲料，治疗原发病。

② 加强护理与食疗法：应使病畜保持安静，避免刺激和兴奋；役用家畜应停止使役。

饲喂富有维生素、容易消化的糖类饲料,给予优质青干草或者放牧。饲喂适量的高价蛋白质豆类饲料或谷物饲料;但昏睡、昏迷时,禁喂蛋白质,待病情好转后再给予适量含蛋氨酸少的植物性蛋白质饲料。

③ 保肝利胆:通常用 25% 的葡萄糖注射液 500~1 000 mL,静脉注射,每天 2 次;5% 的维生素 C 注射液 30 mL、5% 的维生素 B_1 注射液 10 mL,静脉注射;2% 的葡醛内酯(肝泰乐)注射液 50~100 mL,静脉注射,每天 2 次。利胆可内服人工盐、硫酸镁等药物,并皮下注射卡巴胆碱或毛果芸香碱,促进胆汁分泌与排泄。另外,服用氯化胆碱(每千克体重 20~40 mg)以利于移出肝中的脂肪。

④ 清肠止酵:可用硫酸钠(或硫酸镁)300 g、鱼石脂 20 g、乙醇 50 mL,常水适量,内服。

⑤ 对于黄疸明显的病畜,可用退黄药物。

⑥ 具有出血性素质的病畜,应静脉注射 10% 的氯化钙注射液。肌内注射维生素 K_3 注射液 10~30 mL。

⑦ 当出现肝昏迷时,可静脉注射甘露醇,降低颅内压。也可使用能量合剂,辅酶 A 50 IU、ATP 20 mg、胰岛素 4 IU 组成能量合剂,一次静脉注射。如狂躁兴奋时,可用安溴注射液。

⑧ 减轻炎症反应,可用氢化可的松等类皮质激素药物。

⑨ 按中兽医辨证施治原则,当肝脏湿热、胆汁外溢、黄疸鲜明,则应利湿消炎、清热泻火,宜用加味茵陈汤内服;当肝脏寒湿、湿热内蕴、黄疸晦暗,则应温化寒湿、强脾健胃,宜用加味茵陈四逆汤。

(4)预防 本病的预防宜加强饲养管理,防止采食霉败饲料、有毒植物及化学毒物;加强防疫卫生,防止感染,增强肝功能,保证家畜健康。

14. 腹膜炎 腹腔壁腹膜和脏腹膜的炎症。按发病原因,可分为原发性腹膜炎和继发性腹膜炎;按炎症范围,可分为急性弥漫性腹膜炎和局限性腹膜炎;按渗出物种类,可分为化脓性、出血性、纤维素性、腐败性腹膜炎。主要临床特征是腹部疼痛、紧张和腹腔积有炎性渗出物。

(1)病因

① 原发性腹膜炎:多为溶血性链球菌、结核分枝杆菌、肺炎双球菌或大肠杆菌引起。机体抵抗力下降,是原发性腹膜炎发生的内在因素。

② 继发性腹膜炎:多见于消化道穿孔,消化道内容物漏入腹腔,如胃破裂、直肠破裂、膀胱破裂、尿道阻塞、膀胱结石、膀胱穿刺等。生殖系统穿孔及破裂,子宫蓄脓、子宫内膜炎、难产性破裂等。腹壁透创、腹壁挫伤,腹部手术后感染,手术中消毒液刺激腹部脏器炎症继发,还有多种传染病,如大肠杆菌病、沙门氏菌病等。寄生虫侵袭,也可引起腹膜炎。

(2)症状 食欲减退或废绝,精神沉郁,不愿走动,心搏加快,心律不齐,呼吸短促,胸式呼吸,体温升高。腹部膨大,触压腹壁紧张、痛苦、呻吟、拱背、抗拒。饮水增加。腹腔穿刺仍放出大量黄白色混浊的液体。机体脱水、消瘦、贫血,渗出性腹膜炎易导致内脏器官相互粘连,影响胃肠蠕动及其他腹部器官的正常生理功能,甚至继发肠梗阻。

(3)治疗 治疗原则:抗菌消炎,制止渗出,对症治疗。

治疗措施：a. 加强护理：限制饮水、饮食。b. 抗菌消炎：先穿刺放出渗出液，对于化脓性、腐败性腹膜炎尤为重要，减轻自体中毒体征；然后用温的生理盐水冲洗，若加入防腐杀菌药物效果会更好，如利用甲硝唑1∶2 000 的生理盐水冲洗腹腔，根据马属动物个体大小确定用量，2 次/d。马属动物在冲洗后，腹腔注入青霉素240 万 IU、链霉素200 万 U、0.2%的普鲁卡因注射液 20 mL，2 次/d。腹腔冲洗后，腹腔注射抗生素。最好进行药敏试验选择抗菌药物，以保证疗效。c. 制止渗出：10%的氯化钙 150～200 mL，每天 1 次。④强心、补糖：10%的葡萄糖注射液 100～200 mL，静脉注射，每天 1 次，连用3～4 d。

（4）预防　发生腹壁创伤及腹部透创后应迅速处理，防止感染严重产生腹水，发生器官粘连。进行开腹手术后，认真处理伤口，避免伤口感染。尽量避免马与牛、羊同时放牧，每年应定期驱虫。保证饮水草料洁净，及时清理马粪。

15. 鼻炎　鼻炎是鼻黏膜的炎症。鼻炎根据性质不同，分为浆液性、黏液性、脓性和出血性等。临床上以鼻腔黏膜充血、肿胀，流鼻液和打喷嚏为特征。

（1）病因　由细菌、病毒、真菌、寄生虫等感染引起的许多传染性呼吸道疾病都显示鼻炎的症状，如马鼻疽、马流行性感冒、马隐球虫病等多种变态原均可引起鼻的变态反应。季节性发生的鼻炎与花粉有关。由于受寒感冒、吸入刺激性气体和化学药物（如吸入氨、硫化氢、烟雾，以及农药、化肥等有刺激性的气体）及机械性刺激（如麦芒、昆虫及使用胃管不当或异物卡塞于鼻道），能引起动物的原发性鼻炎。

在咽炎、喉炎、鼻窦炎、支气管炎和肺炎等疾病过程中，常伴有鼻炎症状。

（2）症状

① 急性鼻炎：主要表现为打喷嚏、流鼻液、摇头、摩擦鼻部。鼻黏膜充血、潮红、肿胀，敏感性增高。病畜体温、呼吸、脉搏及食欲一般无明显变化。鼻液初期为浆液性，继发细菌感染后变为黏液性，鼻黏膜炎性细胞浸润后则出现黏液脓性鼻液，最后逐渐减少、变干，虽干痂状附着于鼻孔周围。当鼻孔被排泄物、结痂物阻塞时，出现呼吸促迫，张口呼吸。

② 慢性鼻炎：病程较长，临床表现时轻时重，有的鼻黏膜肿胀、肥厚、凹凸不平，长期流脓性鼻液，伴有副鼻窦炎时，鼻液内多混有血丝，并散发出腐败气味。严重者有糜烂、溃疡或瘢痕（如鼻疽）。

（3）治疗　首先应去除致病因素，属于继发的要积极治疗原发病。局部治疗可用1%的碳酸氢钠溶液、2%～3%的硼酸溶液、磺胺溶液、1%的明矾溶液、0.1%的鞣酸溶液或0.1%的高锰酸钾溶液，每天冲洗鼻腔1～2 次。冲洗后涂以青霉素或磺胺软膏，也可向鼻腔内撒入青霉素或磺胺类粉剂。鼻黏膜严重充血、肿胀时，可用可卡因 0.1 g、1∶1 000 的肾上腺素溶液 1 mL、加蒸馏水 20 mL 混合后滴鼻，每天 2～3 次。对过敏性鼻炎，可酌情选用马来酸氯苯那敏等抗过敏药物治疗。

对体温升高、全身症状明显的病畜，应及时选用抗菌和抗病毒药物进行治疗。

对慢性细菌性鼻炎，可根据微生物培养及药物敏感试验，用敏感的抗菌药物治疗3～6 周。对真菌性鼻炎，应根据真菌病原体的鉴定结果，用抗真菌药物进行治疗。

（4）预防　主要为预防受寒感冒和其他致病因素的刺激。对于继发性鼻炎，应及时根治原发病。

16. 喉炎 喉炎是喉头黏膜的炎症。急性卡他性喉炎为多见。临床上以剧烈咳嗽和喉部敏感为特征，且多发生于寒冷的早春及秋冬季节。

（1）病因 病原微生物感染是喉炎最常见的原因，如马鼻疽病毒感染、马腺疫、马传染性支气管炎。受寒感冒、物理、化学及机械性刺激等也是喉炎常见的原因。插管麻醉或插入胃管时，因技术不熟练而损伤黏膜，可引起喉头水肿。

喉炎也可由邻近器官的炎症蔓延引起，如鼻炎、气管炎等，尤其常与咽炎合并发生咽喉炎。

（2）症状 剧烈或连续性咳嗽是主要的症状，其次是喉部肿胀、敏感及头颈伸展。病初呈短、干、痛性咳嗽，以后变为长、湿、痛感减轻的咳嗽。饮冷水、吸入冷空气或采食干料时，咳嗽加剧。如伴发咽炎时，则吞咽困难及流涎，下颌淋巴结呈急性肿胀。当喉头疼痛剧烈时，患畜头向前伸，难以向两侧转动。重症病例全身症状明显，精神沉郁，体温可达40 ℃以上。喉部肿胀严重者，可出现吸入性呼吸困难，喉头有喘鸣音。轻症喉炎全身无明显变化，慢性喉炎多呈干性咳嗽，病程较长，病情呈周期性好转或复发。

（3）治疗 治疗原则为消除致病因素，加强护理，缓解疼痛。

首先将病畜置于通风良好和温暖的畜舍，供给优质松软或流质的食物和清洁饮水。缓解疼痛主要采用喉头封闭，可用0.25%的普鲁卡因20～30 mL、青霉素160万～320万IU混合，每天2次，进行喉头周围封闭。对肿胀的喉部，可外用10%的樟脑乙醇或复方醋酸铅粉、鱼石脂软膏涂擦；青霉素240万～320万IU、链霉素200万～300万U，肌内注射，2～3次/d；或10%的磺胺嘧啶钠，每千克体重0.07 g，首次量加倍；5%的葡萄糖氯化钠500～1 000 mL，静脉注射，2次/d。

对出现全身反应的病畜，可内服或注射抗菌药物。

频繁咳嗽时应及时内服祛痰镇咳药，常用人工盐20～30 g，茴香粉50～100 g，一次内服；或碳酸氢钠15～30 g、远志酊30～40 mL、温水500 mL，一次内服；或氯化铵15 g、杏仁水35 mL、远志酊30 mL、温水500 mL，一次内服。

中药治疗，可选用具有清热解毒、消肿利喉的普济消毒饮；也可用消黄散加味。另外，雄黄、栀子、大黄各30 g，冰片3 g，白芷6 g，共研末，用醋调成糊状用于咽喉外部，每天2～3次。

（4）预防 主要为预防受寒感冒和其他致病因素的刺激。对于继发性喉炎，应及时根治原发病。

17. 喘鸣症 又称为喉偏瘫。因返回神经（喉后神经）麻痹，在声带弛缓、喉舒张肌（环杓后肌）变性与萎缩致喉腔狭窄的一种疾病。临床上以高度吸入性呼吸困难，同时发出喘鸣音为特征。多发于左侧声带与环杓后肌，所以称为喉偏瘫。马和骡各种品系均可发病，但体型较大的品种和同一品种中的母马及体格较大的马发病率较高，特别是英国纯血优良马多见。

（1）病因 迄今尚不完全清楚，一般认为与遗传因素有关，是一种先天性的返回神经远端轴索变性引起喉肌轻瘫，或返回神经受到食管扩张、根蒂较长的肿瘤或肿大的淋巴结、甲状腺等压迫，在马运动时突然发病。也可能是由于发生腺疫或寄生虫病（媾疫）或中毒病，其毒素或有毒物质作用而引起的一种并发症。

（2）症状 典型的临床症状是在吸气（尤其运动）时发出特殊的狭窄音，如吹笛、拉风箱似的喘鸣（喘鸣音）。病的初期，病马在安静状态时和健康马一样，看不出任何异常变化。当病重剧时，即使使役或驱赶时，呈高度的吸气性呼吸困难，同时出现喘鸣音（吭哧声），鼻孔张开，吸气时肋间凹陷，收腹。倒地挣扎，惊恐不安，全身出汗，严重时则呈窒息危象。

喉部触诊左侧喉软骨凹陷，压迫右侧杓状软骨，即可出现剧烈的吸气性呼吸困难，甚至窒息。由于喉裂不能紧闭，人工诱咳很难引起咳嗽。即使诱咳成功，也只能发出嘶哑或破碎声。

内窥镜检查发现杓状软骨和声带活动异常，如喉偏瘫时杓状软骨和声带位于喉腔中间且静止不动，不完全外展或完全外展后过度内收，是喉轻度偏瘫的特征。

（3）治疗 目前对该病的唯一治疗方法是手术。对不从事剧烈运动的病马，通过手术将喉室切开有一定疗效。赛马一般进行喉修复成形术，可有效减轻呼吸气流阻力，但术后可出现咳嗽或食物从鼻腔反流等并发症。有人用切开喉头、切除麻痹的声带和杓状软骨的方法，也有较好的效果。

因周围淋巴结肿大和炎性渗出物压迫所致的，可内服碘化钾 5 g，每天 2 次；也可在喉部周围涂擦汞软膏、斑蝥软膏，以及注射藜芦素 0.5 mL 和 70％的乙醇 5 mL；也可每天注射藜芦素和乙醇，隔天注射士的宁。

有报道，用电针疗法也能取得良好的效果。方法是从下颌骨和臂头肌的前缘引 1 条水平线，连线的中点为穴位，由此向喉头方向斜刺 3 cm。在该穴下方 1 cm 处有一穴，向斜上方气管刺入 7～10 cm，针尖抵气管环，但不刺伤气管。进针后，连接电疗机两极，电压与频率的调节由低到高、由慢到快，看患畜的表情以能忍受为限。

（4）预防 加强饲养管理，防止外源性毒物中毒，根治引起喘鸣症的原发病。对有喘鸣症的患马，不宜进行繁殖。

18. 支气管炎 由各种原因引起的支气管黏膜表层或深层的炎症。临床上以咳嗽、流鼻液和不规则热型为特征。幼龄和老龄动物比较常见，一般根据疾病的性质和病程，可分为急性支气管炎和慢性支气管炎两种。

急性支气管炎 急性支气管炎是由感染、物理、化学刺激或过敏原等因素引起的支气管黏膜的急性炎症。临床特征为咳嗽和流鼻液。常见于寒冷季节或突然变冷时。

（1）病因

① 病原微生物感染：是其发生的最主要原因，如流行性感冒病毒、肺炎球菌、巴氏杆菌、链球菌、葡萄球菌、化脓杆菌、真菌孢子、副伤寒杆菌等引起。饲养管理粗放，如畜舍卫生条件差、通风不良、闷热潮湿、受凉、淋雨、过度疲劳以及饲料营养不平衡等能导致机体抵抗力降低，容易引起病原微生物感染。

② 物理、化学刺激：吸入过冷的空气、粉尘、刺激性气体（如二氧化硫、氨气、氯气、烟雾等），均可直接刺激支气管黏膜而发病。投药或吞咽障碍时由于异物进入气管，可引起吸入性支气管炎。

③ 变态反应：多种变态原（如花粉、有机粉尘、真菌孢子、细菌蛋白质等）均可引起支气管的变态反应。炎症扩展喉炎、肺炎及胸膜炎等疾病时，由于炎症扩展也可继发支气管炎。

（2）症状 急性大支气管炎的主要症状是咳嗽，病初呈短、干、痛咳，以后随着炎性渗出物的增多，变为湿而长的咳嗽。有时咳出较多的黏液或黏液脓性的痰液，呈灰白色或黄色，同时，鼻孔流出浆液性、黏液性或黏液脓性的鼻液。严重者痰中带血，胸部听诊肺泡呼吸音增强，并可出现干啰音和湿啰音。通过气管人工诱咳，可出现声音高朗的持续性咳嗽。全身症状较轻，体温升高 0.5～1 ℃，一般持续 2～3 d 后下降，呼吸和脉搏稍快。

急性细支气管炎通常是由大支气管炎蔓延而引起，因此初期症状与大支气管炎相同。当细支气管发生炎症时，全身症状明显，体温升高 1～2 ℃，呼吸加快，严重时呈现吸气性呼吸困难，可视黏膜蓝紫色。胸部听诊肺泡呼吸音增强，可听到干啰音、捻发音及小水泡音。

吸入异物引起的支气管炎，后期可发展为腐败性炎症，出现呼吸困难，呼出气体有腐败性恶臭，两侧鼻孔流出污秽不洁和有腐败气味的鼻液。听诊肺部可能出现空瓮性呼吸音，病畜全身反应明显。血液检查白细胞数增加，中性粒细胞比例升高。

X 线检查仅为肺纹理增粗，无其他明显异常。

（3）治疗　治疗原则为加强护理，祛痰镇咳，抑菌消炎，解痉、抗过敏和中药疗法。

① 加强护理：保持畜舍内通风良好且温暖，供给充足的清洁饮水和优质的饲草料。

② 祛痰镇咳：对咳嗽频繁、支气管分泌物黏稠的病畜，可口服溶解性祛痰剂。分泌物不多但咳嗽频繁且疼痛，可选用镇痛止咳剂，如复方樟脑酊 30～50 mL，内服，每天 1～2 次；复方甘草合剂 100～150 mL，内服，每天 2 次；杏仁水 30～60 mL，内服，每天 1～2 次；可用克辽林、甲酚（来苏儿）、松节油、木榴油、薄荷脑、麝香草酚等蒸汽反复吸入，也可用碳酸氢钠等无刺激性的药物进行雾化吸入。生理盐水气雾湿化吸入或加溴己新、异丙托溴铵，可稀释气管中的分泌物，有利排除。

③ 抑菌消炎：可选用抗生素、喹诺酮类或磺胺类药物。肌内注射青霉素，每千克体重剂量为 4 000～8 000 IU，每天 2 次，连用 3～5 d。病情严重者可用四环素，每千克体重剂量为 5～10 mg，溶于 5% 的葡萄糖溶液或生理盐水中静脉注射，每天 2 次；也可用 10% 的磺胺嘧啶钠溶液 100～150 mL，肌内或静脉注射。另外，可选用大环内酯类（红霉素等）、喹诺酮类（环丙沙星等）及头孢菌素类（第一代头孢菌素、第二代头孢菌素等）。若是病毒引起的，同时配合应用利巴韦林、吗啉胍、双黄连或清开灵效果更好。

④ 解痉、抗过敏：对于因变态反应引起支气管痉挛者，可给予解痉平喘和抗过敏药，如氨茶碱、马来酸氯苯那敏、盐酸异丙嗪等；也有人用一溴樟脑粉和普鲁卡因粉，有较好的抗过敏作用。

⑤ 中药疗法：外感风寒引起者，宜疏风散寒、宣肺止咳，可选用荆防散合止咳散；也可用紫苏散。外感风热引起者，宜疏风清热、宣肺止咳，可选用款冬花散；也可用桑菊银翘散。

慢性支气管炎　气管、支气管黏膜及其周围组织的慢性非特异性炎症。临床上以持续性咳嗽为主要症状，或伴有喘息及反复发作的慢性过程为特征。

（1）病因　大多数慢性支气管炎由急性转变而来。常见于致病因素未能及时消除，长期反复作用，或未能及时治疗，饲养管理及使役不当。老龄动物由于呼吸道防御功能下降，喉头反射减弱，单核巨噬细胞系统功能减弱，慢性支气管炎发病率较高。某些营养物质如维生素 C、维生素 A 缺乏，会影响支气管黏膜上皮的修复，降低溶菌酶的活力，也容易发生本病。另外，本病可由心脏瓣膜病、慢性肺脏疾病（如鼻疽、结核病、肺蠕虫病、肺气肿等）或肾炎等继发引起。

（2）症状　慢性者全身症状轻微，病情时轻时重，为持久的拖延数月至数年的咳嗽，出现鼻漏，尤其在饮冷水或运动之后或清晨受寒冷空气刺激时，咳嗽频繁，多为干、痛咳嗽，有时混有少量血液。人工诱咳阳性。当发生气管狭窄、扩张或伴发肺气肿时，气粗喘促，呼吸困难，肺部可听到湿啰音，后期由于支气管渗出物黏稠，则出现干啰音；早期肺泡呼吸音增强，后期因肺泡气肿而使肺泡呼吸音减弱或消失。叩诊一般无变化，当出现肺气肿时，叩诊呈过清音或鼓音，叩诊界后移。由于长期食欲不良和疾病消耗，病畜逐渐消瘦，有的发生贫血。

X线检查早期无明显异常；后期由于支气管壁增厚、细支气管或肺泡间质炎症细胞浸润或纤维化，可见肺纹理增粗、紊乱，呈网状或条索状、斑点状阴影。

（3）治疗　慢性支气管炎急性发作期的治疗原则基本同急性支气管炎。缓解期应加强饲养管理，寒冷天气应注意保暖，供给营养丰富、容易消化的饲草料，提高机体抵抗力。同时，改善环境卫生，避免烟雾、粉尘和刺激性气体对呼吸道的影响。

（4）预防　加强饲养管理，保持马舍卫生和空气新鲜，合理使役。在过度劳役和大汗后，要防止寒冷侵袭。

19. 支气管肺炎（小叶性肺炎）　以细支气管为中心的个别肺小叶或几个肺小叶的炎症。其病理学特征为肺泡内积有卡他性渗出物，包括脱落的上皮细胞、血浆和白细胞等，故又称为卡他性肺炎。临床上以弛张热型、呼吸加快、咳嗽和叩诊有散在的局灶性浊音区，听诊有啰音和捻发音等为特征。

（1）病因　支气管肺炎多数是在支气管炎的基础上发生的。因此，凡能引起支气管炎的各种致病因素，都是支气管肺炎的病因。引起支气管肺炎的病原体均为非特异性，包括肺炎球菌、链球菌、葡萄球菌、坏死杆菌、结核分枝杆菌、沙门氏菌、大肠杆菌、化脓棒状杆菌、巴氏杆菌、副伤寒杆菌、铜绿假单胞菌、鼻疽、马腺疫、马流感、腺病毒、鼻病毒和疱疹病毒、曲霉菌、弓形虫等。在许多传染病和寄生虫病等的过程中，常伴发小叶性肺炎。

饲养管理不当、营养缺乏、劳役过度、幼年和老弱的动物，受寒感冒，特别是突然受到寒冷的刺激最易引起发病；由于机体和肺组织抵抗力低，易受各种病原微生物的侵入而发病。物理、化学及机械性刺激或有毒的气体、热空气的作用等，也可引起小叶性肺炎。如花粉、有机粉尘、真菌孢子、细菌蛋白质等，可引起过敏性小叶性肺炎。其特征性病变为肺组织的酸性粒细胞浸润。

在咽炎及神经系统发生紊乱时，常因吞咽障碍将饲料、饮水或唾液等吸入肺内；或经口投药失误，将药液投入气管内引起异物性肺炎。

（2）症状　病初呈急性支气管炎症状，表现为干而短的疼痛咳嗽。随着病情的发展，逐渐变为湿而长的咳嗽，疼痛减轻或消失，并有分泌物咳出，体温升高 $1.5\sim2.0$ ℃，呈弛张热型。脉搏随体温的变化也相应改变，可达 $60\sim80$ 次/min，第二心音增强。呼吸增数，马 $30\sim40$ 次/min，严重者出现呼吸困难。流少量浆液性、黏液性或脓性鼻液。精神沉郁，食欲减退或废绝，可视黏膜潮红或发绀。

肺部听诊，病灶部肺泡呼吸音减弱，可听到捻发音，病灶周围及健康部位肺泡呼吸音增强。随炎性渗出物的改变，可听到湿啰音或干啰音。当小叶炎症融合、肺泡及细支气管内充满渗出物时，肺泡呼吸音消失，有时出现支气管呼吸音。胸部叩诊，当病灶位于肺的表面时，可发现一个或多个局灶性的小浊音区，融合性肺炎则出现大片浊音区；病灶较深，则浊音不明显。

血液学检查，白细胞总数可增多至 2×10^{10} 个/L 以上，中性粒细胞比例可达 80% 以上，出现核左移现象，有的出现中毒性颗粒。病毒性肺炎及年老体弱、免疫功能低下者，白细胞总数可能增加不明显。

X 线检查，显斑片状或斑点状的渗出性阴影，大小和形状不规则，密度不均匀，边缘模糊不清，可沿肺纹理分布。当病灶发生融合时，则形成较大片的云絮状阴影，但密度多不均匀。

（3）治疗　治疗原则为加强护理，抗感染，祛痰止咳，制止渗出，对症疗法和中药疗法。

① 加强护理：应将病畜置于光线充足、空气清新、通风良好且温暖的畜舍内，供给营养丰富、易消化的饲草料和清洁饮水。

② 抗感染：临床上主要应用抗生素、喹诺酮类或磺胺类药物进行治疗，用药途径及剂量视病情轻重及有无并发症而定。常用的抗生素为青霉素、链霉素，对青霉素过敏者可用红霉素、林可霉素、头孢菌素及四环素等。有条件的可在治疗前取鼻分泌物作细菌的药物敏感试验，以便选择最有效药物。肺炎双球菌、链球菌对青霉素敏感，一般青霉素和链霉素联合应用效果更好。对重症感染可选用第二代或第三代头孢菌素，如头孢唑林钠（先锋 V）、头孢肟钠、头孢曲松等肌内或静脉注射。喹诺酮类药物如环丙沙星等，对大肠杆菌、铜绿假单胞菌、巴氏杆菌及嗜血杆菌等有效。对支气管炎症状明显的病马，可将青霉素 160 万～480 万 IU、链霉素 1～2 g、1%～2% 的普鲁卡因溶液 40～60 mU 气管注射，每天 1 次，连用 2～4 次，效果较好。抗菌药物疗程一般为 5～7 d，或在退热后 3 d 停药。如果是由病毒和细菌混合感染引起的肺炎，还应选用抗病毒药物如利巴韦林、金刚烷胺、特异性抗血清、干扰素，或同时应用抗病毒中草药或中成药如双黄连口服液等。如果是寄生虫引起的，则需要应用抗寄生虫药。

③ 祛痰止咳：咳嗽频繁、分泌物黏稠时，可选用溶解性祛痰剂；剧烈频繁的咳嗽，无痰干咳时，可选用镇痛止咳剂。

④ 制止渗出：可静脉注射 10% 的氯化钙或 10% 的葡萄糖酸钙溶液 100～150 mL，每天 1 次；也可用 10% 的安钠咖溶液 10～20 mL、10% 的水杨酸钠溶液 100～150 mL 和 40% 的乌洛托品溶液 60～100 mL，一次静脉注射。

⑤ 对症疗法：体温过高时，可用解热药。常用安乃近、复方氨基比林或阿尼利定注射液 20～50 mL，肌内或皮下注射。对体温过高、出汗过多引起脱水者，应适当补液，纠正水、电解质和酸碱平衡紊乱。但输液量不宜过多，速度不宜过快，以免发生心力衰竭和肺水肿。对病情危重、全身毒血症严重的病畜，可短期静脉注射氢化可的松或地塞米松等糖皮质激素。当休克并发肾衰竭时，可用利尿药。合并心力衰竭时，可酌用强心剂。

⑥ 中药疗法：可选用加味麻杏石甘汤。

（4）预防　加强饲养管理，保持马舍干燥、温暖和通风，饲料要品质良好、营养全价，合理使役，避免过劳，加强兽医防疫消毒措施，定期检疫和消毒，防止传染病的发生。

20. 大叶性肺炎　又称纤维素性肺炎或格鲁布性肺炎。以细支气管和肺泡内充满大量纤维蛋白渗出物为特征的一种急性炎症。病变起始于局部肺泡，并迅速波及整个或多个大叶。临床上以稽留热型、铁锈色鼻液和肺部出现广泛的浊音区为特征。多发于体格健壮、营养佳良的马骡。

（1）病因　本病的发病原因是比较复杂的，尚不完全清楚。一般认为，它不是由单一的病因所引起的疾病，而是多种病因共同作用的结果。主要有非传染性和传染性两种。

① 传染性：一种局限于肺脏的特殊传染病。如肺炎双球菌感染是常见的原因，一些传染病如马的传染性胸膜肺炎。此外，肺炎杆菌、金黄色葡萄球菌、绿脓杆菌及大肠杆菌、坏死杆菌、沙门氏菌、副流行性感冒病毒、溶血性链球菌等，在本病的发展中也起重要作用。

② 非传染性：属于一种变态反应性疾病，并伴有过敏性炎症。这些炎症是在预先致敏的肺组织内发生。诱发本病的因素很多，如受寒或感冒、过度劳役、胸部创伤、吸入刺激性气体、车船运输、通风不良的厩舍等，都可以使机体抵抗力降低，致其发病。

（2）症状

① 病马体温突然升高至40～41 ℃或更高。呈稽留热型，以后视患畜的体况，高热可能骤退或是渐退。与此同时，患马伴有明显的全身功能紊乱，如精神沉郁、食欲减退或废绝、全身无力、肌肉震颤、不爱运动。结膜潮红黄染，脉搏增数，洪大有力，以后随着心脏活动的减弱脉搏也逐渐变得细弱，脉搏常保持在80～90 次/min。呼吸次数可增至60～70 次/min，常呈现混合式呼吸困难。鼻孔开张，鼻翼扇动。呼出气体温度较高。黏膜潮红或发绀。排便迟滞，站立时两前肢开张，不爱卧地，如果卧地，则以患侧着地。

②上述症状维持不久，即出现气喘与间歇性痛咳。当病程发展到溶解期时，咳嗽也变得湿润、轻松。如发现患畜从鼻孔中流出铁锈色鼻液，即标志着病已进入肝变期，这是大叶性肺炎的特有症状之一。

③ 肺部听诊，充血与渗出期，出现肺泡呼吸音增强和干啰音，以后逐步转为湿啰音、捻发音，肺泡呼吸音减弱。当渗出物充满肺泡时，肺泡呼吸音消失。肝变期则出现明显的支气管呼吸音。随着溶解期的开始，渗出物逐渐溶解，液化和排除，支气管呼吸音又逐渐消失，而湿啰音渐明显，接着又出现捻发音，最后转为正常呼吸音。

④ 胸部叩诊，随着病程出现规律性的叩诊音：充血渗出期，叩诊呈过清音或鼓音；肝变期，叩诊呈大片半浊音或浊音；溶解期，重新呈过清音或鼓音；随着疾病的痊愈，叩诊音恢复正常。

⑤ 血液检查变化是血沉加快，红细胞数减少，白细胞总数增多。白细胞像中、中性白细胞比例增多，核型左移，淋巴细胞减少，单核细胞减少，血小板数下降。尿量在肝变期减少，尿中氯化物减少而比重增加，消散期尿量增加，比重下降，尿中氯化物和尿素增加。由于纤维蛋白转化为蛋白质，因而可能出现蛋白尿。

⑥ X线检查，充血期仅见肺纹理增粗，肝变期见肺有大片均匀的浓密阴影，溶解期为不均匀的散在片状阴影。

（3）治疗　治疗原则为加强护理，控制感染，制止渗出和促进吸收，对症疗法和中药治疗。

① 加强护理：应将病畜置于通风良好、清洁卫生的环境中，供给优质易消化的草料和清洁饮水。

② 控制感染：临床上主要应用抗生素、喹诺酮类或磺胺类药物。常用的抗生素为青霉素、链霉素、红霉素、头孢菌素及四环素等；常用的喹诺酮类药物有环丙沙星等。有条件的可在治疗前取鼻分泌物作细菌药物敏感试验，以便选择最敏感药物。如果是由病毒引起的，还应选用抗病毒药物如利巴韦林、金刚烷胺等，特异性抗血清，干扰素，或同时应用抗病毒中草药或中成药等。新砷凡纳明对本病有良效，应及早应用，特别是在心脏功能尚未遭到严重损害的情况下，效果更显著。应用方法是将 3~4 g 新砷凡纳明溶于 500 mL 生理盐水或 5% 的葡萄糖盐水中进行静脉注射。如果心脏功能不全，可在用新砷凡纳明之前半小时，先皮下注射安钠咖等强心剂，更为安全。

③ 糖皮质激素：应用该类药物在呼吸器官疾病的治疗上占有重要地位，必要时可静脉注射氢化可的松或地塞米松，以降低机体对各种刺激的反应性，控制炎症发展。

④ 制止渗出和促进吸收：可静脉注射 10% 的氯化钙或 10% 的葡萄糖酸钙溶液。当渗出物消散太慢，为防止机化，可用碘化钾 5~10 g；加在流体饲料中或灌服，每天 2 次。

⑤ 对症疗法：体温过高可用解热镇痛药。剧烈咳嗽时，可选用祛痰止咳药。严重的呼吸困难可输入氧气。当休克并发肾衰竭时，可用利尿药；合并心力衰竭时，可酌用强心剂。

⑥ 中药治疗：可用清瘟败毒散灌服。

（4）预防　鉴于本病的病因尚不完全清楚，需观察，以防疾病的蔓延。对于新购进的马匹，隔离饲养。坏疽性肺炎应当隔离病畜，痊愈后也要经一定时间的隔离饲养，证明无病时，方可混入健康群。

21. 坏疽性肺炎　又称肺坏疽。由于误咽异物或腐败菌侵入肺脏所引起的肺组织坏死性炎症。以呈现呼吸极度困难、污秽恶臭的鼻液、呼出气具恶臭并伴有重剧的全身症状为特征。

（1）病因　多因误咽饲料、呕吐物等异物进入呼吸道而引起。通常，在吞咽功能障碍疾病（咽炎、咽麻痹、痉挛）、破伤风、腺疫、血斑病、氯仿麻醉及慢性铝中毒等病经过中，护理不当，常因误咽而引起本病。经口或经鼻投药不慎，药液投入气管也是发生本病的常见原因。也常继发于其他型的肺炎及某些传染病，如鼻疽、巴氏杆菌病及其他化脓性疾病。也有因外伤（肋骨骨折、刺伤）损伤肺组织，同时带入腐败菌而引起本病。

（2）症状

① 病马呼出气体恶臭，在数步外即可闻到，甚至臭味污染整个厩舍。从两侧鼻孔流出多量污秽不洁的灰绿色或灰褐色鼻液，当咳嗽或低头时，鼻液量增多。显微镜检查时，可见到坏死的肺组织碎片、肺色素、脂肪滴、红细胞、白细胞及各种细菌。弹力纤维检查阳性。

胸部听诊，肺泡呼吸音减退或消失，有明显的湿啰音，有时伴有沸腾样杂音或拍水音。若空洞与支气管相通时，则发生空瓮性呼吸音或金属性啰音。胸部叩诊，病变部浅在时呈浊音或鼓音或破壶音；病变深在或病灶较小时无变化。

病马全身症状重剧，精神高度沉郁，体温升高呈弛张热型。呼吸浅表疾速，有痛性湿咳，脉搏细数，心律失常，结膜发绀。病的后期，常出现重剧的腹泻。

② 实验室检查：a. 血液学变化，白细胞总数显著增多，重剧病例有贫血现象，血沉增快，红细胞数减少，血红蛋白降低；b. X 线检查，可见被浸润的肺组织呈局限性阴影，

当肺空洞内含脓汁、空气和组织分解产物时，阴影常呈圆形，上界水平，阴影上界清晰。

（3）治疗 治疗原则是迅速排除异物，制止组织的腐败性分解、控制炎症以及防止败血。

① 迅速排除异物：异物误咽入气管后，立即令患马站在前低、后高的位置上，并尽量将头放低。同时，皮下注射 7% 的硝酸毛果芸香碱注射液 0.03～0.3 g/次；与此同时，可反复注射兴奋呼吸中枢的药物，如用樟脑磺酸钠或氧化樟脑注射液 10～20 mL，皮下或静脉注射，每 4～6 h 注射 1 次。

② 制止肺组织腐败分解、控制炎症：及时应用磺胺制剂和抗生素，并同时向气管内注射 5% 的薄荷脑液状石蜡油，配合磺胺制剂，效果较好。

③ 防止败血：可静脉注射樟酒糖注射液（含 0.4% 樟脑、6% 葡萄糖、30% 酒精、0.7% 氯化钠的灭菌溶液）。

（4）预防 主要防止马匹误咽。把好投药关，经鼻投药时，投药管一定准确地插入食管内，并插入一定的深度，方可投药，严防误投入肺；对有吞咽功能障碍的患马，禁止经鼻或经口强迫投药；对患有呼吸器官疾病的患马，要及时恰当地治疗，防止继发感染，转为本病。

22. 肺泡气肿 肺泡壁甚至包括整个终末细支气管远端（细支气管、肺泡管、肺泡囊）的气腔壁弹力减弱，气腔极度扩张，充满气体，肺体积增大的一种肺疾病。随着疾病的发展，可能伴有肺泡壁、肺间质及弹力纤维萎缩甚至崩解。按其病性和病程，可分为急性肺泡气肿和慢性肺泡气肿。急性肺泡气肿的主要临床表现为呼吸困难，但肺泡结构无明显病理变化；慢性肺泡气肿伴有肺泡壁的破坏，临床上以高度呼吸困难、肺泡呼吸音减弱及肺叩诊界后移为特征。

（1）病因 急性弥漫性肺泡气肿多见于老龄家畜，由于过度使役、剧烈奔跑或在弥漫性支气管炎过程中，因持续痉挛性地咳嗽而引起；慢性支气管炎使管腔狭窄，也可发病。另外，肺组织的局灶性炎症或一侧性气胸，使病变部肺组织呼吸功能丧失，健康肺组织呼吸功能相应增强，可引起急性局限性或代偿性肺泡气肿。慢性肺泡气肿，主要是由对急性肺泡气肿治疗不及时或其病因长时间刺激而转变为慢性，或继发于慢性支气管炎、上呼吸道狭窄等，老龄动物和营养不良者容易发病。近年来一些学者认为，马的慢性肺气肿是干草中的有机尘埃和真菌具有抗原作用所致的一种过敏性肺病。

（2）症状

① 急性肺泡气肿在重度使役过程中，突然发生呼吸困难、结膜发绀、气喘和胸外静脉怒张。听诊有肺泡呼吸音（病初增强、后期减弱），可能伴有干啰音或湿啰音。肺部叩诊呈广泛性过清音，叩诊界向后扩大。局灶性肺气肿时，呼吸困难逐渐增重，叩诊过清音仅限于浊音区周围，听诊局限性啰音。X 线检查，两肺透明度增高，膈后移及其运动减弱，肺的透明度不随呼吸而发生明显改变，因心脏被扩大的肺脏遮盖，所以可引起心搏动减弱，心音浑浊。

② 本病发展缓长，病势弛张，可拖到数月乃至数年。如改善饲养管理条件，可延缓发展，能服轻役，体温一般没有变化。但在使役或运动后，易疲劳和出汗，由于气体代谢障碍而体温升高，但得到充分休息之后，体温可以自行恢复正常。以后随病势发展，出现呼吸困难，以呼气性呼吸困难为主，特征是呈现二重式呼气，即在正常呼气运动之后，腹

肌又强烈地收缩，出现连续两次呼气动作。同时，可沿肋骨弓间显现较深的凹陷沟，又称"喘沟"或"喘线"，呼气用力，脊背拱曲，肷窝变平，腹围缩小，肛门突出。胸部听诊，病变部肺泡呼吸音减弱、健康部增强，若伴发支气管炎时，可以听到各种啰音。间或有弱而短的钝咳。心搏动与心音均减弱，肺动脉第二音增强。胸部叩诊，叩诊音高朗，呈过清音，叩诊界延后扩大1～4个肋骨。心脏绝对浊音区缩小或消失。病马结膜发绀，X线检查整个肺区异常透明，支气管影像模糊，膈穹隆后移。

（3）治疗　对急性肺泡气肿主要是除去病因，保持安静和休息，缓解呼吸困难，治疗原发病，加快康复。病畜应置于通风良好和安静的畜舍，供给优质饲草料和清洁饮水。缓解呼吸困难，可用1%的硫酸阿托品、2%的氨茶碱雾化吸入，每次2～4 mL；也可用皮下注射1%的硫酸阿托品溶液1～3 mL。如出现窒息危象时，有条件的应及时输入氧气。

对慢性肺泡气肿尚无根治疗法，主要是加强护理，减轻使役，对症治疗，控制病情进一步发展。病畜应改善饲养管理，置于清洁、安静、通风良好、无灰尘和烟煤的畜舍，让其休息，饲喂优质青草或潮湿的干草。缓解呼吸困难，可用舒张支气管药物，如抗胆碱药、茶碱类等。对急性发作期的病畜，应选用有效的抗菌药物，如青霉素、庆大霉素、环丙沙星、头孢菌素等。如有过敏因素存在，可选用糖皮质激素、马来酸氯苯那敏注射液等。有条件的应每天输氧，改善呼吸状态。

中兽医辨证施治：急性肺泡气肿为实喘，治宜清泄肺热、宣肺平喘。方用平喘散，慢性肺泡气肿为虚喘，治宜敛肺平喘，方用蚯蚓定喘散。

（4）预防　建立科学的饲养管理和使役制度，避免过劳，特别是老龄马、骡更应注意。避免采食混有大量尘埃和严重发霉的草料，预防和及时治疗支气管炎或可能引起变态反应等能继发肺泡气肿的原发病，并积极予以根治。

23. 肺充血和肺水肿　肺充血是指肺毛细血管内血液过度充满，一般分主动性充血和被动性充血。主动性充血是流入肺内的血流量增多，流出量正常；被动性充血是肺的血液流入量正常或增加，而流出量减少。肺水肿是指肺充血时间过长，血液中的浆液性成分进入肺泡、细支气管及肺泡间质内。肺充血与肺水肿是同一病理过程的两个阶段。临床上以突然发生高度呼吸困难、黏膜发绀和泡沫状的鼻液为特征，其严重程度与不能进行气体交换的肺泡数量有关。特别是炎热的季节可突然发病。

（1）病因

① 主动性肺充血：主要是由于天气炎热、过度使役而发生。长时间用火车或轮船运输家畜，因过度拥挤和闷热，容易发病。吸入烟雾或刺激性气体及发生超敏反应时，也可使血管弛缓，导致血液流入量增多，从而发生主动性充血。在肺炎的初期或热射病的过程中，也可发生肺的主动性充血。

② 被动性肺充血：主要发生于代偿功能减退期的心脏疾病，如心肌炎、心脏扩张及传染病和各种中毒性疾病引起的心力衰竭。有时也发生于左房室孔狭窄和二尖瓣关闭不全。此外，心包炎时，心包内大量的渗出液影响了心脏的舒张；胃肠臌气时，胸腔内负压减低和大静脉血管受压迫，肺内血液流出发生困难，均能引起淤血性肺充血。

③ 肺水肿：由于主动性或被动性肺充血的病因持续作用而引起，也继发于急性超敏反应、再生草热等。

（2）症状　肺充血和肺水肿的共同症状是，病马突然发病，惊恐不安，呈现高度混合性呼吸困难，结膜发绀，静脉怒张，呼吸数剧增。

肺充血时，初期呼吸加快而急促，很快出现明显的呼吸困难，头颈伸直，鼻孔高度开张，甚至张口呼吸，胸部和腹部表现明显的起伏动作。严重的病畜两前肢叉开站立，肘突外展，头下垂。呼吸频率超过正常的 4～5 倍，无鼻液，听诊肺泡呼吸音较粗，叩诊呈鼓音。眼球突出，脉搏增数，听诊第二心音增强，体温升高。但充分休息后，体温、脉搏逐渐恢复，而呼吸仍频数。

肺水肿时，从两侧鼻孔流出多量的浅黄色或白色或粉红色的细小泡沫状鼻液。肺部听诊，有广泛的湿性啰音或捻发音。肺部叩诊，当肺泡内充满液体时，呈浊音；肺泡内有液体或气体时呈浊鼓音，浊音常出现于肺的前下三角区，而鼓音多在肺的中上部出现。

X 线检查，肺视野的阴影加深，肺门血管的纹理则较明显。

（3）治疗　治疗原则为保持病畜安静，减轻心脏负担，促进血液循环，缓解呼吸困难。

首先应立即停止使役，除去病因，将病畜安置在清洁、干燥和凉爽的环境中，避免运动和外界因素的刺激。

① 缓解肺循环障碍：对极度呼吸困难的病马，应静脉放血 2 000～3 000 mL，能起到急救功效；对被动性肺充血和肺水肿，可行氧气疗法。

② 制止渗出：可静脉注射 10% 的氯化钙溶液，马 100～200 mL，2 次/d；或静脉注射 20% 的葡萄糖酸钙溶液，马 500 mL，1 次/d；也可酌用 25% 的山梨醇，静脉注射。为提高血液胶体渗透压，可应用血浆或全血静脉输注。因血管通透性增加引起的肺水肿，可适当应用大剂量的糖皮质激素；因弥散性血管内凝血引起的肺水肿，可应用肝素或低分子右旋糖酐溶液；超敏反应引起的肺水肿，通常将抗组胺药与肾上腺素结合使用；有机磷中毒引起的肺水肿，应立即使用阿托品减少液体漏出。心力衰竭时可用强心剂，10% 的樟脑磺酸钠 10～20 mL 或 20% 的安钠咖 10～20 mL。

（4）预防　主要是加强饲养管理，保持环境清洁卫生，避免刺激性气体和其他不良因素的影响。在炎热的季节应减轻运动或使役强度大、长途运输的动物应避免过度拥挤，并注意通风，供给充足的清洁饮水。对卧地不起的动物，应多垫褥草，并注意每天多次翻身。患心脏病的动物，应及时治疗，以免心功能衰竭。

24. 胸膜炎　胸膜炎是胸膜的炎症，以胸腔积聚大量炎性渗出物并且胸膜有纤维蛋白沉着为特征。按病程分为急性和慢性胸膜炎；按渗出物的多少，分为干性和湿性胸膜炎。干性胸膜炎根据有无增生过程，又有纤维素性胸膜炎及肉芽性胸膜炎之分；湿性胸膜炎根据渗出物的性状，又分为浆液性、浆液-纤维素性、出血性、化脓性胸膜炎等。临床表现为胸部疼痛、体温升高和胸部听诊出现摩擦音。

（1）病因　主要由进入胸膜腔的病原微生物感染所引起，常见的致病微生物有肺炎双球菌、链球菌及化脓杆菌、大肠杆菌、巴氏杆菌、克雷伯菌、马棒状杆菌、某些厌氧菌、支原体等。本病也常见于某些传染病的过程中，如巴氏杆菌病、肺结核病、鼻疽、腺疫、流行性感冒、马传染性贫血、支原体感染等。肺炎、肺脓肿、败血症、胸壁创伤或穿孔、肋骨骨折、食管破裂、胸腔肿瘤等，均可引起发病。剧烈运动、长途运输、外科手术及麻醉、寒冷侵袭、呼吸道病毒感染等应激因素，可成为发病的诱因。

（2）症状　疾病初期，精神沉郁，食欲降低或废绝，体温升高（40 ℃以上），热型不定。呼吸浅表疾速，多呈断续性呼吸和明显的腹式呼吸，发短、弱的痛咳，脉搏加快，节律不齐，站立时两肘外展，不愿活动。胸部听诊，在渗出的初期和渗出物被吸收的后期均可听到明显的胸膜摩擦音，渗出期听诊摩擦音消失，可听到拍水音。胸腔积液时，心音减弱。胸壁触诊或叩诊，有疼痛反应，表现不安，躲闪或呻吟。渗出期叩诊呈水平浊音。

胸腔穿刺，当胸腔积聚大量渗出液时，则穿刺时可流出多量橙黄色易凝固的液体，其蛋白含量超过 3%，比重在 1.016 以上，Rivalta 试验呈阳性反应。如渗出液呈红色，含有多量红细胞时，表明是出血性胸膜炎，如渗出液内混有多量脓汁或坏死组织片，散发腐败臭味时，是化脓腐败性炎症的表现。显微镜检查发现，有大量炎性细胞和细菌。

血液学检查，白细胞总数升高，中性粒细胞比例增加，呈核左移现象，淋巴细胞比例减少。慢性病例呈轻度贫血。

X 线检查，少量积液时，心膈三角区变钝或消失，密度增高。大量积液时，心脏、后腔静脉被积液阴影淹没，下部呈广泛性浓密阴影。严重病例，上界液平面可达肩端线以上，如体位变化，液平面也随之改变。超声波检查，有助于判断胸腔的积液量及分布。

（3）治疗　治疗原则为去除病因，治疗原发病，应用抗菌药物，制止渗出，促进渗出物的吸收和排除及对症处置。

① 首先给予柔软、富有营养的饲料，并适当限制饮水。

② 加强护理首先令病马休息，并置于通风良好、温暖和安静的畜舍，供给营养丰富、优质易消化的饲草料，并适当限制饮水。

③ 应用抗菌药物，临床上主要应用抗生素类或磺胺类药物。有条件的，可在治疗前取鼻分泌物做细菌的药物敏感试验，以便选择最敏感药物。支原体感染可用四环素，某些厌氧菌感染用甲硝唑有较好的效果。

④ 制止渗出，可静脉注射 5% 的氯化钙溶液或 10% 的葡萄糖酸钙溶液。

⑤ 促进渗出物吸收和排除，可用利尿剂、强心剂等。当胸腔有大量液体存在时，穿刺抽出液体可使病情暂时改善，并可将抗生素直接注入胸腔。胸腔穿刺时要严格按操作规程进行，以免针头在呼吸运动时刺伤肺；如穿刺针头或套管被纤维蛋白堵塞，可用注射器缓慢抽取。化脓性胸膜炎在穿刺排出积液后，可用 0.1% 的依沙吖啶（雷佛奴耳）溶液、2%～4% 的硼酸溶液或 0.01%～0.02% 的呋喃西林溶液反复冲洗胸腔，然后直接注入抗生素。

⑥ 在治疗过程中，根据病情，可采取适当的对症疗法。如为缓解呼吸困难，可行胸腔穿刺排液；咳嗽剧烈时可内服镇咳剂；心脏衰弱时应用强心剂。

（4）预防　主要为加强饲养管理，防止胸部创伤及增强机体抵抗力。此外，及时根治原发病，对防止本病的发生有重要意义。

25. 贫血　贫血是单位容积循环血液中红细胞数、血细胞比容和血红蛋白含量低于正常值的综合征。贫血是临床上最常见的表现之一，但不是独立的疾病，而是许多不同原因引起或各种不同疾病伴有的症状群。主要临床表现是，可视黏膜和皮肤苍白，以及各组织器官由于缺氧而产生的一系列症状。通常分为失血性、溶血性、营养性及再生障碍性贫血四类。

（1）病因

① 失血性贫血：主要是由于各种原因所致血管的完整性受损、内脏出血、肝脾破裂

等所引起。各种外伤和消化道、呼吸道、泌尿生殖道等黏膜的出血（外出血）；也有肌肉、皮下组织、实质脏器、浆膜腔内的出血（内出血）。若肝、脾破裂或由于外伤而致大血管破裂时，血液突然大量流失，多引起急性失血性贫血；在胃肠寄生虫病或尿路结石等疾病经过中，反复少量出血，常引起慢性失血性贫血。

② 溶血性贫血：由于某种原因使红细胞平均寿命缩短、破坏增加所引起。能直接或间接破坏红细胞膜而引起血管内溶血的因素很多，某些病原体的感染，如焦虫病、鞭虫病、钩端螺旋体病、急性马传染性贫血。各种溶血毒素的侵入，如毒蛇咬伤、吩噻嗪中毒、蓖麻籽中毒、甘蓝中毒、洋葱中毒、慢性铜中毒、慢性铅中毒等。抗原抗体反应，如新生幼驹溶血病、血型不合的输血，以及遗传性缺陷所致。

③ 营养性贫血：由于缺乏生血所必需的营养物质，如蛋白质、铁、铜、钴、叶酸、B族维生素等，使血红蛋白的形成或红细胞的生成不足引起贫血。

④ 再生障碍性贫血：由于各种原因引起骨髓造血干细胞和造血微环境损伤导致骨髓功能衰竭，引起全血细胞减少。引起骨髓造血损伤的因素，可分为物理、化学、生物及其他原因不明的因素。细胞毒类药物，如烷化剂是强烈的骨髓抑制性药物，达到足够剂量即可损害骨髓造血功能。物理因素各种电离辐射，如 X 线、放射性同位素等超过一定剂量，可直接损害多能干细胞或造血微环境，从而抑制骨髓造血。化学物质及抗癌药物、氯霉素、链霉素、磺胺药、保泰松、苯巴比妥、青霉胺、抗癫痫药等，是引起继发性再生障碍贫血较为常见的药物。生物因素包括细菌、病毒、寄生虫及蕨类植物素等，可作用于骨髓内的多能干细胞，使红细胞系、粒细胞系及巨核细胞系造血功能全面发生障碍，而引起再生不良性贫血和再生不能性贫血。

（2）症状

① 贫血的共同症状：可视黏膜苍白和由于血液携氧能力降低、组织缺氧而引起的全身状态改变。轻度贫血时，可视黏膜稍淡，精神沉郁，食欲不振，仍有一定的生产和使役能力，但持久力差。中等程度贫血时，可视黏膜苍白，食欲减退，倦怠无力，呼吸脉搏增数，不耐使役，容易疲劳。重度贫血时，可视黏膜苍白如纸，有水肿，呼吸脉搏显著加快，心脏听诊有缩期杂音，不堪使役，即使稍微运动，也会引起呼吸困难和心跳急速，甚至昏倒。

② 各型贫血的临床特点：贫血由于病因类型不同而具有各自的临床特点，通常表现于起病情况、可视黏膜色彩、体温高低及病程长短等方面。

a. 急性失血性贫血。起病急剧，可视黏膜顿然苍白，体温低下，四肢发凉，脉搏细弱，出冷汗，乃至陷于出血性休克而迅速死亡。根据失血速度和持续时间、出血的部位及出血量，临床表现不尽相同。

b. 慢性失血性贫血。初期症状不明显，但患畜呈渐进性消瘦及衰弱，生产力降低。严重时可视黏膜苍白，机体衰弱无力，精神不振，有异食癖。脉搏、呼吸快而弱。贫血后期常伴有胸腹部、下颌间隙及四肢末端水肿，乃至体腔积水。

c. 溶血性贫血。起病快速或较慢，体温正常或升高，病程短急或缓长。急性溶血或慢性溶血急性发作由于溶血迅速，血红蛋白大幅下降，出现血红蛋白尿，可视黏膜苍白黄染；慢性溶血性贫血起病缓慢，有贫血、黄疸及脾肿大三大类型。

d. 缺铁性贫血。起病徐缓，可视黏膜逐渐苍白，体温不高，病程较长。

e. 再生障碍性贫血。临床表现主要是由于全血细胞减少引起进行性贫血、出血、感染和发热。除继发于急性放射病者外，一般起病较缓，但可视黏膜苍白有增无减，皮肤苍白，机体衰弱、易于疲劳、气喘、心动过速。全身症状越来越重，而且伴有皮肤、鼻、消化道、阴道及内脏器官的出血，但一般无肝、脾、淋巴结肿大等出血性素质综合征，常常发生难以控制的感染和败血症，由于粒细胞及单核细胞减少，机体防御功能下降，体温升高等症状。

（3）治疗 贫血治疗的总则是除去致病因素，补给造血物质，增进骨髓功能，维持循环血量，防止休克危象。

① 急性失血性贫血的治疗：要点是制止出血和解除循环衰竭。外出血时，可用外科方法止血，如结扎止血或敷以止血药。内出血时，可静脉注射 10% 的氯化钙注射液 100～150 mL，或 10% 的柠檬酸钠注射液 100～150 mL，或 1% 的刚果红注射液 100 mL。为解除循环衰竭，应立即静脉注射 5% 的葡萄糖氯化钠注射液 1 000～3 000 mL，其中，可加入 0.1% 的肾上腺素注射液 3～5 mL。条件许可时，最好迅速输给全血或血浆 2 000～3 000 mL，隔 1～2 d 再输 1 次。脱离危险期后，应给予富含蛋白质、维生素及矿物质的饲料，并加喂少量的铁制剂，以促进病马康复。慢性失血性贫血的治疗止血及补充造血物质，可参照急性出血性贫血进行，同时，要积极治疗原发病。补充铁制剂时，配合盐酸及维生素 C，以促进铁的吸收，或配合铜、砷制剂刺激骨髓造血功能。加强饲养管理，病畜日粮应给予高蛋白质、多种维生素和含铁的饲料，给予良好的青草或干草，以及豆类和麦麸等。

② 溶血性贫血的治疗：要点是消除感染，排除毒物。溶血性贫血常因血红蛋白阻塞肾小管，而引起少尿、无尿甚至肾功能衰竭，应及早输液并使用利尿药，如利尿素 5～10 g，加水适量内服。对新生骡驹溶血病，可行相合血输血或弃血浆生理盐水血液输入。输血时力求一次输足，不要反复输注，以免因输血不当而加重溶血。最好换血、输血，即先放血、后输血或边放血、边输血，以除去血液中能破坏病马自身红细胞的同种抗体，以及能导致黄疸的游离胆红素。

③ 营养性贫血的治疗：要点是补给所缺造血物质，并促进其吸收和利用。缺铁性贫血通常用硫酸亚铁，配合人工盐，制成散剂混入饲料中喂给，或制成丸剂投给。开始每天 6～8 g，3～4 d 后，逐渐减少至 3～5 g，连用 1～2 周为一个疗程。为促进铁的吸收，可同时用稀盐酸 10～15 mL，加水 500 mL 内服，1 次/d。

④ 再生障碍性贫血的治疗：要点是消除病因，加强饲养，治疗原发病，促进骨髓造血功能，补充血液量。对可引起再障的药物应用时宜慎重，忌用氯霉素。给予足够的营养和适当的休息，如白细胞数低于正常值较大，应予以短期隔离，以防感染。提高造血功能，可使用睾酮类药物并辅以中药治疗，必要时可进行输血。

（4）预防 遇有急慢性失血，要查明原因，及时处理。要加强对溶血性感染和中毒的防治。输血要用相合血，反复多次输血时，要特别注意防止输血反应。对妊娠、哺乳的母马和发育快速的幼驹，要特别加强饲养管理，多喂富含蛋白质、维生素和矿物质的饲料，保证全价营养。对一些慢性消耗性疾病，加强饲养，防止造血功能衰竭，同时慎重选用药物，禁止滥用药物，必须使用时应定期检查血液学变化，以便及时减量或停药。

26. 循环虚脱 又称外周循环衰竭，也称为休克。由于微循环障碍，有效循环血量减少，微循环灌注量不足，导致机体重要的组织器官缺血、缺氧，血压下降和多发性器官功能障碍的综合病症。

（1）病因

① 血液总量减少，全血减少，见于各种原因引起的急性大失血，如严重创伤或外科手术引起的出血过多，大血管破裂、肝脾破裂等造成的内出血；体液丧失，如严重的呕吐、腹泻、胃肠变位；某些疾病引起的高热，或大出汗而造成机体的严重失水；血浆丧失，主要见于大面积烧伤。

② 血管容量增大，严重感染和中毒，如某些急性传染病过程中（如炭疽、出血性败血症），肠道菌群严重失调的疾病（如马急性结肠炎），胃肠破裂引起的穿孔性腹膜炎，以及严重的创伤感染和脓毒败血症过程中，病原微生物及其毒素特别是革兰氏阴性菌产生的内毒素侵害。各种剧烈疼痛的刺激（如重症疝痛、严重的创伤或骨折、在神经丰富部位不经麻醉的手术等强烈的疼痛刺激）。注射异种血清和异性蛋白以及注射抗生素，引起的超敏反应等。

③ 心排血量减少，主要见于各种原因引起的心力衰竭。由于心收缩力减弱、心排血量减少，使得有效循环血量减少。

（2）症状 初期病畜精神无多大变化或轻度兴奋，稍烦躁不安。汗出如油，可视黏膜苍白。耳鼻及四肢末端发凉，皮温不整。尿量减少，甚至无尿。心搏加快，脉搏细速，呼吸浅表而促迫。

中后期病畜精神高度沉郁，对外界刺激反应迟钝，甚至发生昏迷，可视黏膜尤其是口黏膜、眼结膜发绀，耳鼻及四肢末端冰凉，全身冷汗。体表静脉萎陷，充盈缓慢，心音减弱，血压下降，心音混浊，脉搏细弱。病情进一步发展，血压急剧下降，脉搏细弱而不感手，甚至出现脉律不齐，若有若无。尿量减少或无尿，呼吸无力，浅表疾速而困难，甚至呈现窒息状态。

（3）治疗 治疗原则是除去病因、恢复血容量、调整血管舒缩功能、疏通微循环、纠正酸中毒、保护脏器功能和中兽医疗法。

① 除去病因：主要是针对原发疾病实施病因疗法。如失血性疾病要及时止血，细菌感染要及时应用抗生素抑菌，过敏性疾病及时采用抗过敏治疗等。

② 恢复血容量：主要是进行补液，常用的液体有血液、血容量扩张剂和电解质溶液。由急性失血引起的可输注全血；由体液丧失引起的可输注电解质溶液，主要是复方氯化钠、生理盐水、5％葡萄糖生理盐水、葡萄糖溶液等。血容量扩张剂有各种血浆代用品，常用的是10％的低分子右旋糖酐，不仅可扩张血容量，还可降低血液黏稠度、解除红细胞聚集、疏通微循环。

③ 调整血管舒缩功能：在补足血容量以后，仍不能改善微循环和维持血压的情况下，应使用收缩、舒张血管的药物。从理论和实践来看，在循环虚脱时，持续使用收缩血管药物以维持血压效果并不好，因为使小血管收缩，将更加重微循环障碍。而扩张血管药必须在补足血容量之后使用，否则血管突然扩张，易导致血压突然大幅度下降，使休克进一步加重。临床上常用的舒血管药物有山莨菪碱、硫酸阿托品、肾上腺皮质激素、地塞米松、泼尼松龙、氨茶碱等。

④ 疏通微循环：为减少微血栓的形成和防止 DIC 的发生，可应用抗凝剂。常用的是肝素，同时应用丹参注射液。

⑤ 纠正酸中毒：临床主要是补碱，常用的是 5％的碳酸氢钠注射液。在纠正酸中毒的同时，要注意平衡其他电解质，在呕吐、腹泻引起的循环虚脱中，经常发生低钾血症，特别是在扩充血容量、纠正酸中毒，大量输入葡萄糖、氯化钠、碳酸氢钠时，更易发生低钾血症。

⑥ 保护脏器功能：心力衰竭时可选用强心剂，最好用速效强心剂，如毛花苷、毒毛花苷，有条件的还可用 ATP、胰岛素、细胞色素 C 等。维护肾功能方面，当补足血容量而尿量仍不恢复者，则应给予利尿剂，如 20％的甘露醇或山梨醇。呼吸困难时，可用 25％的尼可刹米。

⑦ 中兽医疗法：对于循环虚脱的治疗，气血两虚者，用生脉散；气衰阳脱者，用四逆汤。

（4）预防　主要在于及时治疗，可能引起循环虚脱的各种原发病。

27. 心力衰竭　也称心脏衰弱或心功能不全。由于心肌收缩力减弱，心排血量减少，不能满足组织器官需要，呈现全身血液循环障碍的一种综合征。心力衰竭按其病程长短，可分为急性心力衰竭和慢性心力衰竭；按其原因，可分为原发性心力衰竭和继发性心力衰竭。急性心力衰竭，临床上以心音与脉搏突然减弱、跌倒抽搐以及黏膜呈蓝紫色为特征；慢性心力衰竭，临床上以明显的淤血症状、病势弛张、病程持久为特征，又称淤血性心脏衰弱。

（1）病因　急性心力衰竭最常见的原因是心脏一时负荷过重引起，如超重超速挽役、长途疾跑等剧烈使役时易发生急性心力衰竭；心肌突然受剧烈刺激，也是发生急性心力衰竭的常见原因，如触电，静脉注射强烈刺激心肌的药物如钙制剂、色素制剂等速度过快时；血孢子虫病、急性马传染性贫血、胃肠炎以及毒物中毒等经过中，往往继发急性心力衰竭。

慢性心力衰竭原发性多因长期剧役而发生，在持续重役时，心肌受持续性牵张，心肌伸长超过一定的限度，则心肌收缩力逐渐减弱引起。慢性心力衰竭也可继发于如三尖瓣闭锁不全、肺动脉口狭窄、二尖瓣闭锁不全等心脏瓣膜病、慢性肺气肿、慢性肾炎等，心脏负荷长期增重等疾病。

（2）症状

① 急性心力衰竭

a. 轻度病例。精神稍沉郁，食欲减退，不耐使役，易于疲劳出汗，呼吸加快，第一心音增强，而脉搏细数。

b. 中度病例。病马精神沉郁，食欲大减，轻微使役则呼吸迫促，疲劳大出汗，心搏动明显增强，振动胸壁，第一心音增强而第二心音减弱，心律失常，常有心内杂音，脉细数。

c. 重度病例。病马高度沉郁，黏膜发绀，体表静脉怒张，呼吸高度困难，大出汗。心搏动增强甚至振动躯体。脉细弱不感于手。发生肺水肿时，胸部有广泛的湿啰音，并有多量细小均匀无色或淡黄色的泡沫状鼻液，多于数分钟内迅速死亡。

② 慢性心力衰竭：发生发展缓慢。病马精神萎靡，食欲减退，易疲劳出汗，不耐使役。体表静脉怒张，黏膜发绀，胸腹下和肢端对称性水肿，随运动而减轻或消散。心音减弱，脉搏细数，往往出现缩期杂音或心律失常。左心衰竭时，可迅速发生肺水肿。右心衰

竭则呈现体循环淤血和全身性水肿，体腔积液；同时也引起脑、肝、肾等实质器官淤血，而呈现相应的临床症状。如脑出血后因缺氧而眩晕，知觉迟钝，跌倒或痉挛等；胃肠淤血则胃肠黏膜水肿，便秘、腹泻、消化不良；肝淤血后，其功能异常，出现黄疸；门脉循环障碍，往往发生腹水；肾淤血后，则尿量减少，尿中出现蛋白质、肾上皮细胞等。

（3）治疗 基本治疗原则是加强护理，减轻心脏负担，缓解呼吸困难和增强心肌收缩力。

① 急性轻、中度心力衰竭，病马可酌情放血 1 000～1 500 mL，而后再缓慢输入 25% 的葡萄糖注射液 1 500～2 000 mL，以减轻心脏负担。为提高心脏功能，可静脉注射 5%～10% 的葡萄糖注射液 1 000 mL，1 次/d。对重度心力衰竭病马应迅速急救，首先用 0.02% 的洋地黄毒苷注射液或毒毛花苷 K 注射液 5～10 mL，静脉注射。如果效果不明显，可将 0.1% 的肾上腺素液 3～5 mL，加在 25%～50% 的葡萄糖注射液 500 mL 中静脉注射。心动过速超过 100 次/min 的病马，可用复方奎宁注射液 20～30 mL，肌内注射，2～3 次/d。呼吸高度困难时，可进行氧气疗法。

② 慢性心力衰竭，适当选用强心剂。对心动过速、有水肿或体腔积水的慢性心力衰竭，可用洋地黄及其制剂，每天 1 次。洋地黄酊 20～50 mL，内服；0.02% 的洋地黄毒苷注射液 5～10 mL，静脉注射。用药 1 周，休药 1 周，防止蓄积。对全身性水肿的心力衰竭，应用安钠咖，具有营养心肌、扩张冠状动脉及利尿作用，对急、慢性心力衰竭都适用，用量：粉剂 5～10 g，内服。

③ 肺淤血明显时，可皮下注射 25% 的尼可刹米注射液 10～20 mL；对尚无水肿的心力衰竭，可用 10% 的樟脑磺酸钠注射液 10～20 mL，肌内或皮下注射。

④ 中兽医对急性心力衰竭多用"参附汤"，对慢性心力衰竭可用"负重劳伤当归散"。

（4）预防 加强平时锻炼，提高使役能力；合理使役，防止突然重剧的过劳性使役；输液或静脉注射钙剂、砷制剂、色素制剂等，应根据患畜的心功能状态，掌握好注射速度和剂量，并经常监听心率。或先行强心，并在注射时适当控制剂量及注射速度。慢性心力衰竭的预防原则，主要是加强训练，合理使役，增强心脏功能。基本措施同急性心力衰竭，对其他疾病引起的继发性心力衰竭，应及时根治其原发病。

28. 肾炎 肾小球、肾小管或肾间质组织发生炎症的病理过程。临床上以水肿、肾区敏感与疼痛、尿量改变及尿液中含多量肾上皮细胞和各种管型为特征。

（1）病因 肾炎的发病原因尚不十分清楚，一般认为与感染、毒物刺激和变态反应有关。

① 感染因素：多继发于某些传染病的经过中，如炭疽、腺疫、马传染性贫血、传染性胸膜肺炎等。一方面病原微生物直接滞留于肾小球和肾小管内引起炎症；另一方面微生物毒素和炎性产物通过肾脏排出过程中，其可作为抗原形成相应的抗体。当患马再次感染或持续长期感染，便产生抗原抗体反应，释放组胺而引起肾炎。

② 中毒性因素：有内源性毒物和外源性毒物。内源性毒物主要在重剧性胃肠炎、代谢障碍性疾病、大面积烧伤等经过中，即产生的毒素和组织分解产物；外源性毒物主要是采食有毒植物，霉败变质饲料，误食有毒物质汞、砷、铅、磷、松节油、氯仿等，经肾排出时而致发本病。

③ 诱发因素：过劳、创伤、营养不良及受寒感冒，均为肾炎的诱发因素。此外，本

病也可由肾盂肾炎、膀胱炎、子宫内膜炎、尿道炎等邻近器官炎症的蔓延而引起的。

（2）症状

① 急性肾炎：病马食欲减退，精神沉郁，体温升高。站立时背腰弓起，两后肢叉开或收于腹下，不爱走动。若强行走动，则腰背僵硬，后肢不灵活，步态强拘，小步前进，向侧转弯困难。肾区触诊或直肠内触摸肾脏时，疼痛明显。重症病例，见有眼睑、颌下、胸腹下、四肢末梢及阴囊处发生水肿。脉搏强硬，主动脉第二音增高。病程后期，患马出现尿毒症，呼吸困难，嗜睡，昏迷。尿液检查，蛋白质呈阳性，尿沉渣中可见各种管型、白细胞、红细胞及多量的肾上皮细胞。

② 慢性肾炎：临床症状与急性血管球性肾炎基本相似。但发展缓慢，症状多不明显，病初，全身衰弱，疲劳乏力，食欲不定。继则出现食欲减退、消化不良或严重的胃肠炎症状，病马逐渐消瘦，血压升高、脉搏增数。病至后期，则于眼睑、胸前、腹下或四肢末端出现浮肿。严重的出现体腔积水，或发生喉及肺的水肿。尿量不定，初期肾小管机能减弱，尿量增多，以后随着肾小管过滤功能进一步下降，则尿量减少。尿液比重或增高或降低，尿中蛋白呈不同程度的增量，尿沉渣可见有大量肾上皮细胞、透明管型、颗粒管型、上皮细胞管型及少量红、白细胞。直肠内触诊，可见肾脏肿大、坚实、疼痛不明显。严重的病例，常因肾功能降低而引起慢性氮血症性尿毒症。

③ 间质性肾炎：病初病马表现全身衰弱，使役时极易疲劳，食欲减退，饮欲增加；后期出现尿毒症，多尿是本病的主要症状，尿量明显增多，可超过正常尿量的数倍。尿液色淡，透明如水，比重降低，尿中含有少量蛋白，红、白细胞及肾上皮细胞。有时可见透明管型和颗粒管型。持续性高血压，心脏肥大，心搏增强，心脏相对浊音区扩大，主动脉第二音增强，脉搏充实紧张。随着病程的发展，出现心脏衰弱，尿量减少，比重增加，皮下水肿，体腔积水。由于出现腹泻，病马迅速消瘦。直肠内触诊，肾脏硬固，体积缩小，且无疼痛。

（3）治疗　治疗原则主要是加强护理，抗菌消炎，免疫抑制疗法，利尿及尿道消毒和对症治疗。

① 加强护理：将病畜置于温暖、干燥、通风良好的厩舍中，充分休息并防止受寒感冒。针对本病容易引起水、盐潴留，以及容易再发的特点，应着重改善饲养，防止复发。病初应减饲或禁饲 1～2 d，以后给予柔软易消化、无刺激性、富含糖类的草料，适当限制食盐和饮水。为了防止复发，治愈以后还应适当减轻使役，防止过劳和感冒。

② 抗菌消炎：首选药物是抗生素类和磺胺类药物。青霉素、链霉素联合应用，肌内注射，每 12 h 注射 1 次，用量青霉素为每千克体重 4 000～8 000 IU；链霉素为每千克体重 10 000 U。还可选用氯霉素、卡那霉素、庆大霉素等。静脉注射氨苄西林效果更好。磺胺类可应用磺胺甲氧嗪、磺胺甲氧嘧啶，磺胺药物与抗菌增效剂如三甲氧基苄氨嘧啶（TMP）合用时，可提高疗效。

③ 免疫抑制疗法：肾上腺皮质激素，主要影响免疫过程的早期反应，并且有一定的消炎作用，通常可选用皮质酮类制剂。醋酸泼尼松，使用某些免疫抑制药，如氢化可的松注射液，肌注或静脉注射，每次 200～500 mg；地塞米松注射液，肌内或静脉注射，每次 10～20 mg。

④ 利尿及尿道消毒：为促进排尿，可适当地选用下列利尿剂。噻嗪类利尿药具有易

吸收、作用发挥快、利尿作用强而持久、毒性低等优点。如氢氯噻嗪0.5~1 g，加水适量内服，每天1次，连用3~5 d停药；克尿噻5~10 g，加水适量内服。也可用环戊噻嗪等，也可静脉注射40%的乌洛托品注射液，每次50 mL。

⑤ 对症治疗：当心脏衰弱时，可应用强心剂，如咖啡因、樟脑或洋地黄制剂；对水肿严重的病马，除应用相应的利尿剂外，尚可应用10%的氯化钙液100 mL，或25%的山梨醇液1 000~1 500 mL，静脉注射；发生尿毒症时，可应用5%的碳酸氢钠液300~500 mL，静脉注射；当出现痉挛发作时，可静脉注射硫酸镁液；当有大量蛋白尿时，为补充机体蛋白，可应用蛋白合成药物。

慢性肾炎与急性肾炎的治疗措施基本相同，一般均采取对症疗法。间质性肾炎目前尚无有效的治疗方法，临床上多采用能增强机体抵抗力的食物疗法，喂给无刺激性的糖类饲料，采取缓解病情的对症疗法。如为减少肠内的腐败、发酵过程，可应用缓泻剂和防腐剂；为解除尿毒症，可应用硫代硫酸钠或乳酸钠静脉注射等。

（4）预防 加强管理，防止受寒感冒，以减少病原微生物的侵袭和感染；注意饲养，禁喂有刺激性或发霉变质的饲料，以免中毒；应用具有强刺激性和剧毒性药物时，应严格限制剂量和使用方法；对已发病的马骡，应及时治疗，彻底消除病因，以防复发或变为慢性，或转为间质性肾炎。

29. 肾病 肾小管上皮细胞发生变性、坏死为主而非炎症性的肾脏疾病。病理变化的特点是，肾小球上皮细胞发生浑浊肿胀、上皮细胞弥漫性脂肪变性与淀粉样变性及坏死，通常肾小球的损害轻微。根据病的临床经过，可分为急性肾病和慢性肾病。临床特征是大量蛋白尿、明显水肿及低蛋白血症、无血尿及血压升高等现象。

（1）病因 本病多继发于某些急性传染病的经过中，如传染性胸膜肺炎、马传染性贫血、马鼻疽、流行性感冒等，由于病原因素（病毒、细菌或毒素）的刺激或导致全身性物质代谢障碍，结果引起肾小管上皮细胞变性。

其次，外源性和内源性有毒物质的作用，也是常见的病因。如化学毒物汞、磷、砷、锑、氯仿、吖啶黄药品引起的中毒；采食腐败、发霉饲料引起的真菌毒素中毒；消化道疾病、肝脏疾病、蠕虫病、大面积烧伤、化脓性炎症等所产生的体内毒素经肾脏排出时，刺激肾小管上皮细胞而致病。

此外，肾病也经常发生于肾炎及某些新陈代谢疾病过程中。

（2）症状 本病无特征症状，常常被常发病症状所掩盖，其一般症状与肾炎相似，所不同的是不见血尿。尿沉渣中无血细胞及红细胞管型。

① 轻症病马，主要呈现引起本病的原发病（传染病、中毒性疾病）的固有症状。尿中可见有少量蛋白质和肾上皮细胞。当尿呈酸性反应时，可见有少量管型，但尿量无明显变化，并有食欲减退、周期性腹泻等。病马逐渐消瘦，衰弱和贫血，并出现水肿和体腔积水。尿量减少，比重增加，尿中含有大量蛋白质，尿沉渣中见多量肾小管上皮细胞及颗粒管型和透明管型。

② 重症病马，呈现不同程度的消化功能紊乱，如食欲减少，周期性腹泻。病马逐渐消瘦，衰弱或贫血，并出现水肿。水肿多发生于颜面、胸前、腹下、阴囊及四肢末端，严重时发生胸腔或腹腔积液。尿量减少，比重增高，蛋白增量，尿沉渣中见有大量肾上皮细胞、透明管型和颗粒管型，但无红细胞。

③ 慢性肾病，尿量及比重均无明显改变。当肾小管上皮细胞严重变性或坏死时，重吸收功能降低，尿量增加，比重降低。

④ 血液学变化，轻症病马无明显改变。重症可见红细胞数减少，血红蛋白降低，血沉加快，血浆总蛋白降至 $3\%\sim4\%$（低蛋白血症），血中胆固醇含量增高。

（3）治疗　治疗原则是消除病因，改善饲养，促进利尿和防止水肿。

① 改善饲料管理：可适当给予富含蛋白质的饲料，如优质的豆科植物，配合少量块根饲料，以补充机体丧失的蛋白质。为防止水肿，适当限制食盐和饮水量。

② 药物治疗：为消除病因，由感染因素引起者，可选用磺胺类或抗生素药物（见急性肾炎的治疗）；由中毒因素引起者，可采取相应的解毒措施（见中毒病的治疗）。

③ 控制和消除水肿：可选用利尿剂。常见的利尿剂有：呋塞米，口服、肌内注射或静脉注射，每千克体重一般用量为 $0.25\sim0.5\,g$，$1\sim2$ 次/d，连用 $3\sim5\,d$；氢氯噻嗪，口服，$0.5\sim2\,g$，$1\sim2$ 次/d，连用 $3\sim4\,d$；还可选用氯噻嗪、利尿素等其他利尿剂。

④ 补充机体蛋白质的不足，可应用苯丙酸诺龙或丙酸睾酮；为调整胃肠功能，可投以缓泻剂清理胃肠；或给予健胃剂，以增强消化功能。

（4）预防　加强管理，防止受寒感冒，以减少病原微生物的侵袭和感染；注意饲养，禁喂有刺激性或发霉变质的饲料，以免中毒；应用具有强刺激性和剧毒性药物时，应严格限制剂量和使用方法；对已发病的马骡，应及时治疗，彻底消除病因，以防复发或变为慢性。

30. 膀胱炎　膀胱黏膜及其黏膜下层的炎症。临床上以疼痛性尿频和尿中出现大量膀胱上皮细胞、脓细胞、血细胞和磷酸铵镁结晶为特征。

（1）病因

① 细菌感染：主要是化脓杆菌、大肠杆菌，其次是葡萄球菌、链球菌、绿脓杆菌、变形杆菌经过血液循环或尿路感染而致病。

② 机械性刺激或损伤：导尿管过硬、操作粗暴，膀胱镜使用不当，均可损伤膀胱黏膜；还有由于尿道的压迫、狭窄、膀胱肌麻痹、括约肌痉挛、膀胱结石、尿潴留时的分解产物，以及刺激性药物、毒物，如松节油、斑蝥、甲醛、酸败的酒糟等刺激膀胱黏膜而发病。

③ 邻近器官炎症的蔓延：肾炎、肾盂肾炎、输尿管炎、尿道炎、阴道炎、子宫内膜炎、腹膜炎等都能引起。

（2）症状

① 急性膀胱炎的特征是，疼痛性的频频排尿，病畜屡作排尿姿势，排出的尿量却不多，或呈点滴状排出。在公马见阴茎勃起，母马则后躯摇摆，阴门频开，有的表现不安，呈现假性疝痛症状。直肠触诊膀胱，通常空虚而有剧痛。由于膀胱括约肌的痉挛性收缩，或膀胱颈的黏膜肿胀，可发生尿闭。尿闭持久，尿液在膀胱内发酵产生氨，刺激膀胱加剧炎症过程。有时甚至引起膀胱破裂。病马精神沉郁、体温升高、食欲减退或废绝。

② 慢性膀胱炎的症状与急性的略同，但在临床上无明显的排尿困难，疼痛也较轻微，病程较长。尿的变化也与急性的相同，只是红细胞含量略少。

③ 尿液浓厚且浑浊，常带刺鼻气味，有轻度的蛋白尿（假性蛋白尿）。有时用肉眼即可见到混有黏液、脓汁及假膜和组织碎片等。镜检尿沉渣，可见多量的脓细胞、红细胞、

膀胱上皮、组织碎片、磷酸铵镁（3 价磷酸盐）结晶及微生物。

（3）治疗 治疗原则是加强饲养管理、抑菌消炎、防腐消毒及对症处置。

① 加强饲养管理：病畜停止使役，喂给无刺激性的饲料和适当饮水。在应用尿道消毒药治疗期间，对饮水应略加限制，以保持药物一定的浓度，使消毒作用较好地发挥。在治疗间歇期，则应大量饮水，以冲洗膀胱的炎性产物。

② 抑菌消炎：对重症膀胱炎应及时应用抗生素或磺胺类药物，如洗涤膀胱后，注入氨苄西林 0.5～1 g，1～2 次/d。与此同时，全身并用青霉素、链霉素，或磺胺嘧啶钠、磺胺二甲基嘧啶等。也可适当应用尿路消毒剂，如内服呋喃妥因或静脉注射 40% 的乌洛托品注射液。

③ 防腐消毒：可选择适当的药物进行膀胱洗涤。如 1%～3% 的硼酸液、0.1% 的雷佛奴耳液、0.02% 的呋喃西林液、0.01% 的高锰酸钾液、0.01% 的新洁尔灭溶液等。有严重出血的，可应用止血收敛药物，如 1%～2% 的明矾液、0.5% 的鞣酸液等。慢性膀胱洗涤，可用 0.02%～0.1% 的硝酸银液、0.1%～0.5% 的胶体银液等。

④ 对症处置：根据病情变化，采取相应的措施。如为促进炎性产物的排除，可适当应用利尿剂；对出血性膀胱炎，可应用止血剂。

（4）预防 保持厩舍和马体清洁，防止微生物的侵袭和感染；及时治疗泌尿生殖器官的疾病，以防炎症蔓延，并避免服用刺激性药物；导尿时严格遵守操作规程和无菌观念，发现膀胱结石应及早处置。

31. 尿道炎 尿道黏膜的炎症，以尿频、尿痛及局部红肿为特征。

（1）病因 主要是尿道的细菌感染，如在导尿时手指及器械消毒不严，或操作粗暴，损伤尿道黏膜与感染；尿结石的机械性刺激及某些药物的化学刺激，均可损伤尿道黏膜而继发细菌感染。膀胱炎、包皮炎、阴道炎、子宫内膜炎等邻近器官炎症的蔓延。

（2）症状 病马频频排尿，尿呈断续状流出，并表现疼痛不安，公马阴茎勃起，母马阴唇不断开张，黏液性或脓性分泌物不时自尿道口流出。尿液浑浊，混有黏液、血液或脓液，甚至混有坏死和脱落的尿道黏膜。导尿时手感紧张，甚至尿导管难以插入。病马表现疼痛不安，并抗拒或躲避检查。

（3）治疗 治疗原则是加强饲养管理，抑菌消炎，防腐消毒及对症处置。

治疗及预防方案同膀胱炎。

32. 尿结石 又称尿石症。尿路中盐类结晶凝结成大小不一、数量不等的凝结物刺激尿路黏膜而引起的出血性炎症和尿路阻塞性疾病。

（1）病因 尿结石的成因尚不十分清楚，但普遍认为是伴有泌尿器官病理状态的全身性物质代谢紊乱的结果。促使尿结石形成的因素主要有：长期饮水不足，使尿液浓缩，致盐类浓度过高而促进结石形成；肾脏及尿路感染，尿中细菌和炎性产物积聚，为成盐类结晶沉着的核心物；此外，过量的磺胺类药物治疗，也可促进结石的形成。

（2）症状 初期呈现尿路受刺激症状，病马频作排尿状、叉腿、弓腰、举尾、会阴部抽动、努责，尿呈线状滴状排出，并混有脓汁或血凝块。当结石阻塞尿路时，尿流变细或无尿排出而发生尿潴留。因阻塞部位和阻塞程度不同，临床表现也有一定的差异。

结石位于肾盂时，有血尿、肾盂积水，肾区疼痛，步样强拘和紧张；当结石移行至输尿管并发生阻塞时，病马腹痛剧烈，直检可摸到其阻塞部的近肾端的输尿管明显紧张且膨胀；膀胱结石时，可出现疼痛性尿频，血尿，直肠检查可以触及；完全阻塞时，出现尿闭膀胱过度充盈，可导致膀胱破裂。

（3）治疗　当有尿石可疑时，可通过改善饲养，即给予患马以流体饲料和大量饮水。必要时可投以利尿剂，以期形成大量稀释尿，借以冲淡尿液结晶浓度，减少析出并防止沉淀。同时，尚可冲洗尿路，以使体积细小的尿石随尿排出。

对体积较大的膀胱结石，特别是伴发尿路阻塞或并发尿路感染时，需实施尿道切开手术或膀胱切开手术以取出结石。

为防止尿道阻塞引起的膀胱破裂，可施行膀胱穿刺排尿。

（4）预防

① 饲料的钙磷比例搭配要合理，应含有适量的维生素 A，以防止尿石的核心物质增多。

② 对泌尿器官疾病应及时给予治疗，以免尿液潴留。

③ 平时应适当增喂多汁饲料或增加饮水，以稀释尿液，减少对泌尿器官的刺激，并保持尿中胶体与晶体间的平衡。

33. 脑膜脑炎　脑膜及脑实质具有化脓性质的急性炎症疾病。本病以高热、脑膜刺激症状、一般脑症状及局灶性脑症状为特征。

（1）病因

① 传染性因素：包括各种引起脑膜脑炎的传染性疾病，如马腺疫、炭疽、传染性脑膜肺炎、新生驹败血症、狂犬病、结核病、乙型脑炎、传染性脑脊髓炎、李氏杆菌病、疱疹病毒感染、慢病毒感染、链球菌感染、葡萄球菌病、沙门氏菌病、巴氏杆菌病、大肠杆菌病、变形杆菌病、化脓性棒状杆菌病等，这些疾病往往发生脑膜和脑实质的感染而引发炎症。

② 中毒性因素：重金属毒物（如铅）、类金属毒物（如砷）、生物毒素（如黄曲霉毒素）、化学物质（如食盐）等发生中毒，或胃肠炎和各种严重的自体中毒等，也可继发本病。

③ 寄生虫性因素：在脑组织受到马蝇蛆、马圆虫幼虫及血液原虫等的侵袭，也可导致脑膜脑炎。

④ 继发于体内其他部位的感染所引起，邻近器官炎症的蔓延。如颅骨外伤、中耳炎、化脓性鼻炎、额窦炎、腮腺炎，以及压疮、踢伤、角伤、额窦圆锯术等发生感染性炎症时；远隔部位的重剧感染创等转移至脑部而发生本病。

⑤ 诱发性因素：当饲养管理不当、受寒、感冒、过劳、中暑、脑震荡、长途运输、卫生条件不良、饲料霉败时，使机体或脑组织的抵抗力降低，诱发体内条件性致病菌的感染，引起脑膜脑炎的发生。

（2）症状　脑膜脑炎的症状，常由于炎症部位、性质，程度、病因种类的不同，颅内压增高的情况等影响，又因神经系统与其他系统有着密切的联系，神经系统可影响其他系统、器官的活动，因此，表现得极为错综复杂。

① 脑膜刺激症状：以脑膜炎为主的脑膜脑炎，由于前数段颈脊髓膜常同时发炎，背侧的脊神经根受刺激，病马的颈部及背部感觉过敏，对该部皮肤的轻微刺激，即可引起剧烈的疼痛反应。同时，反射地引起颈部背侧肌肉的强直性痉挛，因而头向后仰。如强迫使

头颈屈曲，也将引起极度的疼痛反应。此时如进行膝腱反射检查，可见反射亢进现象。以上刺激症状，随着病程的发展而逐渐减弱或消失，甚至转为瘫痪。

②一般脑症状：通常是指精神状态、运动及感觉功能、内脏器官的活动情况，以及采食饮水和行为的改变等。本病初期，病马表现轻度沉郁，不听呼唤，不注意周围事物，目光凝视，有的呈现昏睡状态，头抵在饲槽上不动，生人走近或触摸时，反应均迟钝。如牵之行走，则见运动失调，步样蹒跚，躯体摇晃，容易跌倒。经数小时至 1 d 后，病马突然呈现兴奋状态，骚动不安，攀登饲槽，或冲撞墙壁，或挣断缰绳，不顾障碍物地向前奔驰，或行圆圈运动，并常摔倒在地上，甚至在头和肢体的突出部位形成撞伤或擦伤。在数十分钟的兴奋发作后，病马又陷入沉郁状态，头低眼闭，呆立不动，呼之不应，牵之不走，针刺反应极为迟钝。自此以后，病马经常处于昏睡状态，或者兴奋沉郁交替出现，时而做无目的地走动，时而昏迷倒地，但兴奋期逐渐变短，沉郁期逐渐加长。到了疾病末期，病马卧地不起，意识完全丧失，四肢做游泳样划动，心跳显著加快，有严重的心律不齐，并常出现陈-施二氏呼吸节律。

③局部脑症状：又称为灶症状，是由于脑实质细胞或脑神经根（核）受刺激或损伤所引起的症状。脑膜脑炎所出现的局部脑症状，属于神经功能亢进的，有眼球震颤、瞳孔大小不等、眼球斜视、唇鼻部肌肉挛缩、牙关紧闭、舌的纤维性震颤等；属于神经功能减退的，有口唇歪斜、耳下垂、舌脱出、吞咽障碍、听觉减退、视觉消失、嗅觉障碍、味觉错乱等。嗅觉及味觉错乱的病马，在给予臭药水时也能喝下。上述病灶症状，或单独出现，或合并出现，有的在疾病基本治愈后，还可长期遗留。

此外，体温变化：往往升高，但有时可能正常或下降。呼吸和脉搏变化：兴奋期呼吸疾速，脉搏增数。抑制期呼吸缓慢而深长，脉律减慢，有时还伴有节律性的改变，出现节律紊乱，眼结膜初潮红，后变蓝紫色，并轻度黄染。消化系统症状：食欲减退或废绝，采食、饮水异常，咀嚼缓慢，时常中止。排粪停滞，排尿次数减少，尿中含蛋白质。严重时出现粪、尿失禁。

血液学检查：细菌性脑膜脑炎时，血液中白细胞总数增高，中性粒细胞比例升高，核左移；病毒性脑膜脑炎多出现白细胞总数降低，淋巴细胞比例升高。中毒性脑膜脑炎多出现白细胞总数降低，酸性粒细胞减少。在化脓性脑膜炎时，脑脊髓液沉淀物中除含有中性粒细胞外，尚存在有大量细菌。

脑脊液检查：脑脊髓液压力增高，脑脊液增多、外观混浊，蛋白质和细胞成分增多。

（3）治疗 本病的治疗原则为加强护理、消除病因，降低颅内压，消炎解毒，控制神经症状和对症治疗。

①加强护理、消除病因：将病马置于宽敞安静、舒适稍暗的环境中，避免外界刺激，派专人监管，防止撞伤，注意保温，防止感冒，喂给良好干草或新鲜青草及麦麸粥等。对一些运动功能丧失的患病动物，应勤换垫草、勤翻身，防止发生压疮。根据发病情况，及时消除致病因素。

②降低颅内压：可先进行颈静脉放血 1 000～2 000 mL，再用 5％的葡萄糖生理盐水 1 000～2 000 mL，并加 20％的乌洛托品溶液 100 mL；其次，最好以 25％的山梨醇或 20％的甘露醇溶液，按每千克体重 2 g 或 25％的葡萄糖溶液 100～200 mL，每天 2 次，静脉注射。应在 30 min 内注射完毕，以降低颅内压，改善脑循环，防止脑水肿。利尿素 5～10 g，

内服，每天 2 次，肾衰竭时禁用。

③ 消炎解毒：应选择能透过血脑屏障的抗菌药物，包括氯霉素类、磺胺类、青霉素类和头孢菌素类药物。磺胺嘧啶钠，每千克体重 0.07～0.1 g，静脉或深部肌内注射，每天 2 次；阿莫西林，每千克体重 10～30 mg，肌内或静脉注射，每天 1 次；青霉素，每千克体重 4 万 IU，肌内或静脉注射，每天 2 次；头孢唑林钠，每千克体重 10～25 mg，肌内或静脉注射，每天 2 次。

④ 控制神经症状：对兴奋不安的动物应进行镇静。安溴注射液 100～200 mL，静脉注射，必要时使用地西泮 100～150 mg，内服，3 次/d。对神经过度抑制的动物，应进行兴奋治疗。20% 的安钠咖注射液 10～20 mL，皮下、肌内或静脉注射，按病情需要决定给药次数，必要时每 2～4 h 重复给药；5% 的氨茶碱注射液 50～75 mL，肌内或缓慢静脉注射，必要时使用。当呼吸衰竭时，可使用尼可刹米以兴奋呼吸中枢，25% 的尼可刹米注射液 10～20 mL，皮下、肌内或静脉注射，必要时每 1～2 h 重复注射 1 次。

⑤ 对症治疗：根据需要进行。心功能不全时，可应用安钠咖、樟脑磺酸钠等强心剂。如果大便迟滞，宜用硫酸钠或硫酸镁，加适量防腐剂，内服，以清理肠道、防腐止酵，减少腐解产物吸收，防止发生自体中毒。神经肌肉麻痹时，可用士的宁与藜芦素交互肌内注射，也可用 5% 的盐酸硫胺 10～20 mL，肌内注射。转为慢性时，可内服水杨酸钠 10～30 g，或碘化钾 5～10 g，以促进炎性产物的吸收。发生褥疮的，宜于患部涂擦 1% 的龙胆紫等防腐消毒液。

（4）预防　加强平时饲养管理，注意防疫卫生，防止传染性与中毒性因素的侵害。有传染病可疑时，应将病马隔离，消毒厩舍，杜绝疾病传播蔓延。平时要注意防止过劳，夏季炎热要充分饮水，按时喂盐。对可能蔓延至脑部的外伤，特别要注意彻底治疗。

34. 脑震荡及脑挫伤　由于粗暴的外力作用于颅脑所引起的一种急性脑功能障碍或脑组织损伤。一般把脑组织具有肉眼及病理组织学变化的称为脑挫伤，缺乏形态学改变的称为脑震荡。临床特征是暴力作用后，立即发生昏迷、反射功能减退或消失等脑功能障碍。

（1）病因　马匹互撞互踢，跌落陷坑，颅脑部受沉重物体的打击、砸压、枪弹、炮弹片和交通事故等，都可引起脑震荡或脑挫伤。

（2）症状　本病的临床症状都具有一般脑症状，并且大多在发病时立即出现，也有在发病后的几分钟至数小时出现的。局灶性脑症状，则依据病情的严重程度、脑损伤部位和病变的不同而不同。

① 轻型病例：一旦受伤后，出现一时性知觉丧失，站立不稳，跟跄倒地，经过片刻即可清醒过来，恢复正常状态。或者可能于短时间乃至持续地呈现某些脑症状。

② 中度病例：一时完全失神而长时间横卧地上，不能站起，陷入昏迷状态，意识丧失，肌肉松弛无力，瞳孔扩大，各种反射减退或消失，呼吸变慢或不整，常伴发喘鸣音，脉搏细数，节律不齐，大小便失禁。如昏迷逐渐加深，体温高低不定，并出现角弓反张现象。有的病马在意识恢复后可以站起，但常呈现各种局灶性脑症状，如运动失调、偏侧或两侧瘫痪、视力消失、口唇歪斜、吞咽障碍以及舌脱出等。

③ 严重病例：在头部受伤的同时昏倒在地，立即死亡，或于数小时后呈现痉挛而死亡。

（3）治疗　本病多为突发，且病情发展急剧，应及时进行抢救。治疗原则为加强护理、止血、防止脑水肿、预防感染和对症治疗。

① 加强护理：使病马安静躺卧，多铺垫草，避免刺激。为保证呼吸道畅通，可使头部抬高，适时清除鼻咽部的凝血块。为防止因舌根部麻痹，闭塞后鼻孔而引起窒息，宜将舌稍向外牵出，但要防止舌被咬伤。要经常翻身，防止压疮，并注意维持动物的营养，可给予麸皮粥等。

② 止血：为制止颅内血管出血，可行头部冷敷。同时，应用止血剂，如维生素 K、酚磺乙胺（止血敏）、卡巴克洛（安络血）、凝血质和 6 - 氨基己酸等。

③ 防止脑水肿：应用脱水剂、利尿剂、强心剂等。降低颅内压，防止脑水肿，可使用 20％的甘露醇或 25％的山梨醇溶液，每千克体重 1～2 g，静脉注射，应在 30 min 内注射完毕；利尿素 5～10 g，内服，每天 2 次，肾衰竭时禁用；或 20％的安钠咖 10～20 mL，静脉、肌内或皮下注射。

④ 预防感染：应选择能透过血脑屏障的抗菌药物，以防止脑部组织的感染。磺胺嘧啶钠，每千克体重 0.07～0.1 g，静脉或深部肌内注射，每天 2 次；阿莫西林，每千克体重 10～30 mg，肌内或静脉注射，每天 2 次；青霉素，每千克体重 4 万 IU，肌内或静脉注射，每天 2 次；头孢唑林钠，每千克体重 10～25 mg，肌内或静脉注射，每天 2 次。

⑤ 对症治疗：对兴奋不安的应进行镇静，安溴注射液 100～200 mL，静脉注射，必要时使用水合氯醛 20～30 g，内服；硝西泮 100～150 mg，内服，每天 3 次；对神经过度抑制的动物，应进行兴奋治疗。20％的安钠咖注射液 10～20 mL，皮下、肌内或静脉注射，按病情需要决定给药次数，必要时每 2～4 h 重复给药；5％的氨茶碱注射液 50～75 mL，肌内或缓慢静脉注射。当呼吸衰竭时，可使用 25％的尼可刹米注射液 10～20 mL，皮下、肌内或静脉注射，必要时每 1～2 h 重复注射 1 次，以兴奋呼吸中枢。

（4）预防 平时加强饲养管理，防止踢蹴、角斗、打击和意外事故的发生。

35. 脊髓及脊髓膜炎 脊髓实质、脊髓软膜及蛛网膜炎症的统称。脊髓炎及脊髓膜炎可单独或同时发生。本病在临床上以呈现感觉、运动功能障碍和肌肉萎缩为特征。

（1）病因

① 感染性因素：常见于马的乙型脑炎、流行性脊髓麻痹、马胸疫、马腺疫、马流感、马媾疫及脑脊髓丝虫病等。

② 中毒性因素：常见于曲霉菌、麦角菌、镰刀菌等细菌毒素的中毒和山黧豆、萱根草等有毒植物及霉败饲料的中毒。

③ 创伤及其他因素：脊髓及脊髓膜炎也可以由脊髓震荡与损伤、椎骨损伤、断尾、椎骨骨疽、颈部或纵隔脓肿和邻近器官的感染引起，配种过度、受寒、过劳等因素可导致机体的抵抗力降低，促进本病的发生。

（2）症状 脊髓及脊髓膜炎的症状，因炎症部位及程度而不同。发病初期，病马呈现兴奋不安，肌肉战栗，脊柱凝硬，运步强拘，容易疲劳和出汗。

① 局灶性脊髓炎：一般只呈现该局部脊髓节段支配区域的皮肤感觉减退，局部肌肉发生营养性萎缩，对刺激的反应消失。

② 弥漫性脊髓炎：由于炎症波及脊髓的较长节段，且多发生在脊髓的后段，故除呈现所支配区域的皮肤感觉过敏或减弱以及由于肌肉麻痹而致运动失调外，尚经常出现尾及直肠括约肌麻痹，以致呈现排粪和排尿失常，出现直肠宿粪和膀胱积尿等现象。

③ 横贯性脊髓炎：相应脊髓节段支配区域的皮肤感觉减弱或消失，肌肉的紧张度降低，弛缓无力，对机械性刺激的反应微弱（核性麻痹）；而发炎部位后方脊髓节段所支配的区域，则呈现肌肉紧张度增高和腱反射亢进（核上性麻痹），因而病马多呈现运动障碍，或出现脊髓性共济失调，以致步样不稳，甚至容易跌倒。严重的横贯性脊髓炎，常致后躯麻痹，呈现截瘫，卧地不能起立，两后肢肌肉麻痹，感觉消失，常发褥疮。横贯性脊髓炎如果发生在颈髓，可因膈肌麻痹而突然死亡。

④ 分散性脊髓炎：由于可能是灰质、也可能是白质发炎，故症状又有所不同。经常见到的是个别脊髓传导径受侵害，因而只呈现局部的皮肤感觉消失及相应肌群的运动麻痹。几处这样的局部感觉和运动障碍的综合，便构成一幅分散性脊髓炎的症状图像。

（3）治疗　治疗原则为加强护理、杀菌消炎、营养神经、兴奋中枢、促进吸收和对症治疗。

① 加强护理：使病马保持安静，尚能站立的病马，应用吊带以辅助站立，不能站立的要厚铺垫草，勤翻马体，注意皮肤清洁卫生，防止发生压疮；定时导尿，掏粪；改善饲养，给予易消化、富有营养的饲料，增强体质。

② 杀菌消炎：为促使炎症消散，在发病初期局部冷敷，有利于控制炎症。在急性炎症消退后，改用温敷或涂布樟脑酒精或松节油等。促进炎症渗出物的吸收。与此同时，应用抗生素或磺胺制剂，以治疗和防止感染。配以氢化可的松、泼尼松等效果更好。磺胺嘧啶钠，每千克体重 0.07～0.1 g，静脉或深部肌内注射，每天 2 次；阿莫西林，每千克体重 10～30 mg，肌内或静脉注射，每天 1 次；青霉素，每千克体重 4 万 IU，肌内或静脉注射，每天 2 次；头孢唑林钠，每千克体重 10～25 mg，肌内或静脉注射，每天 2 次。同时，配合使用肾上腺糖皮质激素，如地塞米松 5～20 mg，肌内或静脉注射，每天 1 次。也可用氢化可的松加在 5%～10% 的葡萄糖盐水中，缓慢静脉注射。

③ 营养神经：改善神经营养，恢复神经细胞功能，可使用维生素 B_1 100～500 mg，肌内、静脉或皮下注射；维生素 B_2 100～150 mg，肌内或皮下注射；辅酶 A 1 000～1 500 IU，静脉注射；ATP 马 2 000～3 000 mg，静脉注射等。

④ 兴奋中枢：根据病情发展，可使用 0.2% 的盐酸士的宁 10～20 mL，皮下注射；也可肌内或皮下注射复合维生素 B 注射液 5～10 mL，以兴奋中枢神经系统、增强脊髓的反射功能。同时，为防止肌肉萎缩，对麻痹部位经常进行按摩、针灸，或用樟脑乙醇涂布皮肤，以促进局部血液循环，恢复神经功能。

⑤ 促进吸收：对转为慢性的脊髓炎，为促进炎性产物的吸收，可应用碘化钾或碘化钠，马 5～10 g，内服，每天 2～3 次，5～6 d 为一个疗程。以溶解病变组织、促进炎性渗出物的吸收。

⑥ 对症治疗：当疼痛较为严重时，可应用 30% 的安乃近注射液 3～10 g，皮下或肌内注射，每天 2 次，以缓解疼痛、促进康复。此外，病马兴奋不安时，可应用溴化钠、巴比妥钠等镇静剂。

（4）预防　本病主要是由感染因素与中毒因素引起的。在预防方面，首先应加强防疫卫生，防止各种传染性因素侵袭和感染，如有可疑传染病，宜将病马隔离，加强防疫措施、杜绝传染和蔓延；注意饲养管理，避免霉败饲料和有毒植物中毒，增强其体质；同时尚需防止外伤、受寒、过劳及配种过度，保证机体健康，以防本病的发生；及时治疗脊柱部外伤和骨折、防止感染波及脊髓膜和脊髓。

36. 纤维性骨营养不良 成年马、骡由于钙、磷代谢障碍，骨组织发生进行性脱钙，骨基质逐渐被破坏、吸收，而为增生的结缔组织所代替的一种慢性营养性骨病。临床上以消化紊乱、异嗜、跛行、骨质疏松、骨骼变形、肿胀、易折和尿液澄清为特征，主要发生于马属动物，呈地方性流行，冬春季发病率最高。

(1) 病因 ① 饲料中磷多钙少或磷钙比例不当，是本病发生的主要病因。成年马、骡日粮中的钙磷比例，以 (1.5~2.0)∶1 为合适，这样才能保证骨盐的沉积与代谢。以禾本科干草如稻草为粗饲料，以高粱、麸皮为精饲料的马、骡，最易发生本病。另外，对使役重的马、骡，无限制地增加精饲料，粗饲料少，对日粮中钙、磷平衡注意不够，也容易引起本病的发生。

② 长期舍饲，饲喂方法不当，缺少运动，日光照射不足，皮肤的维生素 D 原不能转变成维生素 D，致使钙盐吸收发生障碍，也是发生本病的重要原因，因此冬春季发病较高。

③ 日粮中钙含量不足或含有影响钙吸收的物质时，极易导致本病发生。一些秸秆饲草含钙量偏低，单纯饲喂此类饲料又不进行补钙，或饲料中的草酸盐、植酸及脂肪含量过高时，会与钙结合形成不溶性钙，影响钙吸收，而促进本病的发生。

④ 此外，饲养管理不当和某些疾病对本病发生也有促进作用。饲养失宜、长期过劳或长期休闲、精粗料比例不当，可以引起发病；患有消化不良及肝肾疾病，会影响维生素 D 羟化而引起本病。

(2) 症状 病马主要有消化紊乱，异嗜，跛行，拱背，面骨和四肢增大，以及尿澄清、透明等特征。由于消化紊乱，喜食食盐和精饲料，异嗜表现到处啃食木槽、树皮排出的粪球带有液体，粪球落地后立即破碎，含有大量未经消化的粗糙渣滓，后期便秘，粪球干而硬。初期，病马精神不振，喜欢卧地，不愿起立或起立困难，背腰发硬，站立时两后肢交替负重，行走时步样强拘，步幅短缩，往往出现不明原因的一肢或整肢跛行，而且跛行常交替出现，时轻时重，反复发作。病马不耐使役，容易疲劳出汗。

疾病进一步发展，病畜走路时拱背，转弯时直腰，同时腹部收缩，后肢伸向腹下。骨骼肿胀变形，首先出现头骨肿胀变形，常见下颌骨肿胀增厚，轻者下颌骨边缘变钝，重者下颌间隙变窄，手指不易插入下颌间隙；上颌骨和鼻骨肿胀隆起，颜面变宽，严重病畜面部变成圆桶状外观，故有"大头病"之称。有的鼻骨高度肿胀，致使鼻腔狭窄，呈现呼吸困难，伴有鼻腔狭窄音。齿磨灭不整、松动，甚至脱落，咀嚼困难，常出现吐草现象。四肢关节肿胀变粗，尤以肩关节肿大最为明显，长骨变形，脊柱弯曲，呈"鲤鱼背"病至后期，常卧地不起，使肋骨变平，胸廓变窄。严重的，逐渐消瘦，肚腹卷缩，陷于恶病质。骨质疏松脆弱，易发骨折，额骨穿刺时容易刺入。尿液澄清透明，呈酸性反应。如无并发症，体温、脉搏、呼吸等变化不大。

(3) 治疗 应当针对发病原因，采取医护结合、着重于护理的原则，才能收到较好的效果。在护理上，应注意饲料搭配，调整日粮中的磷钙比例，减少或除去日粮中的麸皮和米糠，增喂优质干草和青草，使钙磷比例保持在 (1~2)∶1 的范围内，兼有防治效果。对患病马、骡，如可以行走，适当加强牵遛，多做室外运动，多晒太阳。

① 药物疗法：主要是应用钙剂，维生素 D 制剂。如 10% 的氯化钙液 100~150 mL、

5%的葡萄糖氯化钙液 200～300 mL，静脉注射。也可用碳酸钙 30～50 g、鱼肝油 30～50 mL，制成舔剂内服；或用南京石粉 100～150 g，每天分两次混入饲料中给予。还可应用精制鱼肝油 5～10 mL，或骨化醇胶性钙注射液 10～15 mL，分点肌内注射，每隔 5～7 d。

② 对症疗法：包括缓解疼痛、调整胃肠功能等。为了缓解疼痛，可用 10%的水杨酸钠 150～200 mL、或撒乌安注射液 150 mL，静脉注射，每天 1 次，连用 3～5 d。为调整胃肠，增进消化吸收功能，可应用各种健胃剂，如大蒜酊、龙胆酊或苦味酊等。对发生褥疮或擦伤的，宜做适当外科处置，防止并发症。

（4）预防　本病预防重点是，使饲料中钙磷比例适当，即钙：磷以（1.5～2）：1 为宜。补充高钙日粮至关重要，其中，添加石粉可有效地预防本病的发生。用石粉按一定的比例与精料混合，始终保持马尿液呈现的黄白色，贝壳粉、蛋壳粉也有效果。

其次，还要注意改善饲养方法，在精料定量的前提下，务使马、骡多吃粗料。另外，还要加强锻炼、运动和多晒太阳，尤其冬季要多将马牵到室外进行日光浴，以增加体内维生素 D 的贮存量，促进钙的吸收和利用。有条件的地方，最好实行放牧。

37. 马麻痹性肌红蛋白尿病　又称氮尿病、劳顿性横纹肌溶解病、假日病或周一晨病。主要是由于糖代谢紊乱、肌乳酸大量蓄积而引起的以后躯运动障碍、臀股部肌肉变性、肿胀、僵硬及排红褐色肌红蛋白尿为特征的一种营养代谢性疾病。

（1）病因

① 饲养与使役：平时饲喂富含糖类的谷物饲料，马匹在休息 2～14 d 仍不减料，骨骼肌，特别是后肢肌肉内糖原蓄积，一旦重新恢复劳役或强迫运动后，肌糖原大量酵解，使大量的乳酸集聚而发病。

② 内分泌因素：根据临床观察，青年母马和成年母马，尤其是神经质或易兴奋的母马比青年公马发病多，提示内分泌与本病的发生有一定关系。

此外，本病的发生还可能与遗传后肢肌肉的血液循环限制、水盐代谢紊乱、日粮中硒-维生素 E 缺乏、应激及寒冷等因素有关。

（2）症状　马、骡通常在休闲一至数日后，突然使役，尤其是剧烈使役，而且在使役开始的头几分钟或 1～2 h 内突然起病，病马战栗，全身出汗，呼吸促迫，步态强拘不愿移动。如让病马立即完全休息，可在几小时症状消失，但通常则呈进行性发展，表现以下症候群：

① 后躯运动障碍：轻症病例，一侧或两侧后肢运动不灵活，步态僵硬，呈混合跛行；中等程度病例，肌肉震颤，负重困难，蹄尖着地，呈犬卧姿势；重症病马，倒地不起，有的则反复挣扎试图起立，可能短时间内呈现类似的犬坐姿势，但不久又倒下。臀部及股部肌肉肿胀、硬固，触压或针刺，反应迟钝或消失，有的后遗臀部、股部肌肉萎缩，跛行持久，数月不愈。

② 尿液变化：排红褐色的肌红蛋白尿，病初 2～3 d 内尿呈啤酒色、葡萄酒色乃至酱油色，以后尿色逐渐变淡。轻症病马，尿色可无改变。

③ 全身症状：初轻后重。病初，病马精神状态、食欲、体温、脉搏等多无明显改变，但呼吸促迫，结膜潮红或暗红；以后，水电解质代谢紊乱，酸碱平衡失调，或长期躺卧，褥疮感染，则全身症状急剧，病马精神沉郁，食欲减退或废绝，体温升高，脉搏、呼吸加快，结膜呈蓝紫色。

④ 实验室检查：尿呈酸性反应，尿液肌红蛋白定性试验呈阳性。尿沉渣镜检，可见数量不等的红细胞、白细胞、肾上皮细胞，甚至出现各种管型。

血清中指示骨骼肌损伤的特殊性酶活性显著升高，磷酸肌酸激酶（CKP）、天门冬氨酸转氨酶（AST）、谷丙氨转氨酶（ALT）和乳酸脱氢酶（LDH）活性均增高。血清中乳酸含量明显升高，可达正常值的 4 倍以上，血浆二氧化碳结合力降低，血糖升高。耐力训练的马匹，可能存在脱水、碱中毒、低氯血症和低钙血症。

病变肌肉活体组织穿刺检查，在发病后 24 h，可见弥漫性间质水肿，肌纤维变性，肌节紊乱，肌内膜单核细胞积聚。

（3）治疗　本病的基本治疗原则是加强护理，促进肌乳酸代谢，防止肌肉损伤，纠正酸中毒和防止败血症。

① 加强护理：发病后应立即停止运动，就地休息，保持安静，避免运动。尽量让病马保持站立，必要时可辅以吊马带，辅助站立。对未并发肌肉痉挛的轻症病例，牵遛行走等轻度活动，可促进疾病恢复。不能站立的，要厚铺褥草，勤翻马体，防止褥疮。已发生褥疮的，应在创面上涂擦 1% 的龙胆紫溶液，以防继发感染。多饮水，给予柔软且容易消化的饲料。

② 促进肌乳酸代谢：为了促进丙酮酸氧化分解，可应用 5% 的维生素 B_1 注射液 20 mL、5% 的维生素 C 注射液 20~40 mL，一次皮下或静脉注射，每天 1 次，连用数日。可肌内注射盐酸硫胺素（0.5 g/d），连用数天。

③ 防止肌肉损伤：为了防止肌肉进一步损伤，可应用肾上腺糖皮质激素，如氢化可的松、地塞米松等，但此类药物宜在病初时使用。为减轻肌肉疼痛，可应用盐酸哌替啶、丁啡喃等强力止痛药。

④ 纠正酸中毒：为纠正酸中毒，可大剂量静脉注射 5% 的碳酸氢钠注射液。

⑤ 防止败血症：对于发生褥疮、体温升高、有败血症可疑的病马，可酌情选用抗生素或磺胺类药物。

（4）预防　主要在于加强饲养管理，休闲期减喂含糖类的谷物饲料，多喂优质干草。休闲后使役时，要注意步度配合，运动开始时，首先保持轻微的运动，逐步增加运动量和使役的强度。

四、马的常见外科病

（一）头颈部疾病

1. 眼附属器官疾病　眼附属器官包括眼睑、结膜、瞬膜、鼻泪管系统。这些附属器官为眼部健康提供正常的生理环境支持。一旦发生疾病，将对视力造成影响。其中，眼睑具有保护眼球、维持视力、固定眼球位置等功能。眼睑的疾病包括眼睑肿瘤，如鳞状细胞癌、类肉瘤、眼睑内翻与外翻、双行睫、异位睫、眼睑外伤性撕裂等。以上所列眼睑疾病大部分均需要手术干预治疗，针对不同疾病应选择合适的麻醉方式和手术术式，并进行合理的术后管理。

2. 眼部疾病　马常见外科眼部疾病可由异物和外伤引起，导致结膜炎、角膜炎、角膜撕裂或者葡萄膜炎，此类疾病发生时通常继发感染。马也可发生青光眼、白内障及肿瘤疾病，如类肉瘤和黑色素瘤，对于以上眼科疾病，手术是治疗方式之一。

3. 耳部疾病　常见的为耳血肿、中耳炎和外耳炎。耳血肿多是由于外力作用下，使耳部血管破裂导致；中耳炎及外耳炎，可由机械性刺激、感染性病原微生物、过敏或者是肿瘤性疾病继发引起。

4. 口腔疾病

（1）口腔软组织创伤　口腔软组织容易受到创伤，损伤病因包括马嚼、锐利异物、面部创伤、麻醉恢复期以及医源性创伤。面部和口腔的软组织修复能力强，轻度损伤和溃疡在常规保守治疗下 2 周内可以恢复，但对于较大伤口需要手术修复，并合理使用抗生素。

（2）切齿疾病

① 前凸与咬合过度（鹦鹉嘴）：前凸指的是上切齿相对于水平切面超出下切齿。其原因包括上颌骨发育过长，或者下颌骨发育过短。前凸不仅会导致上切齿生长多度，还会导致臼齿发生疾病；咬合过度指的是上切齿在垂直面上超出下切齿过多。然而，前凸或咬合过度并不影响进食，但对于观赏用马，会影响美观。对于 8 月以内马驹可以通过上切齿佩戴牙套来纠正前凸，但不适用于咬合过度，也可以通过下颌骨的改建延长下颌骨。

② 乳齿滞留：乳齿超出正常脱落时间并未脱落，导致恒切齿向后方移位，并且咬合面发生永久改变。治疗方式为拔出乳齿。

③ 切齿赘生：恒切齿的数量超过正常数量。对于不影响功能（观赏马除外）的情况下，赘生切齿无须治疗。

④ 切齿齿折：齿折通常由于创伤或者牙髓暴露导致。马匹齿折需要预防破伤风，给予抗生素和非甾体消炎药。清除齿折碎片，牙髓腔出血要及时止血。若条件允许，可以进行根管治疗而保留牙齿。

（3）臼齿疾病

① 臼齿牙间隙：上下臼齿咬合面之间存在缝隙，表现的临床症状包括漏食、咀嚼问题、体重下降及感染等，牙间隙是临床上导致疼痛产生的最常见牙病。牙间隙的发生通常为先天性的。临床视诊，可见牙间隙内存有食物残渣，长期严重的病例有发展成为口上颌瘘的可能。

② 上臼齿前移位：相对于对应下臼齿上臼齿的位置向前，导致臼齿的唇侧面生长过度，进而与颊侧黏膜摩擦，并影响咀嚼。

③ 牙齿失位置：臼齿的失位可以向内侧，外侧和唇侧发生，病因可能为先天性或者牙齿萌发时过度拥挤导致。牙齿失位通常发生于小型马，且可能两侧同时发生。由于失位的牙齿没有对应牙齿与其磨合，会过度生长，进而造成舌与口腔黏膜的损伤。错位的牙齿会增加牙间隙，导致食物滞留，引起疼痛，以及牙周疾病甚至是牙髓炎和口上颌瘘。治疗的方法为将错位的牙齿拔除。

④ 获得性牙齿生长过度：由于过度饲喂精饲料，导致磨切力度和时间不足，从而导致臼齿生长过度。

⑤ 臼齿齿折：由于解剖结构，创伤性臼齿的齿折通常发于下颌，上颌臼齿鲜有发生。对于非移位性齿折可以采取保守治疗，对于发生感染的臼齿需要拔牙治疗。另一种齿折为特异性臼齿齿折，病因不明，通常发生于上颌臼齿，下颌臼齿罕见。特异性齿折通常暴露牙髓腔，需要对齿折进行拔除，并且封闭牙髓腔。

5. 咽部疾病

（1）鼻咽瘢痕　该病多发生于老年母马，且多发生于气候较湿热地区，与环境中过敏原物质相关，长期刺激黏膜导致，表现出呼吸发出异响。

（2）口侧咽部塌陷　口侧软腭不固定，会导致呼吸阻塞，常规手术治疗效果不佳，可以选择热力腭成形术或者张力腭成形术进行治疗。

（3）背侧/外侧咽部塌陷　单侧或者双侧的咽部向腹侧塌陷。正常马匹呼气末会出现一定程度的塌陷；而异常的塌陷在吸气时即可发生，往往是由于感觉神经异常导致支配的肌肉功能受损。

（4）软腭背侧异位　一种动态性疾病，在运动过程中更常发生。

6. 颈部疾病

（1）颈静脉炎　注射或者手术不规范，导致刺激性药物泄露或者病原微生物感染是颈静脉炎的主要病因，其实质为炎症性反应。

（2）颈椎疾病　包括颈椎间盘脱位、斜颈、颈椎脱位和颈椎骨折等。

（二）胸部及脊柱疾病

1. 胸腔疾病

（1）胸腔创伤　损伤或者感染影响胸部正常生理功能，使心脏和肺脏受损。胸部创伤多由于外部钝力或者穿透创导致，表现出心肺功能异常的临床症状，可以通过临床检查和影像学检查进行诊断，必要时可以进行胸腔穿刺和胸腔内窥镜进行检查。

（2）气胸和血胸　气胸指的是由于肺或者胸壁损伤，导致气体在胸膜腔内蓄积。气胸会导致肺塌陷，使肺功能丧失，临床表现出呼吸困难、不安等。血胸指的是由于肋间血管或者肺实质以及心肌等破裂出血，使血液在胸膜腔内蓄积。严重血胸者将危及生命，血胸常伴发于气胸。

（3）肋骨骨折　肋骨骨折是胸部创伤的常见伴发病。向内侧发生的肋骨骨折，通会伤及胸腔的内部器官，并引起致命后果，通过影像学检查容易诊断。

（4）胸膜肺炎　为马匹较为严重的疾病，对马业经济影响非常大。细菌性的治疗耗时且昂贵，治疗后的马匹几乎不能恢复到病前的机能状态。

2. 脊柱疾病

（1）创伤性脊柱疾病　包括脊椎和脊髓的创伤。

（2）骨折与脱位　较为常见，多数由于外力创伤导致。也可继发于其他疾病，在马匹中较难诊断。脊柱不同部位发生骨折或者脱位之后，由于压迫脊髓，会导致神经症状的出现。幼年马匹脊柱骨折多发生于颈椎，成年马匹多发生于胸椎。

（3）颈椎狭窄性脊髓病和枕寰枢椎畸形　最常见的脊柱发育异常疾病。颈椎狭窄是在马驹出生后颈椎发育异常，导致颈椎部位椎管狭窄，压缩脊髓。枕寰枢椎畸形多发于阿拉伯马驹，为常见的染色体隐性遗传病，在胚胎形成期发育异常。出生后，枕骨与寰椎发生异常融合，导致脊柱异常弯曲。

（4）其他脊柱发育性疾病　还包括寰枢椎半脱位、寰枢椎不稳定、半椎体、胸椎发育异常、脊椎融合、蝶椎骨、脊椎缺损。

（三）消化系统疾病

消化系统包括口腔、食管、胃、十二指肠、脾脏、肝脏、空肠、回肠、盲肠、结肠、直肠和肛门，所有这些脏器均会发生外科病。口腔疾病见头部疾病部分。

1. 食道疾病

（1）食道异物　木屑、铁丝、鱼钩等锐利物体，都会成为马匹的食道异物。食道异物可穿透食道壁，继发感染后引起蜂窝织炎和脓肿，最终导致食道闭塞。

（2）溃疡与食管炎　常见并因为食道黏膜受到长期刺激。

（3）食道狭窄　为食管腔环形方向上变窄，根据硬化以及纤维化发生的不同部位可以分为不同的类型。病因通常为外伤，也包括颈部手术引起。

（4）食道瘘　多由创透伤引起。较小的食道瘘诊断困难，可能在进行食道内窥镜检查时发现。其他食道疾病，还包括食道憩室、食道创伤内脓肿、巨食道症、食道肿瘤。

2. 胃和十二指肠疾病

（1）胃肠溃疡　各年龄阶段的马匹均可发生胃肠溃疡，其临床表现因年龄而异。

（2）胃阻塞　饲喂过多或者不当，导致食物滞留于胃内，引起胃阻塞。会引起腹绞痛，通常在手术时诊断为胃阻塞。

（3）胃破裂　引起胃破裂的两个主要原因是原发性胃内积食过多，以及继发于小肠阻塞。发生破裂的部位主要是胃大弯。胃破裂通常是致命性的。

（4）十二指肠阻塞　肠管腔内肿物或者先天性结构狭窄，导致十二指肠阻塞。

3. 脾脏疾病

（1）脾脏肿瘤　包括淋巴肉瘤（恶性淋巴瘤）、转移性黑色素瘤、血管肉瘤及肾上腺外副神经节肿瘤。脾脏淋巴肉瘤属于消化系统淋巴瘤。脾脏黑色素瘤及血管肉瘤多数为转移性肿瘤，原发较少。所有以上肿瘤都表现出全身症状，包括嗜睡、贫血、体重减轻等。

（2）脾梗死与脾脓肿　脾梗死通常伴发脾脏肿大。脾脏脓肿可能继发于穿透肠管的异物。

（3）脾脏破裂　罕见于马。病因难以确定，一般为直接的严重外伤，也可能继发于脾脏肿大。需要进行手术治疗。

4. 肝脏疾病

胆管阻塞　造成胆管阻塞的病因，分为肝内胆管树的阻塞以及肝外的压力。胆管阻塞发生之后，导致胆汁成分在血液中的浓度升高。

5. 急腹症　马匹急腹症诊断困难，并且是潜在的急诊疾病。对于急腹症的诊断，包括病史调查、临床检查、直肠触诊、胃镜检查，在进行直肠检查和胃镜检查时需要进行镇静。其他检查还包括腹腔穿刺、超声检查、X线检查等。

肠道梗阻　包括不同的类型，单纯梗阻、扭转梗阻、非扭转梗阻。梗阻会引起一系列损伤，包括肠管扩张、黏膜缺血等。对于肠梗阻类疾病，判断肠管的活性非常重要，可以通过临床评估以及荧光素染色、超声多普勒、表面血氧检测，管腔内压力检测等辅助方式进行评估。

6. 空肠与回肠疾病

（1）梗阻　空肠梗阻占小肠梗阻比例的$41\%\sim46\%$，大部分为扭转性肠梗阻。回肠梗阻包括蛔虫梗阻。

（2）十二指肠炎-近端空肠炎　也称为胃十二指肠炎-空肠炎、出血性纤维坏死性十二指肠炎、近端空肠炎、近端小肠炎、前端小肠炎，指的是小肠近端发生炎症，液体在胃和小场内蓄积，引起毒血症。

（3）肠炎和纤维化　小肠发炎以及纤维化导致的许多小肠疾病，会引起腹绞痛和体重下降。

（4）牧草病　也称为马自主神经障碍，是涉及自主神经元和体神经元的多发性损伤导致的。

（5）疝气　非直接的腹股沟疝气是马匹疝气的常见类型，小肠通过腹股沟管露出腹腔。疝气还包括脐疝和膈疝。大部分疝气都需要手术进行治疗。

7. 盲肠疾病

（1）盲肠鼓室　通常为继发性疾病。盲肠鼓室发生后会引起疼痛和急腹症症状，从而影响检查。主要的治疗方式是盲肠降压。

（2）盲肠梗阻　分为原发梗阻、继发梗阻、急性梗阻、慢性梗阻，以及一型梗阻与二型梗阻。

8. 结肠疾病

（1）单纯结肠梗阻　梗阻原因为鼓气、沙沉积、结石等，需要手术进行治疗。

（2）结肠背侧异位　结肠向背侧的异位可以是左背侧，也可以是右背侧。发生背侧异位，肠不发生扭转，只是导致消化物和气体在肠道内蓄积。

（3）结肠炎　结肠的炎症性疾病很少需要手术进行治疗，相关的临床症状包括发热、沉郁、腹泻，偶尔表现急性腹绞痛和腹部扩张。

（4）结肠扭转　结肠围绕或者横跨肠系膜发生缠绕和扭转。扭转角度超过360°就会发生扭转型阻塞，需要进行手术治疗。

9. 直肠疾病

（1）直肠撕裂　直肠撕裂的常见病因是直肠检查操作。直肠撕裂通常会危及生命，需手术修补进行治疗。

（2）直肠脱出　导致直肠脱出的常见病因，包括腹泻、排便困难、肠道寄生虫、腹绞痛、前列腺炎、直肠肿瘤和直肠异物等。

（四）四肢和蹄病

四肢和蹄病的最常见临床症状是跛行。由于马运动系统结构或功能紊乱而导致的姿势或步态异常，患马不能正常站立或行走。跛行是马失去利用价值甚至被淘汰的最主要原因，常见的四肢和蹄病可分为以下4类。

1. 疼痛性疾病　疼痛性疾病很多，如肌肉和筋腱的炎症和拉伤，腱鞘和黏液囊的炎症，骨和关节疾病（骨折、骨炎及关节炎等），以及蹄部疾病（蹄叶炎、蹄裂、钉伤、踏刨）等。

2. 四肢机能障碍　四肢机能障碍常由骨、关节、筋腱和韧带的疾病所致。如发育畸形疾病（骨软化病、四肢弯曲等），关节发育不良等。这些疾病虽然没有明显的疼痛反应，但可引起病理性机能障碍。

3. 神经性疾病　在临床上最常发生的神经麻痹有肩胛上神经、桡神经、胫神经、腓神经等神经麻痹，如马肩胛上神经疾病。

4. 其他全身性疾病　某些全身性疾病，也可引起四肢运动机能障碍，如骨软症、佝佝病和急性过劳等。

（五）皮肤病

马的皮肤病很常见，但不同的皮肤病可能出现相似的临床症状，因此建立一套全面的诊断方法极其重要。马的皮肤病包括细菌性、真菌性、寄生虫性和过敏性4种类型等。

1. 细菌性皮肤病　常见的细菌性皮肤病是嗜皮菌病。该病是由革兰氏阳性厌氧菌刚果嗜皮菌引起的一种传染病，长时间暴露在潮湿环境是引起此病的主要因素。该病的基本特征是毛发无光泽，背部结痂、不痒。

2. 真菌性皮肤病　本病常见于年轻马，呈一定的季节性，常在秋冬季节发病。真菌性皮肤病的常见病原是微孢子菌和发癣菌，其临床症状是多处圆形脱毛、鳞屑、结痂。

3. 寄生虫性皮肤病　本病包括多种体外寄生虫（如蜱、足螨、痒螨、疥螨、蠕形螨等），马盘尾丝虫和马尖尾线虫。这些寄生虫会造成马不同程度的瘙痒和脱毛。

4. 过敏性皮肤病　本病包括昆虫叮咬、食物过敏、接触性皮炎等。根据发病情况不同，马的临床症状包括红疹、瘙痒、脱毛、结痂等。

五、马的常见产科病

1. 流产　胚胎或胎儿与母体正常关系受到破坏、使妊娠过程中断的病理现象。流产可以发生在母马妊娠的任何阶段，而以妊娠早期及后期发生为多。

（1）病因　流产的原因非常复杂，大致分为传染性和非传染性流产两类。

① 传染性流产：由传染病或寄生虫病所引起的流产，又分为自发性和症状性两种。自发性流产，由于胎膜、胎儿及母畜生殖器官直接受微生物或寄生虫侵害所致，如布鲁氏菌病、沙门氏菌病等引起的流产；症状性流产，流产只是某些传染病和寄生虫病的一个症状，如结核、马传染性贫血等。

② 非传染性流产：也分为自发性流产和症状性流产。自发性流产，因卵子或精子缺陷，配种过迟、卵子衰老而产生异倍体，胎膜无绒毛或绒毛发育不全，致使胎儿不能继续发育，多为近亲繁殖使胚胎活力降低导致；症状性流产包括：饲养性流产，饲料不足或饲料营养价值不全，以及给予霉败、冰冻和有毒饲料，使胎儿营养物质代谢障碍所致；损伤及管理性流产，跌摔、顶碰、挤压、重役、鞭打、惊吓等，可使母畜子宫及胎儿受到直接或间接地冲击震动而引起；疾病性流产，母畜生殖器官疾病及机能障碍，严重失血、疼痛、腹泻、高热性疾病和慢性消耗性疾病，常使胎膜或胎儿受到危害，引起流产；生殖激素失调，生殖激素分泌失调，尤其是孕酮不足，使子宫不能维持怀孕而流产；药物性流产，孕畜全身麻醉，或使用子宫收缩药、泻药及利尿药等所致的流产；习惯性流产，同一孕畜在某一怀孕阶段就发生流产，可能与近亲繁殖、内分泌机能紊乱和应激有关。

（2）症状　流产发生的时期、原因及母畜反应能力的不同，流产的临床表现很不一样，归纳起来有以下4种情况。流产在临床上可表现为胚胎吸收，排出死亡胎儿，排出不足月胎儿或者胎儿死亡后滞留在子宫内，变为干尸化、浸溶分解或腐败分解等。

① 隐性流产：怀孕初期胚胎尚未形成胎儿，死亡后其组织液化而被母体吸收或发情时被排出，常不被发现，只是在怀孕1.5～3个月后又出现发情。

② 早产：排出不足月的活胎，有类似正常分娩的征兆和过程，但不很明显。常在排出胎儿前2～3 d，乳腺及阴唇突然稍有肿胀。

③ 小产：排出未发生变化的死胎，胎儿及胎膜很小，常在无分娩征兆的情况下排出，多不被发现。

④ 延期流产：也称为死胎停滞。死亡的胎儿长期停留在子宫内，可发生以下 3 种情况：a. 胎儿干尸化（干性坏疽）。胎儿死亡后由于黄体存在，子宫颈闭锁，子宫收缩微弱，因而死胎不被排出，在宫内无菌环境下不发生腐败分解，胎儿及胎膜的水分被吸收后体积缩小变硬，胎膜变薄而紧包于胎儿，呈棕黑色，犹如干尸。母畜表现发情停止，但随妊娠时间延长而腹部并不继续增大。直肠检查感觉不到胎动。b. 胎儿浸溶。胎儿死亡后由于子宫颈开张，非腐败性微生物侵入，使胎儿软组织液化分解后被排出，但因子宫颈开张有限，骨骼尚存留于子宫内。患畜表现体温升高，精神沉郁，食欲减退或不吃等全身症状，频频努责，从阴门内流出恶臭的红褐色或棕褐色的黏液及脓液，且常带有零碎的皮毛或小骨片。c. 胎儿腐败分解（气肿胎儿）。胎儿死亡后由于子宫颈开张，腐败菌侵入，使胎儿软组织腐败分解，产生的气体存积于胎儿皮下及腔体内。病畜腹围增大，精神不振，呻吟不安，频频努责，从阴门流出污红色恶臭液体，食欲减退，体温升高，产道有炎症，触诊胎儿有捻发音。

（3）治疗 发生流产时，针对不同的情况，采取不同的措施：

① 对有流产征兆的孕畜，应全力保胎，以防流产。黄体酮注射液 50～100 mg，肌内注射，1 次/d，连用 2～3 d。中药可用养血安胎的白术散；习惯性流产，在妊娠后 3 个月左右，内服预防性中药，方用保胎安全散。

② 小产及早产的母畜，宜灌服落胎调养方，方用加味生化汤；胎儿干尸化的，应灌注灭菌植物油或液状石蜡于子宫内，将死胎拉出，再用复方碘溶液（用温开水稀释 400倍）冲洗子宫。

③ 胎儿浸润或腐败分解时，应尽早将死胎组织和分解产物排出，用 0.1%～0.3% 的高锰酸钾液或 0.1% 的复方碘溶液冲洗子宫，排出冲洗液后，给子宫内灌注抗菌药物或消毒药液。

（4）预防 采取综合性的防治措施。给孕畜全价日粮，严禁喂冰冻、霉败及有毒饲料，防止挤压、碰撞、鞭打、惊吓、重役。定期检疫，预防接种，驱虫及消毒。

2. 阴道脱出 阴道壁一部分形成皱襞，突出于阴门外；或者整个阴道翻转脱垂于阴门之外。马的阴道脱出主要发生于产后，有时也见于妊娠末期。多发生于妊娠后期，以年老体弱的母畜发病率较高。

（1）病因 母畜年龄较大，营养不良，瘦弱，加之怀孕后期胎盘分泌较多的雌激素（或食入雌激素含量高的植物），使阴道壁和固定阴道壁的组织松弛。在此基础上，若伴有腹压增高的情况（如胎儿大、胎水多、多胎、瘤胃臌胀、便秘、下痢、卧地不起或长期拴于前高后低的厩舍内，以及产后努责过强等），压迫阴道壁，导致部分或全部脱出于阴门之外。

（2）症状 临床症状包括两种情况：

① 阴道部分脱出：病初仅在母畜卧地时可见其阴门内或阴门外有一红色球状物，其色紫红并有血液，表面光滑柔软，站立时能自动缩回。如果脱出时间较长，黏膜充血肿胀，色变暗红或紫黑色，表面干燥硬结，继之脱出部分腐烂或坏死，阴户也出现肿胀，不能自行缩回。患马精神沉郁，体温升高，食欲减少或废绝，拱背举尾，频频努责，小便短

赤，口色红燥，脉象滑数。

② 阴道完全脱出：多由部分脱出发展而成，脱出的阴道呈球状或柱状，在其末端可见到子宫颈口。脱出部分黏膜初时呈红色，时间较长者瘀血肿胀，呈紫红色肉冻状，表面常有污染的粪土，进而出血、干裂、坏死及糜烂等。严重者可继发感染，甚至死亡。

（3）治疗　视脱出程度、时间长短及有无并发症而异。阴道部分脱出，经整复后一般预后良好。全部脱出的病例，如发生在产前，则距分娩愈近，预后愈良好。距分娩时间愈长，因易继发并发症，所以预后多不良。产后的阴道全部脱出，如及时治疗，预后多良好。以外治整复为主，同时内服补气养血、升阳固脱药物，结合针灸治疗。

① 外治：清洗整复，取川椒 15 g、防风 20 g、荆芥 20 g、艾叶 20 g、蛇麻子 20 g、白矾 10 g、五倍子 20 g，煎汤，滤汁，候温备用。将患马前低后高站立保定，用药液洗净外脱的阴道、子宫及阴门周围，去除黏附其上的污物及坏死组织，再用明矾或冰片适量，共研细末，涂抹其上，以使阴道、子宫尽量收缩。若已发生水肿，用小宽针散刺外脱的肿胀黏膜，放出淤血及渗出液。整复时，术者用拳抵住子宫角末端，在患马努责间隙，把脱出的子宫全部推进骨盆腔，并把子宫所有皱襞予以舒展，使其完全复位。固定整复后，为防止再度脱出，可将足球胆放入温水中稍浸泡后，塞入阴道内打气，固定于阴道内，3～4 h后放掉胆内的气体，取出足球胆；或在复位后，对阴唇进行荷包缝合。

② 内治：以补中益气、升阳固脱为治则，选用补中益气汤加味，若有产后淤血，则应活血化瘀，方用益母生化散。

③ 针灸：电针会阴穴（阴唇中点旁开 2 cm 处，左右各 1 穴）、后海穴。

（4）预防　预防本病，怀孕母马要加强饲养管理，加强运动和放牧，以提高全身组织的紧张性。孕马因患产前截瘫及严重骨软症而卧地不能站立时，除加强治疗外，应加强护理，适当垫高其后躯。

3. 难产　母畜在分娩过程中出现某些情况，造成胎儿分娩困难。临床上的表现是分娩过程缓慢，甚至停止。

（1）病因　胎儿经阴道顺利分娩取决于产力、产道和胎儿三大因素。如果其中一个或一个以上的因素出现异常，即可导致难产。由于发生的原因不同，临床上将常见的难产分为产力性难产、产道性难产和胎儿性难产 3 种。前两种是由于母体异常引起的，如母体阵缩及努责微弱，分娩时子宫及腹肌收缩无力、时间短、次数少，间隔时间长，以致不能将胎儿排出；后一种是由胎儿引起的，如胎儿过大、胎儿姿势不正等。

（2）症状　母畜怀孕期已满，分娩条件具备，分娩预兆已出现。产道检查，子宫颈已松软开大，但还开张不全，阵缩力量微弱，努责次数减少，力量不足，长久不能将胎儿排出。或看到胎儿，胎儿及胎囊进入子宫颈及骨盆腔，但因姿势不正无法顺利产出。在此种情况下，常因胎盘血液循环减弱或停止，引起胎儿死亡。

（3）治疗　马原发性阵缩和努责微弱，早期可使用催产药物，如垂体后叶素、麦角等。在产道完全松软、子宫颈已张开的情况下，则实施牵引术即可。胎位、胎向、胎势异常者经整复后强行拉出，否则实行剖宫产手术。中、小马，可应用垂体后叶素 10 万～80万 IU 或己烯雌酚 1～2 mg，皮下或肌内注射。否则可借助产科器械拉出胎儿，强行拉出胎儿后，注射子宫收缩药，并向子宫内注入抗生素。

如果是胎儿异常引起难产，人工强行拉出胎儿，其方法同胎儿牵引术。强行拉出时必须注意，尽可能等到子宫颈完全开张后进行；必须配合母畜努责，用力要缓和，通过边拉边扩张产道，边拉边上下左右摆动或略为旋转胎儿。在助手配合下交替牵拉前肢，使胎儿肩围、骨盆围呈斜向通过骨盆腔狭窄部。强行拉出确有困难的而且胎儿还活着，应及时实施剖宫产手术；如果胎儿已死亡，则可施行截胎术。

（4）预防　妊娠期母马每天保持一定的活动量，不可过度限制活动。母本、父本体格不可相差太大，在准备配种阶段，选择好父本及精液，避免胎儿太大导致的难产。淘汰习惯性难产和产道过度的狭窄母本。

4. 子宫扭转　母马整个妊娠子宫围绕着自己的纵轴发生扭转时，称为子宫扭转。本病多见于临产前或妊娠末期。

（1）病因　妊娠后，子宫角尤其是妊角逐渐增大并向腹腔的前下方垂降，相当一部分子宫呈游离状态，母马急剧起卧转动身体时（如打滚），由于胎儿的重量很大，保持静置惯性而不随腹部转动，就可使子宫向一侧发生扭转。由于母马胎盘和胎儿胎盘容易迅速脱离，引起高度的血液循环障碍，会预后良好。此外，本病可能与母体衰弱或运动不足引起的子宫阔韧带松弛有关，经常并发脱水和休克。

（2）症状　根据妊娠时期及扭转的程度、部位不同，其临床症状也不同。

① 子宫扭转发生在妊娠后期时，可见腹痛现象反复发作。腹痛间歇期仍有食欲，粪便正常。随病程延长和扭转部位的血液循环受阻，腹痛逐渐剧烈，间歇期缩短，母马可能出现呼吸、脉搏增快、食欲废绝，此时很容易误诊为胃肠疾病。子宫扭转发生在分娩开始时，母马虽出现强烈地阵缩及努责，但经久不见胎囊外露及胎水排出，此时必须进行阴道及直肠检查。

② 观察外阴部时，可发现一侧阴唇稍微缩入阴道内，甚至有些皱缩。阴道检查时，可见阴道腔变狭窄、形成螺旋状皱褶。扭转不超过 90°时，整个手可以通过前端；扭转180°时，只能伸入一指或几指；严重扭转达 360°时，则子宫颈绞榨闭锁，完全不通。直肠检查，可能摸到子宫体上扭转的皱褶和紧张的子宫壁，一侧子宫阔韧带比较紧张，而其中的血管扩张，搏动异常强盛；扭转严重的，血管闭锁而无搏动，胎儿由于缺氧而死亡，久之子宫壁也发生坏死。

③ 根据阴道皱褶的方向及子宫阔韧带的紧张状态，可判定子宫扭转的方向。阴道皱褶的方向与子宫扭转的方向是一致的，以阴道上壁的后方为起点。如皱褶向前并向下右，则子宫是右转；反之，则向左转。直检时触到某侧子宫阔韧带较另一侧更为紧张，就表示子宫向紧张一侧扭转。据观察，子宫向左侧扭转比向右侧扭转发生得多，其原因不清，可能与母马右侧有较大的盲肠占据有关。

④ 子宫扭转的结局，依其扭转程度和妊娠时期不同而异。如果发生在分娩时而且扭转程度不大，预后良好。如果扭转程度达到180°以上，胎儿可因血液循环障碍而死亡，甚至于宫壁因血液循环受阻而坏死，母马有时可并发败血症或脓毒血症而死亡。发生于分娩以前很久的病例，预后视扭转程度以及能否及时发现而定。

（3）治疗　对子宫扭转的治疗方法，一为固定母体旋转胎儿，另一为固定胎儿旋转母体，也可采取剖腹手术矫正。

① 固定母体旋转胎儿：母马已开始分娩时，子宫扭转程度又较轻且发生在子宫颈以前，可用手指先将子宫颈扩开，然后向子宫及阴道内灌注大量滑润剂，再通过握住或用器

械固定住胎儿的头部或肢体,把胎儿往扭转的相反方向扭转,矫正后拉出胎儿。

如发生于妊娠期间,且伴有阴道扭转、用手指不能扩开子宫颈时,可通过直肠小心地把手伸至子宫下面,谨慎地托起子宫进行翻转(翻转时勿用力过猛,防止直肠破裂)。翻转时左右各站一助手配合。用一木板抵于乳房前方,如子宫向左侧扭转时,右侧助手持木板一端从上向下施加压力,左侧助手持木板另一端向上抬举,三者用力应协调。

② 固定胎儿旋转母体:如子宫向左侧扭转,须使患马左侧卧地,把前后肢分别拴住,胎儿前置部分进入产道时可从产道用力握住,加以固定。由助手们分别抓住患马头部、前肢及后肢,然后向对侧急速翻转,再慢慢恢复原来的左侧横卧状态,如此急速翻转数次,有时可使扭转的子宫复位。在翻转过程中应及时检查(通过产道检查或直肠检查,判断子宫是否已复位)。患马骚扰时,可事先行硬膜外麻醉或全身浅麻醉。

实践中,上述两种方法往往不易达到预期效果。因此,在试用上述方法无效时,应尽早采取剖腹术。

③ 剖腹术:手术时将患马于柱栏内站立保定或侧卧保定。在心脏情况尚好时,可用水合氯醛做深度麻醉,心脏衰弱时可用到镇静量,并配合腰旁麻醉或硬膜外麻醉及局部浸润麻醉。术部可选择腹侧或下腹壁,按常规消毒。切开腹壁后,可伸手入腹腔,尽力矫正扭转的子宫。如患马距临产期较远,矫正后可闭合腹壁;如已进入产期,可设法从产道拉出胎儿,若拉出胎儿困难,则应切开子宫,取出胎儿。

a. 拉出子宫:通过腹壁切口伸手入腹腔,确定子宫的妊角,然后两手伸于子宫之下,隔着子宫壁握住胎儿的一部分,小心地将妊角大弯拉至腹壁切口(避免只拉子宫壁不拉胎儿)。然后,把一块中心有切口(此口比子宫切口要长些)的塑料薄膜,缝在子宫壁预定切线的周周,其下垫以纱布,借以隔离子宫与腹腔,以防切开子宫壁及胎膜后胎水流入腹腔;b. 切开子宫:在拉出的妊角大弯上,纵切子宫壁。切口的长短应与腹壁切口一致(30~40 cm),同时以能拉出胎儿为宜(切口过于小时,容易在拉出胎儿时撕破子宫壁,影响缝合及愈合);c. 取出胎儿:先撕破黏膜,尽可能排出或吸出胎囊内的胎水,然后握住胎儿的两后肢(有时可拉前肢及头),取出胎儿;d. 剥离胎衣:通常在取出胎儿后,胎衣会自行脱离,取出胎衣并不困难。如胎衣与子宫黏膜发生粘连时,可用并拢的手指沿子宫黏膜与胎衣之间逐渐分开;e. 缝合子宫:除掉隔离用的塑料薄膜及纱布,以温生理盐水浸湿敷料纱布,彻底清拭子宫壁第一层,以肠管缝合针用肠线或绢线行全层连续包埋缝合,两端要超过第一层缝合的1~2 cm。在缝合完第一层前,应向子宫腔内放入抗生素(如青霉素40万IU和链霉素100万U)。缝合结束将子宫还纳原位,防止子宫变位或套叠,最后闭合腹壁。

术后必须加强护理,及时注意全身变化情况,采取强心、补液、解毒、止血及抗感染等疗法。经过良好时,10~15 d拆除皮肤上缝线。

(4) 预防 母马保证每天有一定的活动量。定期洗刷马,保持马体洁净,减少母马打滚的概率。

5. 胎衣不下 也称胎衣滞留。胎衣在胎儿产出1.5 h后,仍未全部或部分排出的则称为胎衣不下。

(1) 病因 母马在妊娠期间,由于布鲁氏菌、李氏杆菌、霉菌等微生物感染,饲料中矿物质、维生素、微量元素等缺乏,使营养不良,气血亏损,或劳役过度,正气耗伤,致使胞宫收缩力减弱，无力排出胎衣；或产程过长，马体倦乏，胞宫弛缓无力；或因产时感受风寒，以致气血凝滞，运行不畅，宫颈过早收缩关闭；或胎儿过大，胎水过多，长期压迫宫壁；此外，由于胞宫内壁和胎盘病理性粘连，以及早产、流产、子宫病症等，皆有引起本病的可能。

（2）症状　患马精神不振，站立不安，回头顾腹，不时拱腰努责，时有腹痛。主要表现胎衣完全不下与部分不下两种情况：

① 胎衣完全不下：症见少量胎膜悬垂于阴门外，或仅有少量停留在阴道内，只有进行阴道检查时才被发现。马分娩后数小时胎衣仍不能排出时，病马则呈全身症状，可见病马稍有弓腰、举尾、轻微努责。体温升高，呼吸加快，不安和呻吟，出现间歇性腹痛等现象。如日久则很快呈败血症变化。胎衣腐败，则流出恶臭、褐红色的分泌物，其中，混有白色碎块状腐败胎衣。若不及时处理，常可在 3～5 d 内死亡。

② 胎衣部分不下：胎衣大部分悬垂于阴门之外，只有少部分或仅孕角顶端的极小部分依然粘连在子宫母体胎盘上。外露胎衣初为浅灰白色，表面光滑。后腐败变得松软且呈不洁的浅灰色，并很快波及子宫内的胎衣，阴道内不断流出恶臭的褐色分泌物。

如胎衣滞留过久，则腐败溃烂，从阴门流出褐红色腥臭难闻的浊液，常由于剧烈努责而发生子宫脱出，并能很快地发生败血症。此时，患马精神萎靡，体温升高，食欲减少或废绝，预后不良。

（3）治疗　胎衣不下如能及时进行治疗，预后多良好。拖延不治的病例，轻者继发马的生殖系统疾病，导致发情延迟与配种次数的增加，甚至并发子宫内膜炎等，导致母马长期不孕；重者则往往因易并发败血症而预后多不良。故在产后 1.5 h（夏季可适当提前），如果胎衣不下即应实施治疗。

① 药物治疗：20％的葡萄糖酸钙、25％的葡萄糖各 500 mL，静脉注射，1 次/d；10％的氯化钠注射液 250～300 mL、20％的安钠咖注射液 10～12 mL，静脉注射，1 次/d；垂体后叶素 100 IU 或麦角新碱 15～20 mL，于产后 24 h 内一次肌内注射；土霉素 2 g 或金霉素 1 g、蒸馏水 250 mL，溶解后子宫内灌入，隔日 1 次，直到胎衣自行脱落与生殖道内分泌物干净为止；促肾上腺皮质激素 30～50 IU、氢化可的松 125～150 mg、强可的松龙 0.05～1 mg/kg，肌内注射，1 次/d，连用 2～3 d；新斯的明 20 mg，肌内注射，1 次/d，连用 3～4 d；将过氧化氢 50～70 mL 橡皮管注入子宫深处，其泡沫可以深入母体胎盘腺窝内，达到分离胎盘的目的。

② 手术剥离：其原则是胎衣容易剥离者可施行，不易剥离者不能强行施行，以免损伤子宫、不易剥净，引起感染。剥离前 1～2 h，先向子宫内灌入 1 000～2 000 mL10％的氯化钠注射液，以松弛胎儿胎盘与母体胎盘之间的连接，便于胎衣剥离。术者应严格消毒，以减少子宫损伤与感染。胎衣剥离后，立即向子宫内灌注抗生素或内服中药。剥离方法：将病马站立保定确实，用 0.1％的高锰酸钾溶液洗净外阴周围，术者左手托住阴户外的胎衣，右手从阴道伸入子宫后方，在绒毛膜与子宫黏膜之间逐渐向前移动手指，将绒毛与腺窝分开，用左手可将外露的胎衣稍加牵动，或用双手握住外露的胎衣，以捻转的方法逐渐拉出。剥离后必须冲洗子宫。

③ 中兽医：采用内治、针灸为主：内治，气血虚弱型以补气养血、活血化瘀为治则，方用加味生化散；寒凝血淤型以温经散寒、活血化瘀为治则，方用红花 35 g、怀牛膝

50 g、当归 60 g、肉桂 15 g，共为细末，开水冲调，入蜂蜜 120 g、黄酒 150 mL 为引，候温一次灌服，1 剂/d，连服 3～5 d；病已化热型以清热解毒、活血化瘀为治则，方用当归 60 g、川芎 25 g、桃仁 25 g、炮姜 25 g、炙甘草 16 g、黄芪 50 g、金银花 30 g、连翘 30 g、地丁 45 g、蒲公英 30 g、黄檗 30 g，共为细末，开水冲调，入蜂蜜 120 g、鸡蛋清 6 枚为引，候温一次灌服，1 剂/d，连服 3～5 d；针灸，艾灸或电针百会、肾俞、雁翅、丹田等穴，促进淤血排除和子宫复旧。

（4）预防　预防本病，怀孕期间要加强饲养管理，特别要补喂富含维生素的饲料及骨粉或南京石粉等矿物质。分娩后让母马舔干幼驹身上的黏液，并尽早让幼驹吮乳或挤奶。有条件时，应注射马传染性流产疫苗，预防马传染性流产的发生。

6. 卵巢静止　卵巢机能减退，暂时停止发育，导致不发情而影响配种和受胎。如果卵巢功能长久衰退，则可引起卵巢组织萎缩。

（1）病因　多由子宫疾病、全身的严重疾病以及饲养管理、利用不当，使母马身体乏弱所致。气候的突然变化或者对当地的气候不适应，也可引起卵巢机能暂时性减退，气候与温度的影响、饲料中营养成分不全，特别是维生素 A 不足可能与疾病有关。

（2）症状　发情周期延长或者长期不发情，发情的外在症状不明显，或者有发情症状，但不排卵。直肠检查，卵巢光滑，质地变硬，摸不到卵泡或黄体，有时可在另一侧卵巢上感觉到有一个很小的黄体遗迹。

（3）治疗　治疗对卵巢静止的母马，首先应了解其身体状况并对其生活条件进行全面分析，找出主要原因，然后按照家畜的具体情况采取适当的措施，才能达到良好的治疗效果。对患生殖器官疾病或其他疾病（全身性疾病、传染病或寄生虫病）而伴发卵巢机能减退的母马，必须先进行原发病的治疗。

① 利用公畜催情：催情可以利用正常种公畜进行。为了节省优良种畜的精力，也可以将没有利用价值的公畜施行阴茎移位术（羊）或输精管结扎术后，混放于母畜群中，作为催情之用。

② 激素疗法：促卵泡激素（FSH），肌内注射 200～300 IU，每天或隔天 1 次，共用 2～3 次，每注射 1 次后需做检查，无效时方可连续应用，直至出现发情征象为止；人绒毛膜促性腺激素（hCG），肌内注射 1 000～5 000 IU，必要时间隔 1～2 d 重复 1 次。在少数病例，特别是重复注射时，可能出现过敏反应，应当慎用；马绒毛膜促性腺激素（eCG）或孕马全血，妊娠 40～90 d 的母马血液或血清中含有大量 eCG，其主要作用类似于促卵泡激素，因而可用于催情。

③ 冲洗子宫：对产后不发情的母马，用 37 ℃的温生理盐水或 1∶1 000 碘甘油 500～1 000 mL 隔天冲洗子宫 1 次，共用 2～3 次，可促进发情。

④ 刺激生殖器官或引起其兴奋的各种操作方法：如用开膣器视诊阴道及子宫颈、按摩子宫颈或给予子宫颈及阴道涂擦稀碘酊、复方碘液等刺激性药物、按摩卵巢等。

⑤ 宜内治、针灸相结合：内治，以温肾健脾、益气补血为治则，选用以下方剂：淫羊藿 60 g（羊油炒）、阳起石 40 g、益母草 80 g、炙黄芪 50 g、紫河车 60 g、党参 30 g、当归 50 g、熟地 40 g、巴戟 30 g、肉苁蓉 30 g、怀山药 50 g、甘草 15 g，共为细末，开水冲调，入蜂蜜 120 g、黄酒 200 mL 为引，候温一次灌服，1 剂/d，连服 3～5 剂。针灸，电针雁翅穴，配百会、后海穴。

(4) 预防　改善母畜的营养饲喂水平，调节饲料组成，增强母畜的全身功能。加强运动和户外光照，适当调节母畜体况。

7. 卵泡囊肿　为卵泡上皮细胞变性，卵泡壁增生，卵细胞死亡，使卵泡发育中断，而卵泡液未被吸收或增生所形成。

（1）病因　内分泌机能紊乱，主要是垂体前叶分泌的 FSH 过多，而促黄体素（LH）不足，使卵泡过度生长而不能正常排卵和形成黄体。卵泡发育过程中气温突变、卵巢炎、子宫内膜炎、胎衣不下、流产，及临床上雌激素用量过大或反复应用等，均能导致本病发生。

（2）症状　发情表现反常，周期变短，发情期延长。马、驴不表现慕雄狂症状，发情周期延长或不发情。直肠检查，卵巢体积增大，卵巢上有 1 个或多个紧张而有波动的囊泡。在马、驴可达 6～10 cm。囊壁比正常卵泡厚，子宫角松软。

（3）治疗　LH，牛 100～200 IU/次，马 200～400 IU/次，肌内注射。如用药后 1 周内不见外表症状好转，直肠检查也未见明显变化，可二次用药，剂量应比第一次稍大些；hCG，10 000 IU/次，肌内注射，或 5 000 IU/次，静脉注射；黄体酮，50～150 mg/次，每天或隔天肌内注射 1 次，连用 2～7 次。用药 2～3 次后外部症状消失，经 10～20 d 可恢复正常发情。也可用黄体酮 125～250 mg/次，肌内注射，同时静脉注射 hCG 3 000～5 000 IU；治疗囊肿的同时，子宫灌注抗菌药物，既能防治子宫内膜炎，又能提高卵泡囊肿的治愈率。

（4）预防　早发现、早治疗，母畜分娩后及时进行生殖检查。注意饲料的营养搭配，避免因肥胖而导致发生卵巢囊肿。积极治疗子宫内膜炎等原发病。保证饲料中维生素 A、维生素 E、锌和硒供应充足。

8. 持久黄体　妊娠黄体或发情周期黄体超过正常时间不消失。在组织构造和生理作用方面，持久黄体与妊娠黄体或发情周期没有区别。持久黄体同样可以分泌孕酮，抑制卵泡发育，使发情周期停止循环，引起不育。

（1）病因　运动不足，饲料单纯，缺乏矿物质及维生素等。冬季寒冷且青干草不足，也易发生持久黄体。或继发于各种子宫疾病，如子宫内膜炎、子宫积脓及子宫积水、存有死胎、产后子宫复旧不全等。

（2）症状　母畜发情周期停止，长时间不发情。外阴皱缩，阴道壁苍白，多无分泌物排出。直肠检查时可发现一侧或两侧卵巢增大，表面有或大或小的黄体突出，黄体较硬，表面较粗糙。而子宫没有妊娠变化，或稍粗大，松软下垂，触诊时没有收缩反应。

（3）治疗　治疗持久黄体应从改善饲养管理及利用入手。首先确定有无原发性子宫疾病，如由子宫疾病引起的持久黄体，在子宫病治愈后黄体可自行消退。治疗持久黄体的特效药物为前列腺素（PG）类，肌内注射，一般用药后 3～5 d 可发情。或氯前列烯醇，2 次/d，肌内注射；催产素 100 IU，2 h/次，肌内注射，连用 4 次也有一定疗效；胎盘组织液 20 mL，肌内注射，间隔 1～2 d 再注射 1 次，连续 4 次为一个疗程。方用三棱 40 g、莪术 40 g、香附 40 g、藿香 40 g、青皮 40 g、陈皮 30 g、桔梗 30 g、益智仁 30 g、肉桂 30 g、甘草 20 g，共研细末，开水冲调，候温灌服。

（4）预防　给予母畜充足营养全面的饲草料，每天保持有一定的活动量。积极治疗子宫原发病，防止继发疾病的产生。

9. 子宫内膜炎　子宫内膜发生的黏膜炎症。按炎症性质，分为脓性卡他性、纤维素性、坏死性、坏疽性、黏液性和隐性子宫内膜炎等。临床上以慢性最为常见。

（1）病因　从分娩至产后期，葡萄球菌、链球菌、大肠杆菌及副伤寒杆菌等细菌在分娩、助产或剥离胎衣时，由于手或器械的消毒不严而带入子宫内，引发该病。此外，胎衣不下、子宫脱出、马副伤寒性流产、媾疫、产后阴道炎及产后子宫复旧不全等疾病，也常常并发此病。

（2）症状

① 急性脓性卡他性子宫内膜炎：多发生于助产、流产、产后胎衣不下和手术剥离后。病马体温略微升高努责，拱背，举尾，常做排尿状。直肠检查，子宫壁变厚，有痛感或波动感，收缩反应微弱，子宫角变大。阴道检查，子宫颈外口开张，有脓性分泌物流出，阴道、子宫颈黏膜充血，阴道底部常有脓性分泌物蓄积。分泌物具有特殊的臭味，初期呈灰褐色，后期呈灰白色。

② 慢性脓性卡他性子宫内膜炎：性周期紊乱或不发情，阴门经常排出脓性分泌物，尤其是发情时较多。子宫颈和阴道黏膜充血，子宫颈外口充满脓性分泌物。直肠检查，子宫角粗大肥厚、硬实，子宫壁厚薄不均，收缩反应减弱或消失；或子宫蓄脓，膨大到拳头大至人头大，触摸有波动感，子宫壁略厚硬。卵巢上有持久黄体。

③ 纤维素性子宫内膜炎：表现严重的全身症状，体温升高，食欲不振或废绝，病马经常拱背、努责。阴门中流出污红色或棕黄色的分泌物，内含灰白色黏膜组织小块。

④ 坏死性子宫内膜炎：体温升高，全身症状严重，精神委顿，食欲废绝，泌乳停止。病马努责不断，阴唇发紫，阴道黏膜呈暗红，排出具有恶臭味的褐色或灰褐色分泌物，内含腐败分解的组织碎块。直肠检查，部分子宫壁增厚、变硬，触摸有痛感。

⑤ 坏疽性子宫内膜炎：精神沉郁，体温升高，食欲废绝，泌乳骤减。有时下痢。阴唇肿胀，并有阴门炎、子宫颈炎。从子宫内排出具有腐败臭味的红褐色分泌物，内含有灰白色絮状物、组织分解的管状块。如不及时治疗，易在产后 5～10 d 内由于败血症而死亡。

⑥ 黏液性子宫内膜炎：母马性周期紊乱或屡配不孕，卧地或发情时子宫颈外口松弛，从阴门流出浑浊的絮状黏液。直肠检查子宫角增粗，子宫壁较肥厚，收缩反应微弱，或子宫壁变薄软，有明显的波动感，子宫腔有大量的炎性分泌物蓄积。

⑦ 隐性子宫内膜炎：临床症状不明显，性周期、发情、排卵均正常，但屡配不孕，或受孕后易发生流产，发情时阴道中流出较多的黏液，微显浑浊。

（3）治疗　子宫内膜炎的治疗原则，抗菌消炎、控制感染、促进子宫收缩、冲洗子宫，排出子宫炎性物。常以子宫局部治疗为主，如有全身症状，可给予补钙、补糖或肌内注射抗菌药物等，进行全身治疗。具体如下：

① 0.1%的高锰酸钾溶液 2 000～3 000 mL，或 0.1%的新洁尔灭溶液 2 000～3 000 mL。反复冲洗，1 次/d，连用 2～3 d，直至透亮为止。也可分别用 0.5%的雷佛奴耳溶液、1%～2%的小苏打水、1%～3%的氯化钠溶液、3%的过氧化氢、10%的硫酸镁溶液代替。冲洗后按一定剂量子宫灌注抗生素药物。冲洗时水温掌握在 36～37 ℃，有体温升高和全身症状者应注意观察，视病情而定，特别对坏死性、坏疽性子宫炎，禁止冲洗，以防炎症扩散。鲁格氏液：即 5%的复方碘溶液（取碘与碘化钾各 25 g，加蒸馏水 50 mL 充分溶解，再加蒸馏水稀释至 500 mL，即成 5%的复方碘溶液），取此液 20 mL，加蒸馏水 480 mL，一次灌入子宫（碘溶液不仅杀菌力强，且可刺激慢性炎症转为急性过程，有利于子宫自净

与恢复）；5％～10％鱼石脂溶液：取纯鱼石脂 50～100 g，加 100 mL 蒸馏水溶解，取此液 100 mL 子宫内灌注，1 次/d，1～2 d 即可；氯前列烯醇 0.4 mg，一次肌内注射；或氯前列烯醇 0.3 mg，子宫内灌注，加强子宫收缩功能，有利于分泌物排出与性周期恢复。

② 银翘红酱解毒汤加减：银花、连翘、红藤各 60 g，败酱草、薏苡仁各 30 g，牡丹皮、栀子、赤芍、桃仁各 25 g，延胡索、川楝子各 20 g，乳香、没药各 15 g，水煎灌服或共研为末冲调灌服。卡他性脓性和脓性子宫炎、阴道炎以及子宫蓄脓，加败酱草、薏苡仁各 50 g，桃仁、赤芍各 35 g（产后恶露不净，腹痛不安，阴户不时流出污红色恶臭液体，不发情或发情周期紊乱，屡配不孕用）。

③ 子宫按摩法治疗：除急性纤维蛋白性与坏死性子宫内膜炎禁忌按摩子宫外，其余子宫内膜炎可用手伸入直肠，隔着直肠壁对子宫进行按摩，1 次/d，每次 10～15 min，有利于促进子宫收缩与炎性分泌物的排出。

（4）预防 加强母马的饲养管理，增强机体抗病能力。母马人工授精、助产、难产救助时，必须严格按操作要领进行，遵守无菌操作的原则。加强对产后母马的护理，加强栅舍、马舍的卫生消毒工作，防止产后疾病的发生。产后子宫的治疗要及时，在治愈前停止配种。

10. 子宫破裂 分娩过程中发生的一种极其严重的并发症。如不及时诊断和处理，可引起大量失血，导致母马的休克和死亡。

（1）病因 子宫破裂虽然可自发性地发生，但常因难产时助产的操作粗暴、使用助产器械不慎、子宫壁水肿变脆、截肢后骨骼断端未保护好所致。有时也可见到自然分娩时引起破裂，这可能和子宫壁的瘢痕组织、子宫强烈收缩有关，也可能与子宫扭转、子宫颈扩张不全或双胎位于同一子宫角中；或胎水过多、胎儿体积过大，而使子宫壁过度扩张有关。另外，自发性子宫破裂也与难产时的胎儿异常有关，如坐生引起子宫破裂者较多。

（2）症状 子宫破裂如果发生于胎儿排出之前，即可看到母马突然变得安静，并且努责停止，接着出现子宫无力。依子宫破口大小的不同，母马可出现不同的症状，有时破口小，未被发现即可自愈；有时破口大，胎儿可坠入腹腔；有时母体的内脏可突入于子宫而突出于阴门之外，这种情况有时易与胎儿的裂腹畸形相混淆。子宫破裂后，母马因大出血使全身状态恶化，出现震颤、出汗、心跳呼吸加快以及贫血性休克等现象。在助产过程中，除非进行截胎和脐带断裂，一般不会出血。如果发现助产器械或手臂红染，或者有血水流出，则可能为子宫或产道损伤、破裂。

（3）治疗 分娩期中发生子宫破裂时，首先应将胎儿及胎衣取出。如果子宫裂口不大且无感染，破口位于子宫的背部，可重复用抗生素及催产素，并在子宫中放入广谱抗生素，也可在腹腔中注入抗生素。如果破口较大，可经阴道用连续褥式缝合子宫。此种缝合相当费力，须耐心细致，也可根据破口的位置选择手术部位以缝合子宫，或者将子宫及阴道拉出后在体外缝合。手术过程中除了清除子宫局部，子宫投入抗生素、腹腔用灭菌生理盐水清洗，并注入大量含有抗生素的葡萄糖生理盐水外，同时还须结合病情给以全身治疗。出血较多时，可注射止血剂，并进行输血或输液。

（4）预防 子宫自然破裂者很少，多为损伤破裂，且破裂后预后不佳，因此，对本病应着眼于预防。防止子宫破裂的关键除了要有熟练的助产技术外，还要求操作细致，严格遵守助产的基本要求和方法。

11. 子宫脱出 产后母马子宫角翻转突出于子宫腔或阴道内，或者子宫全部翻转脱出于阴门之外的一种产后疾病。子宫脱出，主要发生在产出胎儿后至产后数小时以内。

（1）病因 怀孕期间运动不足、饲养不良，可降低子宫的紧张性；胎儿过大、胎水过多及双胎怀孕，可使子宫过度扩张而弛缓。在这种情况下，由于在排出胎儿后努责仍较强烈及腹内压增高，即易发生子宫脱出。分娩时顺利产出胎儿后，如努责过强，也可发生。在分娩迟滞时，子宫疲劳无力，特别是产道干燥时，强力拉出胎儿，使子宫内形成负压，随胎儿被拉出而向外翻转。此外，在胎衣不下时，由于剧烈努责，或在胎衣上系以重物，或在剥离胎衣时强拉胎衣，均易造成子宫套叠或脱出。

（2）症状 因子宫脱出程度的不同而有差异：

① 子宫内翻：一般为孕角尖端内翻，有时孕角和未孕角同时内翻，突入子宫腔内或阴道内。临床上可见产后母马表现不安，努责，尾根翘起，有时卧地等类似轻度腹痛的症状。阴道检查时，可在子宫内或阴道内摸到内翻的子宫角如圆形瘤状物，其后端有一凹陷。如两子宫角均内翻时，则可摸到大小不同的两个瘤状物。子宫角内翻较严重者，特别是突入阴道内的，如不进行整复，易并发子宫浆膜粘连和顽固性子宫内膜炎，有时可能发生坏死性子宫炎。

② 子宫脱出：一般为孕角突出，从阴门脱出的子宫角呈长椭圆形的囊状物，其末端往往可下垂至跗关节，在末端有一凹陷。如果未孕角也同时脱出，则呈分叉的大小两个长椭圆形的囊状物，其末端均有一凹陷。脱出子宫的黏膜表面呈细绒状，初期颜色呈鲜红色，不久即变为紫红色或暗红色。脱出时间稍久，黏膜发生水肿而增厚，并且易受损伤而出血，以后黏膜易发生坏死，可并发腹膜炎或败血症。有时子宫脱出后，可将子宫阔韧带连同子宫卵巢动脉或子宫中动脉扯断，则母马迅速出现急性贫血症状，往往可因大量内出血而死亡。

（3）治疗 治疗原则是整复内翻或脱出的子宫和防止再脱出，同时，采取促使子宫机能恢复和控制感染等措施。

① 子宫整复法：对于子宫内翻的病例，一般采取站立保定进行整复。首先彻底清洗和消毒外阴部及术者的手臂，然后伸手入子宫内，小心地向前推送内翻的子宫角末端，使之恢复至原来的位置。如果不易推开套叠部，可并拢手指，伸入套叠子宫之末端的凹陷内，边向前推进、边左右摇动，可使其复位。在两子宫角同时内翻而突入阴道内时，如不能将它一起推回，可先推入较小的空角，然后再推送较大的孕角，则可迅速使其复位。

在子宫脱出时，为了便于整复，应使母马站于前低后高的位置上加以保定，不能站立的，应垫高后躯。用0.1%的高锰酸钾等消毒药或3%的明矾液充分冲洗子宫，除去不洁物。子宫黏膜有损伤时，可涂以碘甘油，较大的创口应进行缝合。为防止母马努责而影响整复，必要时可行尾椎硬膜外麻醉或全身麻醉。整复时，由两助手用消毒的布单或塑料布抬起子宫，与阴门同高。一般是先从子宫基部开始整复。即用两手握住靠近阴门附近的子宫壁，在母畜不努责时，向阴道内推送。推入一部分后，再推送另一部分。换手时须由助手压住阴门，防止努责时子宫重新脱出，这样就可慢慢地将子宫送至阴道内。也可从子宫角末端开始整复，即用拳头抵于子宫角末端的凹陷内，趁母马不努责时，慢慢用力向阴道内推送，助手应从脱出子宫的两侧加以压迫。推入一个子宫角后，再推送另一子宫角。这种方法多适用于子宫脱出不久、且黏膜水肿不严重的病例。将整个子宫推入阴道后，必须进一步将它推至腹腔内，使其恢复正常位置，不可留有套叠部分。如推至阴道内的子宫不易通过子宫颈管，可将靠近子宫颈附近的子宫壁，用手先轻轻推入一部分，然后再推送后一部分，即可逐渐将子宫推入腹腔内。整复后，应向子宫内投入金霉素、土霉素或四环素胶囊4个，或注入青霉素40万IU、链霉素100万U；同时，肌内注射抗生素，连用3～4 d，以防子宫感染发炎。为了防止再度脱出，皮下或肌内注射垂体后叶素、催产素或麦角新碱注射液，以加速子宫收缩。必要时可按阴道脱出的固定法，在阴门上做双内翻缝合或圆枕缝合，2～3 h后，拆除缝合线；5%的水合氯醛注射液200～300 mL。病马要系于前低后高的位置上，或者行牵遛运动。

② 脱出子宫截除术：子宫脱出已久，无法送回，或有大面积损伤、破裂或坏死，引起败血症致死亡的危险时，可施行此术。

无法站立或横卧保定，可施术。局部消毒后，可行尾椎间隙硬膜外麻醉，或于预定截断端上方施行局部浸润麻醉。为了防止失血过多，可注射垂体后叶素，促使子宫收缩，断端前紧缠，迫使血液流回体内。式式有二：一法是在靠近外阴部处，向下纵切子宫壁，检查其中有无肠管，如有则应先将肠管送入腹腔。然后，将子宫阔韧带上的血管进行仔细结扎，并在结扎的下端2 cm处，切断子宫及其阔韧带。断端如有出血，应行结扎止血，并以全层缝合封闭子宫断端，再做内翻缝合，最后将断端送回阴道内。另一法是按前法切开子宫壁，并向前结扎子宫阔韧带中的血管后，用直径2 mm涂油的细绳（棉质或丝质），于子宫颈后方以双手结扎好子宫，绳的两端各缠一小木棒，用力拉紧绳结。收紧扎结要分3～4次进行。必要时可在第一道结扎之后，再作一道贯穿缝扎，以保证结扎确实。在此结扎之后数厘米处，切掉子宫，并将断端烧烙成干痂为止，送回阴道内。

术后，为了防止感染，可肌内注射抗生素，并注射强心剂和补液。母马努责强烈时，可行尾椎间隙硬膜外麻醉，或后海穴麻醉。必要时也可暂时缝合阴门。定期以收敛性消毒药液冲洗阴道。结扎处的断端经14 d后可脱落，术后有时可能出现短时间的神经症状，表现兴奋不安，忽起忽卧，瞪目回顾，可行镇静和麻醉。

（4）预防　母畜怀孕期间，保证全价营养供给并保持一定的活动量。定期进行妊娠检查，来确定胎儿的数量和羊水情况，及时做好准备工作。分泌后如果仍旧疼痛强烈，不断努责，可给予消炎镇痛药止疼。如果需要人工助产，严格执行操作流程，产道需用无刺激油类润滑剂充分润滑。胎衣不下时，寻找真正病因，不可贸然扯拽胎衣。

12. 乳房炎　乳腺受到病原微生物、物理和化学等因素刺激引起的一种乳腺实质或间质炎性病理过程，导致乳腺泌乳功能障碍和乳汁发生物理化学性质变化的疾病。通常为一侧乳房的黏液性或黏液脓性炎症。此病多发生在产后泌乳期，而在产前发生的较少。

（1）病因　马乳房炎的病原菌，主要有链球菌及葡萄球菌等。通常在幼驹吮乳时，病原菌通过乳头管而侵入乳池和乳道内，在乳腺组织抵抗力降低的情况下，有时也可通过淋巴或血行而使乳腺遭受感染。

（2）症状　在急性期，母马后肢运步强拘，类似跛行，站立时常常叉开两后肢。母马时常伴有体温略高，脉搏，呼吸均正常，食欲减退等全身症状。幼驹吮乳时表现疼痛，有时甚至拒绝幼驹吮乳。检查乳房时，可发现患病乳房肿胀、呈现面团样、增温和有疼痛感。乳汁稀薄如水样，含有絮状物，乳凝块，或有橙黄色的脓絮、脓块。乳房炎转为慢性时，由于结缔组织增殖，泌乳机能可能受到破坏，乳房实质发生硬结、萎缩。

黏液脓性乳房炎，可在乳房内形成一个或几个脓肿，导致乳房表面有丘状突起。浅在性脓肿，触之可感到有波动，并有热痛；深在性脓肿，触之波动不明显。当脓肿破溃而通入乳房时，从乳头管可挤出少量脓汁。有时由于感染腐败菌，可能发生乳房坏疽。

（3）治疗　如能早期发现，及时治疗，则多能治愈。

① 为限制炎症发展，初期可用冷敷法，病后 2~3 d 可改用温敷法、早期应用乳房封闭疗法具有良好的疗效。为促进炎症产物吸收，除局部应用 10%~20% 的硫酸镁溶液热敷或冷敷外，可涂鱼石脂软膏、樟脑软膏等。挤出患病乳房的乳汁带有脓液，要局部切开引流。对于浅在乳房脓肿应及时切开排脓，并按外科疗法进行处理；对于深在的较大脓肿，可先用注射器抽出其内容物，然后通过插入乳头管内的乳导管或磨秃的针头，向患侧乳房的乳池内轻轻注入 1% 的盐水，轻轻抖动乳房后，将其挤净。再经乳导管向乳房内注入 30~50 mL 生理盐水或 0.25% 的普鲁卡因溶解的青霉素 10 万~20 万 IU、链霉素 50 万 U。同时，为了促使炎性产物的吸收和炎症的消散，可在患病乳房皮肤上涂以樟脑软膏或碘化钾软膏，2 次/d，连用 2~4 d。必须注意马的每个乳头，一般均有两个乳头管及乳池，分别通入一个乳叶。因此，如一乳叶发炎时，应向该叶注入药液；一侧乳房的两叶均发炎时，应分别向两叶内注入药液。

② 乳房发生坏疽时，除注射抗生素以防止全身感染外，应向乳房内注入 1%~2% 的高锰酸钾或 3% 的过氧化氢溶液进行冲洗。排除药液后，再注入抗生素。当乳房坏死严重时，可切除患侧乳房。

③ 为提高乳房及机体的抵抗力，促使急性炎症消散，可采用下列方药：中药疗法：蒲公英 60~120 g、全瓜蒌 30 g、银花 30 g、连翘 30 g、当归 30 g、红花 25 g、乳香 30 g、没药 30 g、生地 30 g、续断 30 g、甘草 15 g。研末开水冲，候温灌服，视病情每天 1 剂，连服数剂或隔天 1 剂。肿疡消散饮适用于急性炎症初期。加减：体壮毒重者，金银花可加至 47~62 g；体弱气虚、脓肿不消又不快热熟者，加炙山甲 16 g、皂刺 31 g（熬水去渣），溃后不再服此方。

青霉素普鲁卡因注射液和中药组方在治疗乳房炎时，既可单独使用、同时使用，也可交替使用。具体情况要根据患畜的病情，对药物的敏感性以及治疗价值等灵活使用。另外，在用药的同时，按时挤奶可加速痊愈，白天每隔 3 h 左右、晚间每隔 6 h 左右挤奶 1 次。

（4）预防　对怀孕母马要供给充足的营养物质，产后泌乳期间应经常注意观察和检查母马的乳房。特别是其拒不让幼驹吮乳时，尤应如此，以便及时发现，及时治疗。

13. 睾丸和附睾炎　由损伤和感染引起睾丸实质的炎性病证。因睾丸和附睾紧密相连，睾丸的炎症很容易波及附睾，使之同时或相继发病。

（1）病因

① 机械性损伤感染：常见损伤为打击、啃咬、蹴踢、尖锐硬物刺伤和撕裂伤等，继之由葡萄球菌、链球菌和化脓棒状杆菌等引起泌尿生殖道的化脓性感染，多见于一侧。外伤引起的睾丸炎常并发附睾炎。

② 血源性感染：某些全身性感染如布鲁氏菌病、结核病、放线菌病、鼻疽、腺疫、沙门氏菌病、乙型脑炎等，以及衣原体、支原体和某些疱疹病毒，都可以经血流引起睾丸

感染。在布鲁氏菌病流行地区，布鲁氏菌感染可能是睾丸炎最主要的原因。

③ 炎症蔓延：睾丸附近组织或鞘膜炎症蔓延、副性腺细菌感染沿输精管道蔓延，均可引起睾丸炎症。附睾和睾丸紧密相连，常同时感染和互相继发感染。

④ 因饲养管理失调，或过食霉败饲料，或因劳役过重致肾经积热，或外感湿热，使湿热邪毒积于肾经，流注外肾所致，称为阳肾黄；久渴失饮，空肠误饮冷浊之水太过，或厩舍潮湿，久卧湿地，或被阴雨淋洗，风寒侵袭，致使寒湿邪气侵入肾经，水盛火衰，肾气亏损，水液运化失常，寒湿下渗，凝于外肾（睾丸）所致，称为阴肾黄。

（2）症状

① 急性睾丸炎：睾丸肿大、发热、疼痛，阴囊发亮，公畜站立时拱背、后肢广踏、步态拘强，拒绝爬跨，触诊睾丸紧张、鞘膜腔内有积液、精索变粗，有压痛。病情严重者体温升高，呼吸浅表，脉频，精神沉郁，食欲减少。并发化脓感染者，局部和全身症状加剧。在个别病例，脓汁可沿鞘膜管上行入腹腔，引起弥漫性化脓性腹膜炎。

② 慢性睾丸炎：睾丸不表现明显热痛症状，睾丸组织纤维变性、弹性消失、硬化、变小，产生精子的能力逐渐降低或消失。

③ 中兽医：分为：阳肾黄，证见精神不振，食欲减退，拱背站立，后肢开张前行，甚者后腿难移，不愿行走，拒绝配种。外肾肿大，触之发硬、有热，疼痛拒按。口色发红，脉象洪数，小便短赤；阴肾黄，证见精神倦怠，头低耳耷，行走胯拖腰硬，后肢或牵行急动，喜卧于地。外肾及阴囊肿胀，包皮浮肿、病初睾丸上抽，肿大后下垂，触之发软，无热，无痛，病久如石如冰，有时肿胀波及腹下，弓腰欻吊，后肢难抬。口色青白，脉象迟细。

（3）治疗　宜外治法与内治法相结合，针药并用。已形成脓肿的最好早期进行睾丸摘除；由传染病继发的先治疗原发病。

① 急性睾丸炎：病畜应停止使用，安静休息，早期（24 h内）可冷敷，后期可温敷加强血液循环，使炎症渗出物消散；局部涂擦鱼石脂软膏、复方醋酸铅散，阴囊可用绷带吊起；全身使用抗生素药物；局部可在精索区注射盐酸普鲁卡因青霉素溶液（2%盐酸普鲁卡因20 mL、青霉素80万IU），隔天注射1次。

② 无种用价值者可去势：单侧睾丸感染而欲保留做种用者，可考虑尽早将患侧睾丸摘除；已形成脓肿摘除有困难者，可从阴囊底部切开排脓；由传染病引起的睾丸炎，应首先考虑治疗原发病。

③ 中兽医治疗：外治：阳肾黄，方用防风50 g、荆芥50 g、艾叶80 g、花椒各30 g，水煎取汁，趁热熏洗阴囊，致出汗为止；而后用冰雄软膏（冰片、雄黄、凡士林按1∶1∶10充分搅拌混匀）涂搽患部；阴肾黄，方用金黄散，用陈醋调成泥状外敷睾丸和附睾部位（不可内服）；或艾子散，艾叶30 g、地肤子30 g，共为极细末，宣纸将药粉卷成一卷点燃，用药烟熏灸睾丸肿胀部。内治：阳肾黄，宜清热利湿、消肿止痛，可选用方剂银翘散；阴肾黄，宜暖肾祛寒、软坚散结、利湿消肿，可选用方剂茴香散、导气汤、茴归散、沉香散等；针灸，用特定电磁波治疗仪、红外治疗仪或激光局部照射。血针肾堂穴，放血80～100 mL即可。

（4）预防　将好斗马匹分开饲养；及时清理垫料，保持垫料柔软干燥，定期消毒；定期检查马厩保暖和防雨性；积极治疗原发病。

第二节　治疗技术

一、镇静与麻醉

镇静与麻醉是马兽医临床的常规操作的一部分。在临床实践中，可用于镇静、镇痛和麻醉的药物种类很多，需要根据马的体况、年龄、操作类型以及拥有的设备和条件，综合地选择合适的镇静或麻醉方式，可单独用药或联合用药。

（一）站立保定

站立保定具有重要的意义，因为相比于其他动物，马的麻醉风险更高。站立保定所达到的目标是使马匹安静，对外界刺激或操作不做出反应。在马站立的情况下，采取恰当的物理和化学保定，可以完成大多数的手术和医学操作。但如果镇静深度比较浅，一旦马感受到肌肉软弱或出现共济失调时，就会变得非常暴躁，对刺激高度敏感，影响操作的进行，甚至威胁操作者的安全。因此，需要全面地评估马的全身状况，选择适宜的联合药物组合和药物剂量，获得最佳的镇静深度。

站立保定一般用于非伤害性、无痛的诊断操作，若配合镇痛药物或局部麻醉，则可以进行疼痛较轻微的诊断操作或手术，如马匹的创伤处理、去势术和常规牙科手术等。常用的药物有乙酰丙嗪、布托啡诺、氯胺酮、地西泮、地托咪定、赛拉嗪、吩噻嗪、罗米非定等，可单独使用，也可联合使用。

（二）马的局部麻醉

局部麻醉是利用某些局部麻醉药物，选择性阻断神经末梢、神经纤维或神经干的冲动传导，从而使局部区域暂时丧失感觉的一种麻醉方法。将局部麻醉药物滴加或注射于伤口或手术部位，实现线性阻滞、局部浸润麻醉、解剖部位的神经阻滞，达到局部无痛和制动的效果。如果只需要短时间的麻醉，可使用利多卡因；若需要长时间的麻醉，可使用布比卡因，持续时间长达 4～6 h。

另一种局部麻醉（即脊髓和脊髓神经的阻滞）能够在动物产生麻醉和镇痛的效果，马常用的脊髓麻醉方式是在硬膜外间隙和蛛网膜下注射麻醉药物，阻断脊神经。研究发现，马的硬膜外麻醉是有效和安全的，越来越被兽医师接受。脊髓麻醉用于马的慢性疼痛管理和手术操作，尾部的硬膜外麻醉常用于肛门、直肠、会阴、子宫、阴道、尿道和膀胱，产生局部手术麻醉的效果。常用药物有利多卡因、阿片类物质、α_2-受体激动剂，可单独使用，也可以联合使用。其中，发现吗啡样阿片类药物用于脊髓，最可能产生长效的镇痛效果。脊髓麻醉也不是绝对安全的，其并发症包括麻醉药物的全身性吸收、操作不当造成麻醉和镇痛效果不确实、神经毒性和出汗等。

（三）马的全身麻醉

全身麻醉能暂时性使马的意识感觉、反射和肌肉张力部分或全部丧失，联合镇痛药物和/或局部麻醉能完成绝大部分的手术操作。但马的全身麻醉相关死亡风险高达 1‰～19‰，远高于人类（0.01‰）和小动物（犬 0.05‰、猫 0.11‰）。即使使用现代化的监护设备和麻醉技术，马的全身麻醉仍具有很高的危险性。其中，心血管因素占总病例的 20%～50%，呼吸系统因素占总病例的 4%～25%，腹部并发症（腹痛或腹膜炎）占非腹痛马病例的 13%。12 月龄至 5 岁马的麻醉风险较低，而幼年和老年马的麻醉风险增加。

麻醉前给药、诱导药物、维持麻醉类型、麻醉时间，都会影响麻醉的风险，其中，长时间麻醉可显著增加麻醉相关死亡率，尽管大量研究尝试找出低风险的麻醉方案，但至今仍没有针对所有马的完美麻醉方案。手术类型也是风险因素之一，其中骨科手术的麻醉相关死亡风险较高，尤其是骨折修复术。并发症的出现同样增加全身麻醉的风险，如术中低血压增加麻醉相关的死亡率，而苏醒期的骨折占麻醉病例死亡原因的 12.5%～38%。因此完整的术前检查、合理的麻醉方案、细致的麻醉监护和良好的苏醒是至关重要的，这些能降低全身麻醉的风险。

1. 麻醉前给药 可缓解病马的紧张度，使其平缓进入诱导期和麻醉期，同时减少诱导期和麻醉期的用药剂量，减少药物副作用。麻醉前给药还能加强麻醉过程中的镇痛作用，且使动物平稳地苏醒。常用的药物有乙酰丙嗪、地托咪定、布托啡诺、赛拉嗪等。

2. 诱导麻醉 为保障诱导麻醉成功和安全性，常采用联合用药的方式，包括以硫喷妥钠为主、氯胺酮为主、舒泰为主、丙泊酚为主，以及"三联滴注"（愈创甘油醚-氯胺酮-镇静剂合剂）的联合用药方式。

3. 麻醉的维持 可采用静脉注射或吸入麻醉的方式，如果麻醉时间超过 1 h，应该选择吸入麻醉作为麻醉维持方式，常用的吸入麻醉药物是氟烷和异氟烷。

4. 麻醉的监护 短时间麻醉，对马的眼部反射、呼吸频率和深度、脉搏、心率和黏膜颜色的评估是足够的。但是在长期麻醉中，除了上述的监护内容外，还需要借助麻醉监护设备监测血氧饱和度、血压、二氧化碳分压和心电图等，以判断马的生理状况和麻醉深度，确保手术的顺利进行且使麻醉风险最小化。

5. 苏醒期 理想的苏醒条件为安静、黑暗的场所，将马置于护垫上静待其苏醒，保持地面的防滑和干燥。在苏醒过程中，兽医师应保障马的平稳和安全，这就需要监测马的各项生理指标，尤其是心血管系统和呼吸系统的指标，保证呼吸畅通。影响苏醒的因素主要包括疼痛、意识模糊和缺氧，一定要及早发现，及早干预。苏醒期的并发症（如骨折）是全身麻醉相关死亡的重要因素，因此，兽医师们尝试使用主观评分系统评价苏醒质量以降低麻醉风险，但研究发现这些评分系统不能一致性地反映苏醒的质量。因此，仍需探索和研究更加客观的评价指标对苏醒质量进行评估。

二、常用的给药方式

1. 注射给药 用于马的注射给药途径，主要包括静脉注射（intravenous，IV）、肌内注射（intramuscular，IM）、皮下注射（subcutaneous，SC）和皮内注射（intradermal，ID）。常见的注射用药物类型以及对应给药途径见图 8-1（具体使用过程中应严格按照说明使用）。

图 8-1 常见的给药类型和可使用的给药途径

给药类型	可使用的给药途径
抗生素、镇静剂、抗炎药、激素类、补液等	IV、IM、SC
疫苗或其他生物制品类	IM、ID、SC
药物过敏试验或变态反应试验	ID

马的静脉注射常用的部位为颈静脉和臂头静脉，也可经胸浅静脉给药。其中，最佳的颈静脉注射位置位于颈静脉沟内，距离头侧约颈长的1/2处；肌内注射部位主要为颈外斜肌（斜方肌）、胸肌和半腱肌；皮下注射区域多为马颈背部两侧皮肤；而皮内注射与皮下注射的位置类似，但在注射前需要对马头颈部进行适当的保定以及局部进行剃毛，注射后应在相应位置的皮肤观察到明显的局部凸起。

当需要反复静脉注射（如输血、麻醉），或者需保持静脉通路的开放（如重复采血或者在手术、急救状态下需快速给药），以及监测中心静脉压时，需采用留置针的方法进行给药。可选择进行留置针放置的静脉位置，包括颈静脉、头静脉、胸浅静脉和内侧大隐静脉；其中选用隐静脉放置留置针时，动物应呈仰卧保定或者在全身麻醉的状态下进行。

2. 口服给药 将药物（包括片剂、胶囊剂、粉剂、糊剂、混悬剂或液体制剂）通过口服的形式进行给药，也是一种常用于马的给药方式。但不适用于出现吞咽困难、食道梗阻、胃肠道肠梗阻、吸收不良疾病以及裂腭等症状的马匹。

在临床使用过程中，可利用塑料材质的注射器制作成用于口服给药的剂量灌喂器。选择合适量程的注射器，用利器（如剪刀）去除注射器末端（连接针头端），确保其开口的直径足够大（如硬币大小）。并且适当打磨切面，使其没有粗糙或锋利的边缘，避免划伤马的嘴部。在口服给药时，一般情况下马呈站立状态，进行基础保定即可。如果有必要，可以握住马口鼻处的吊带，以限制其头部的活动。用拇指和食指撑开马嘴唇的同时，同其余三指握住吊带，利用自制的灌喂器，从嘴角处塞入，并插入上下齿之间的空隙，从舌根处注入药物。为了避免药物从口中流出，应适当抬起马的头部并同时推注注射器的活塞，把药物灌入食道中。

在灌喂的过程中如果操作不当，可能会造成吸入性肺炎、口腔溃疡等问题。同时，也需要注意用药剂量的准确。

3. 直肠给药 当动物存在口服给药的禁忌证时，如吞咽困难、食道梗阻、胃肠道肠梗阻、吸收不良疾病以及裂腭，应调整剂量后通过直肠给药。应准备 60 mL 的注射器（至少 2 支）、60 mL 的温水、直肠润滑剂和导管（软管，直径在 6～8 mm）。马呈站立状态，进行基础保定。将药品制备成胶体状态（溶液状态）后抽入注射器内。将注射器与导管连接后，在导管的出口端涂抹适量的润滑剂（如凡士林）。在确定注射器与导管连接牢固后，轻柔地将导管插入直肠内（导管进入直肠的长度为 5～8 cm），以匀速且缓慢地将药物推注入直肠内。在直肠给药过程中应轻柔操作，避免损伤肛周或者导致直肠撕裂。若在给药过程中或给药后立即出现排便，需要重新进行直肠给药。

三、液体和电解质疗法

液体和电解质疗法，在临床中常用于马出现血容量不足的情况，通过补液的方法恢复组织灌注量及血氧输送量。在紧急情况下，尽早地补液有助于减缓组织缺氧程度，防止器官出现功能障碍。对于马的治疗，液体和电解质疗法也常用于脱水和维持体液电解质的平衡，纠正电解质异常，以及治疗低蛋白血症和肾脏疾病。

1. 对需要输液治疗马匹的临床鉴别诊断 在一般情况下，对于成年马，轻度的脱水（5%～8%脱水量）和缺血的临床表现为心率正常，黏膜表面湿度正常或稍有黏度，毛细血管再灌注时间（CRT）正常（小于 2 s），尿量减少；中度脱水缺血（8%～10%脱水量）

表现为黏膜表面黏度较高，心率在 40～60 次/min，CRT 不稳定，通常 2～3 s，动脉血压降低；而重度脱水缺血（10%～12% 以上），黏膜表面变干，CRT 大于 4 s，心率大于60 次/min，颈静脉充盈缓慢，周围脉搏微弱，眼眶凹陷。尽管在多数情况下，需要补液的病马可能同时发生血容量不足和脱水，但仍应根据临床和实验室诊断确定需要补液的主因。然而，马的血细胞比容值个体差异较大，因此在诊断过程中需根据实际情况判断。此外，肌酐浓度高于参考范围，但低于 4～5 mg/dL，并伴有尿比重大于 1.035，表明肾前性氮质血症和肾灌注减少；肌酐浓度超过 5 mg/dL 时，应考虑肾功能不全。马患有高乳酸血症最常见的原因是，组织灌注和氧气输送减少，以及随后引发无氧代谢的结果。成年马的血乳酸浓度大于 1.5 mmol/L，表明存在明显的体液缺乏。健康马驹在出生时血液的乳酸浓度高于成年马，但在出生 1～3 d 后降低到成年马的血液乳酸水平。

2. 治疗方案的制订 在输液治疗过程中，治疗方案应明确包含给液体积、途径、给液的速度及用药选择。一般采用静脉给液的方式，而某些情况可能口服给液更合适。对于重症患者，临床治疗的首要目的为恢复血容量；而当血容量达到正常后，应对持续存在的体液或血液流失量进行预估，以持续补液使机体重新达到平衡状态。

如上一节内容所述，可通过临床状态大致判断脱水比例，再根据马只的体重大小预估脱水量。例如，对于体重约为 400 kg 的成年马，当发生中度脱水（8%～10%）时，补液的总体积应为 20～32 L。当病马的临床表现显示血容量不足时，恢复血容量和器官中的血液灌注量是重中之重。常用的补液方法是在 15～20 min 内，按每千克体重 20 mL 的剂量快速静脉推注。在小马驹中很容易达到这种输液速度，但是在成年马中很难达到，并且常常是不可能的。因此，成年马的血容量恢复往往需要比理想条件更长的时间。对于成年马的快速大量补液，需要重复 3～4 次，直至完成按照每千克体重 60～80 mL 的比例换算的总量。成年马的大剂量给液后应仔细地重新评估，如果血容量不足，则应进行额外的液体推注；如果血容量足够，但组织灌注仍然很差，则应考虑加入强心药或升压药治疗。

在正常情况下，一匹成年马对于水和电解质的每天需求量约为每千克体重 60 mL。而马驹尤其是新生马驹，对于水和电解质的需求量较高，每天每千克体重需补充 80～100 mL。并且，如果补液治疗的对象为仍正常哺乳的马驹，应考虑占其体重 20%～25% 比例的水分可从母乳中获取。当病马持续出现腹泻、胃反流、多尿性肾衰竭，以及大量出汗或出现大量体腔积液时，应预估其体液的持续损失量后对应补液。在临床中可先根据脱水情况进行预估后，根据补液后的动物状态再适当调整补液量。

输液的速度取决于患马的实际情况、脱水失血的严重程度，以及输液的实际限制。快速静脉输注，可用于治疗血容量不足。血容量升高后，根据完成补液量、满足每天需求量并考虑持续损失的需要，来确定补液量。根据经验，对于中度至重度血容量不足的马匹，通常在治疗的前 2～6 h 内完成总补液量的一半，然后在接下来的 18～22 h 内输入剩余部分，并计算出维持量和持续损失的体积。对于脱水程度较轻的马匹，可在 24 h 内将需补充的脱水量与每天维持量合并后，在 24 h 内完成输液。为了降低肺水肿一类的并发症，早期的文献中常建议尽量降低初期的输液速度。但是在低血容量患马中，快速恢复血容量至关重要；而对于成年马所能达到的给液速度，一般很难诱发肺水肿。虽然大剂量快速静脉补液有可能引起新生马驹的肺水肿，但重症马驹通常可以耐受至少 60 mL/（kg·h）的液体流速。然而，在进行补液治疗时，必须对新生马驹的肺功能进行仔细的监测，尤其对怀疑患有急性肺损伤（ALI）或急性呼吸窘迫综合征（ARDS）的新生马驹进行输液时应格外谨慎。

在进行液体和电解质疗法的过程中，补液类型的选择是关键。为了达到维持体液和电解质平衡，或者扩充血容量等不同的目的，有多种不同的用药类型，可按照"晶体"和"胶体"将补液用药大致分为两类。"晶体"类补液用药是指以电解质或者非电解质为溶质的溶液，可在机体内广泛分布，这一类药剂包括电解质平衡液、氯化钠溶液、高渗盐溶液、碳酸氢盐溶液及葡萄糖溶液等；另一类为"胶体"型补液用药，这一类液体成分中包含大量的大分子物质，如蛋白质分子和多聚糖，主要在血管中分布和流动，从而达到增加血管内渗透压的目的。常见的血容量扩容剂，如右旋糖苷、羟乙基淀粉等属于胶体型补液用药。在用于马的治疗时，常用的胶体型补液用药为羟乙基淀粉。然而，有时可用血浆治疗患有低蛋白血症的马匹，以增加其血浆蛋白浓度，进而增加血浆渗透压，其所需血浆体积计算公式为：

$$体积（L）=\frac{(TP_{正常}-TP_{患病})\times0.05\times体重（kg）}{TP_{供体}}$$

，TP 指血浆总蛋白浓度。

四、包扎与铸型

包扎铸型是用于支撑受伤的四肢，特别是关节部位的有效手段。传统上，铸型通常用于骨折修复，但是当损伤或者创伤发生于关节部位，需要制动，同时需要定期对伤口进行治疗的情况下，可以选择包扎铸型。

（一）包扎

包扎是外伤管理的重要方面，特别是位于四肢远端的外伤。包扎的目的包括止血，防止伤口干燥，吸收渗出，协助清创，制动活动的部位（位于关节附近的伤口），预防进一步的损伤或者污染。当使用包扎时，应避免严重的并发症。使用包扎是为了给伤口提供保护和治疗，因此，使用的敷料对四肢的压力应均匀，同时不能使包扎移动，并应该包扎3~4层：

（1）第一层包扎直接与伤口接触，依据想要产生的功能可以是黏附性的，也可以是非黏附性的。伤口的第一层敷料可以是海藻酸钙、编织或非编织的纱布、泡沫垫。第一层敷料可以用一层薄的非弹性绷带或者棉花卷固定住。

（2）第二层包扎材料的功能是提供填充，吸收液体，提供支持和制动肢体。第二层敷料可以是棉花卷。

（3）第三层包扎材料用于固定其他层包扎材料，施加压力，保护前两层包扎材料。第三层材料是的特点为具有黏附性和弹性弹力。

（4）第四层包扎材料可能有必要或者需要提供额外的硬度和压力，增加使用的持续时间，并将包扎固定。包扎材料应有弹性和自黏性。

此外，使用包扎过程中需要遵循四项基本原则：①将选好的第一层敷于伤口，使用非黏附性、非弹性材料或者棉花材料将其固定。②包扎填充层。使用合适的宽度，覆盖伤口和任何需要制动的关节；使用足够的长度，以提供大约3 cm的厚度。填充层开始于腿部内侧，以从前向后从外侧到内侧的方向缠绕（右侧腿为顺时针方向缠绕、左侧腿为逆时针缠绕），避免产生皱褶。③使用有弹力的顺应层敷料固定住填充层，并施加压力。在敷料的中央开始，以螺旋的方式缠绕，向下，然后经过后方向上，每次压住之前一层的一半。在该层的上方和下方达到填充层距离边界3~4 cm的位置时，停止包扎。注意事项为不要包扎太松或者太紧。④如果需要使用第四层，建议使用自黏性的弹力绷带。该层的主要作用是将包扎固定住并提供额外的支持。可以从底部或者顶部开始包扎，绷带宽度的一半在包扎上，一半在皮肤的毛发上。以螺旋方式包扎，同样每圈压住前一圈的一半。

同时，需要注意包扎可能存在的并发症。当绷带太紧或力度不均匀时，可能会发生组织水肿和皮肤坏死。应密切监测包扎情况，每天至少2次，并根据需要更换。

对马匹的常规包扎很少需要保定操作，通常在进行包扎时只需一个人持牵引绳固定住马匹，另一人进行包扎即可。一些马匹拒绝对其跗关节进行包扎并会出现踢人情况，所以在对骨关节进行包扎时要谨慎。如果马匹强烈抗拒对后肢的包扎，则需要助手使用唇钳，固定前肢或者使用镇静剂。以包扎四肢远端为例，具体的包扎方法为清洁并干燥创口，局部使用抗生素软膏；将非黏附性敷料直接覆盖于伤口之上；用卷轴上部将敷料固定在肢体上，纱布应包裹伤口近端和远端边缘2~4 cm，并轻微施加压力，不留皱褶。在使用任何卷轴绷带的时候，缠绕的方向都应该是从前到后；使用填充层。围绕肢体缠绕填充物；使用另一层卷轴纱布固定填充层，最好是使用棕色纱布；外层使用自黏性弹力绷带或可重复使用性弹力绷带；在包扎部位的上下两端使用弹力胶带，一半粘贴于包扎的绷带，一半粘贴于皮肤（这有助于防止滑脱并放置防止碎屑进入绷带内部）。

（二）铸型

铸型为远端肢体骨折提供制动和外固定，从蹄部到掌骨或者跖骨近端。使用需谨慎，因为可能错误使用填充物或者使用得过松，导致铸型后产生压力创。

对马匹进行铸型操作时，最好进行全身麻醉。具体操作步骤为将马匹侧卧保定，患肢在上，如果存在夹板，需要去除；清理蹄底，如果蹄壁和指过长需要进行修蹄，刷洗蹄底并进行消毒；拉伸患肢，垂直于身体；在指两侧距离5 cm，于蹄壁钻2个孔，将线穿入孔内，末端缠绕在一起，绕蹄部形成1个大的线圈，使用聚维酮碘浸润的纱布包扎蹄叉。

如果存在伤口，对伤口进行包扎，包括非黏附性敷料、顺应性纱布和自黏弹力绷带。佩戴检查用手套。将大约10 cm的纤维玻璃石膏卷浸入水中，直到大部分气泡消失，从飞节开始，小心从远端向近端开始缠绕纤维玻璃，一定注意不要产生皱褶，每一圈压上一圈的1/3~1/2，为1~1.5 cm。在第一层铸型完成之后，可以拆除牵引线，继续缠绕铸型的其他层（大约需要4层）。使用聚甲基丙烯酸甲酯对铸型底部进行封口。使用弹力黏性胶带固定住铸型的上方以及皮肤。

五、中兽医疗法

中兽医最早起源于中国，之后传到亚洲等其他国家。过去的几十年间，中兽医疗法在欧洲和美国等国家也越来越普遍，用于多种疾病的治疗。中兽医疗法包括中药及方剂、针灸和按摩疗法等。据统计，最常使用的3种中兽医疗法是针刺疗法、中药制剂和电针疗法；最常治疗的几类疾病分别为肌肉骨骼系统疾病（62.0%）、胃肠道疾病（9.5%）、无汗症（6.1%）、呼吸系统疾病（4.5%）和神经系统疾病（4.5%）。

（一）中药及方剂

在中兽医理论的指导下，使用中药及方剂预防和治疗马匹疾病能取得较好的疗效。如采用中药疗法治疗 168 例马胃肠道疾病的病例，其治愈率达 92.6%。中兽药主要来源于天然药物及其加工品，包括植物、动物、矿物质等。我国中药资源非常丰富，2011 年 8 月，国家中医药管理局组织开展全国中药资源普查试点工作，共获得全国近 1.4 万种野生药用资源、500 多种栽培药材、1 600 多种市场流通药材、563 种《中国药典》收载药材的种类、分布、蕴藏量信息。

（二）针灸疗法

针灸即是针刺和灸术的合称，其是能通过经络调整阴阳、宣通气血、扶正祛邪，以预防和治疗疾病的一种治疗技术。针灸治病的刺激点为穴位，马的头部穴位共 36 个，躯干及尾部穴位共 50 个，前肢穴位共 32 个，后肢穴位共 36 个，以及耳针穴位和针麻专用穴位等，恰当地选择穴位是治疗的关键环节，一个穴位可以治疗多种疾病，一种疾病可配合多个穴位治疗，选穴方法有局部取穴、邻近取穴、循经取穴和随证取穴等。常见的针灸疗法包括：

1. 针刺　针刺是应用各种不同类型的针具或某种刺激源（如激光、微波、电磁波等）刺入或辐射动物体一定穴位或部位，给予适当刺激，以治疗疾病的方法。根据所用针具及方法的不同，针刺分为白针疗法、血针疗法、电针疗法、火针疗法、气针疗法和水针疗法。

（1）白针疗法　即使用圆利针、毫针或宽针，在血针穴位以外的穴位上施针，借以调整机体功能活动，以治疗各种疾病的方法。该疗法用途广泛，可选择不同的穴位组合，用于治疗马匹的各种疾病。

（2）血针疗法　又称刺血疗法或放血疗法。即用血针（三棱针、宽针、眉刀等）刺破动物体表的穴位或血管，使之出血以达到防治疾病的方法，其具有简、廉、便和效果显著而且快速的特点。几千年来，在防治畜禽疾病方面一直发挥着重要作用，不仅可以治疗多种内科疾病、外科疾病、中毒性疾病、传染性疾病，而且具有预防家畜热性病的发生和促进生长发育的作用。几种马常见疾病的疗法，包括"胃热慢草"刺玉堂穴、"伤水起卧"刺三江穴、"时行感冒"刺鹘脉穴、"鞭伤云翳"刺太阳穴，以及"五攒痛"刺蹄头穴。

（3）电针疗法　将毫针或圆利针刺入穴位，待出现针感后，在针体上通以脉冲电流，刺激穴位的治疗方法。该法具有了针刺和电流理化的双重治疗作用。一项调查显示，该疗法的使用频率仅次于白针疗法和中药，用途较广泛。电针疗法除了用于疾病的治疗外，还能发挥手术镇痛的作用。一项研究显示，电针刺激 55 Hz 时，镇痛起效时间为 20～30 min，持续时间 20～45 min，能用于马常规手术的镇痛。

（4）火针疗法　用特制的针具烧热后刺入一定的穴位，包括针和灸两方面的治疗作用。实践证明，火针疗法对某些疾病如风湿病、慢性腰肢病等有较好的疗效。

（5）气针疗法　将适量气体注入穴位皮下，这能刺激末梢神经和血管，改善局部血液循环和营养供应，达到治疗疾病的目的。此疗法对神经麻痹、肌肉萎缩等慢性病症具有一定的疗效。

（6）水针疗法　又称穴位注射。在穴位、痛点或肌肉起止点注射某些药物，通过针刺和药物的双重作用，发挥治疗疾病的作用。如果后海穴注射 0.5% 的普鲁卡因，治疗马的阻塞疝。

2. 灸术　将艾绒制成艾卷或艾炷，点燃后熏灼动物体穴位或特定部位，或利用其他温热物体，对患部给予温热灼痛刺激，借以疏通经络、驱散寒邪，达到治疗目的的方法称为灸术。温熨具有温经散寒的作用，常用于治疗风寒湿邪所引起的痹症等慢性疾患。根据具体方法的不同，可分为醋酒灸、醋麸灸和软烧法等。

（三）按摩疗法

运用手及手指的各种按摩技巧，在动物体表的一定经络穴道上，连续施以不同强度和形式的机械性刺激而达到防治疾病的一种方法。常用的手法包括按、摩、推、拿、揉和打法等，主要用于马匹的消化不良、痹症、肌肉萎缩、神经麻痹、关节扭伤等的治疗或康复护理。研究表明，按摩有利于马匹发挥肌肉力量、能量供应效率，改善运动后应激性细胞损伤的情况。

参 考 文 献

包军，2008. 家畜行为学 [M]. 北京：高等教育出版社．

崔中林，张彦明，2001. 现代实用动物疾病防治大全 [M]. 北京：中国农业出版社．

丁壮，周昌芳，李建华，2006. 马病防治手册 [M]. 北京：金盾出版社．

董彝，2001. 实用牛马病临床类症鉴别 [M]. 北京：中国农业出版社．

甘肃农业大学，1981. 养马学 [M]. 北京：农业出版社．

国家畜禽遗传资源委员会，2011. 中国畜禽遗传资源志·马驴驼志 [M]. 北京：中国农业出版社．

韩国才，2009. 马术手册 [M]. 北京：中国农业出版社．

韩国才，2014. 相马 [M]. 北京：中国农业出版社．

贺普霄，1994. 家畜营养代谢病 [M]. 北京：中国农业出版社．

侯振中，田文儒，2016. 兽医产科学 [M]. 北京：科学出版社．

拉希玛，白东义，谈格斯，等，2020. 蒙古斑点马年龄、性别与体尺指标的相关性研究 [J]. 中国畜牧
杂志 (56)：02.

李贵兴，2012. 新编中兽医学 [M]. 济南：山东科学技术出版社．

李林玲，孟军，王建文，2016. 不同用途马肢体各部位比例差异性分析研究 [J]. 中国畜牧兽医，43
(10)：2797 - 2802.

李毓义，1987. 马腹痛病 [M]. 北京：农业出版社．

刘少博，2005. 中国马业论文集 [M]. 北京：中国农业科学技术出版社．

罗加列维奇，1957. 养马学 [M]. 庄庆士，译．北京：财政经济出版社．

芒来，2016. 中国马业主产区马产业的发展趋势 [J]. 新疆畜牧业 (9)：43 - 49.

庞全海，2015. 兽医内科学 [M]. 北京：中国林业出版社．

裴红罗，2003. 个体年度性能指数和体尺细分法在竞赛用伊犁马选择上的应用研究 [D]. 乌鲁木齐：新
疆农业大学．

萨如拉，芒来，2016. 马主要行为性状的遗传研究 [J]. 黑龙江畜牧兽医 (5)：64 - 66.

山西省畜牧兽医科学研究会，1974. 家畜新医疗法 [M]. 太原：山西人民出版社．

山西省畜牧兽医学校，1984. 兽医知识 [M]. 北京：农业出版社．

史利军，2016. 常见人兽共患病特征与防控知识集要 [M]. 北京：中国农业科学技术出版社．

宋大鲁，1987. 家畜常见病中兽医诊疗 [M]. 上海：上海科学技术出版社．

汤灵姿，欧阳文，谭小海，等，2007. 伊犁马主要体尺性状测定及分析 [J]. 新疆农业科学，44 (5)：
691 - 695.

汤小朋，齐长明，2008. 马兽医手册 [M].2 版．北京：中国农业出版社．

陶大勇，王选东，任有才，2006. 畜禽常见病诊断及防治实用技术 [M]. 西安：西北农林科技大学出
版社．

陶克涛，韩海格，赵若阳，等，2020. 家马的驯化起源与遗传演化特征 [J]. 生物多样性，28 (6)：
734 - 748.

王怀栋，范青，葛茂悦，等，2015. 中国西部地区运动马产业发展思考 [J]. 黑龙江畜牧兽医 (5)：
01 - 03.

王俊东，董希德，2001. 畜禽营养代谢与中毒病 [M]. 北京：中国林业出版社 .

王小龙，2009. 畜禽营养代谢病和中毒病 [M]. 北京：中国农业出版社 .

韦旭斌，胡元亮，2010. 马病妙方绝技 [M]. 北京：中国农业出版社 .

文传良，1991. 兽医验方新编 [M]. 成都：四川科学技术出版社 .

西北农学院，1980. 家畜内科学 [M]. 北京：农业出版社 .

谢成侠，沙凤苞，1958. 养马学 [M]. 南京：江苏人民出版社 .

姚新奎，裴红罗，2004. 竞赛用伊犁马短途性能相关指标选择研究 [J]. 新疆农业大学学报，27（3）：34 - 36.

张洪军，2014. 动物疫病诊断与防治技术 [M]. 石家庄：河北科学技术出版社 .

张建岳，2003. 新编实用兽医临床指南 [M]. 北京：中国林业出版社 .

张秀美，2006. 新编兽医实用手册 [M]. 济南：山东科学技术出版社 .

中国现代养马编写组，1981. 中国现代养马 [M]. 乌鲁木齐：新疆人民出版社 .